高等职业技术教育教改系列教材——机械类

机械制图与识图

（第 2 版）

主　编　韩东霞　　王金仙　　庄　智
副主编　马　琳　　吴庆玲　　郭红丽
主　审　张　超

西南交通大学出版社
·成　都·

内 容 简 介

本书是高等职业技术教育教改系列教材之一，是按照充分体现高等职业教育"高质量、强技能、最实用"的人才培养特色的要求编写的，主要内容有：平面图形的绘制，棱柱、棱锥、圆柱、圆锥的绘制与识读，组合体的绘制与识读，表达方法的选择，螺纹及紧固件、齿轮的绘制与识读，零件图与装配图的绘制与识读等。本教材在编写时，坚持为专业服务、突出职业技能培养的宗旨，按少学时、突出培养读图能力的要求，采用任务驱动的方法编写而成。通过15个任务的完成，重点培养学生分析、解决问题的能力，训练学生掌握一定的识图方法。

本书可作为高职、高专、成人高校机械类专业的教材使用，也可供工程技术人员参考。

与本书配套出版的《机械制图与识图习题集》可供读者选用。

图书在版编目（CIP）数据

机械制图与识图：第2版/韩东霞，王金仙，庄智主编. —成都：西南交通大学出版社，2014.8（2018.8重印）

高等职业技术教育教改系列教材. 机械类

ISBN 978-7-5643-3316-4

Ⅰ.①机… Ⅱ.①韩… ②王… ③庄… Ⅲ.①机械制图–高等职业教育–教材②机械图–识别–高等职业教育–教材 Ⅳ.①TH126

中国版本图书馆 CIP 数据核字（2014）第 191952 号

高等职业技术教育教改系列教材——机械类

机械制图与识图
（第2版）

主编 韩东霞 王金仙 庄 智

*

责任编辑 黄淑文
封面设计 墨创文化
西南交通大学出版社出版发行
发行部电话：028-87600564
四川省成都市二环路北一段 111 号西南交通大学创新大厦 21 楼
邮政编码：610031 http://www.xnjdcbs.com
成都蓉军广告印务有限责任公司印刷

*

成品尺寸：185 mm×260 mm 印张：14
字数：348 千字
2014 年 8 月第 2 版 2018 年 8 月第 4 次印刷
ISBN 978-7-5643-3316-4
定价：29.00 元

图书如有印装质量问题 本社负责退换
版权所有 盗版必究 举报电话：028-87600562

前　言

图样是工程技术界的语言，"机械制图与识图"课程主要研究机械图样的绘制与识读的规律和方法，是工科高职高专院校必开的一门职业通用课程。

本教材是根据高等职业技术教育全面提高教学质量、深化教学改革的要求，按照任务驱动的思路编写的，打破了以图学教育为中心的完整的学科体系安排教学内容的一贯做法，将整体教学内容设计成由简单到复杂、由单一到综合的 15 项学习性工作任务。教学以典型工作过程为导向，任务为载体，力求做到"突出看图，读画结合，学用一致"，锻炼学生的职业通用技能，充分体现高等职业教育"高质量、强技能、最实用"的人才培养特色和优势。

本书以工作过程为导向进行课程内容重构和二次开发，按照职业岗位的识图、绘图能力要求更新教学内容，变教学过程为工作过程，变被动学习为带任务工作；打造理论与实践一体化的课堂教学环境，融"教、学、做"为一体，把知识点学习分解并贯穿在学习任务的实施过程中，将课程中的理论要点用实际图纸的识读与绘图检验，让学生深切体会到知识的实用性。以学生学习为中心，通过讨论、参观、自学等方式方法，积极引导学生观察、实践、收集资料、主动探索，突出创新和实践能力的培养，从而实现学习方法的多样化，拓展学生的时间和空间，以便让学生及时巩固课程所学的理论知识，教学效果明显提高。

在编写过程中采用了最新颁布的《技术制图》与《机械制图》国家标准。

为了更好地巩固、检验所学知识，还专门编写了《机械制图与识图习题集》与本书配套使用。

本教材适用于目前工科高职院校 50~90 学时工程技术类及相关专业，也可作为就业培训用书。

本书由吉林交通职业技术学院韩东霞、山西交通职业技术学院王金仙、内江铁路机械学校庄智主编，吉林交通职业技术学院马琳、吴庆玲、山西交通职业技术学院郭红丽任副主编。参加编写的还有吉林交通职业技术学院韩天格、魏从梅、李晓荻。全书由韩东霞最后定稿。

本书由吉林交通职业技术学院张超主审。主审对初稿提出了许多宝贵意见，在此表示衷心感谢。

欢迎选用本教材的广大读者和同仁提出宝贵意见，以便修订时调整与改进。

编　者
2014 年 5 月

目 录

任务1 手柄的绘制 ... 1
  1.1 知识积累 ... 1
    1.1.1 国家标准制图的规定 ... 2
    1.1.2 制图工具、仪器及使用方法 ... 11
    1.1.3 常见几何作图方法 ... 14
    1.1.4 平面图形的尺寸分析与线段分析 ... 17
  1.2 知识运用 ... 18
    1.2.1 手柄平面图的绘图方法和步骤 ... 18
    1.2.2 徒手绘图的方法 ... 20

任务2 正六棱柱三视图的绘制与识读 ... 22
  2.1 知识积累 ... 22
    2.1.1 正投影法 ... 22
    2.1.2 三视图的形成及其对应关系 ... 24
  2.2 知识运用 ... 27
    2.2.1 正六棱柱三视图的绘制 ... 27
    2.2.2 棱柱三视图的识读 ... 29
  2.3 知识拓展 ... 29
    2.3.1 截交线的基本知识 ... 29
    2.3.2 棱柱被截切后的投影 ... 30
    2.3.3 棱柱的标注方法 ... 31

任务3 开槽四棱台三视图的绘制与识读 ... 32
  3.1 知识积累 ... 32
    3.1.1 棱锥的三视图 ... 32
    3.1.2 棱锥体表面点的投影 ... 34
  3.2 知识运用 ... 34
    3.2.1 棱锥三视图的识读 ... 34
    3.2.2 开槽四棱台三视图的绘制过程 ... 35
    3.2.3 切口正四棱锥三视图的绘制过程 ... 36

任务4 接头三视图的绘制与识读 ... 38
  4.1 知识积累 ... 38
    4.1.1 圆柱的三视图 ... 39

  4.1.2 圆柱的截交线 …………………………………………………………………… 40
 4.2 知识运用 …………………………………………………………………………………… 42
  4.2.1 接头三视图的绘制过程 ………………………………………………………… 42
  4.2.2 圆柱三视图的识读 ……………………………………………………………… 43

任务5 顶尖三视图的绘制与识读 …………………………………………………………… 45
 5.1 知识积累 …………………………………………………………………………………… 45
  5.1.1 圆锥的三视图 …………………………………………………………………… 45
  5.1.2 圆锥的截交线 …………………………………………………………………… 47
 5.2 知识运用 …………………………………………………………………………………… 49
  5.2.1 顶尖三视图的绘制过程 ………………………………………………………… 49
  5.2.2 圆锥三视图的识读 ……………………………………………………………… 51

任务6 阀芯三视图的绘制与识读 …………………………………………………………… 52
 6.1 知识积累 …………………………………………………………………………………… 52
  6.1.1 圆球的三视图 …………………………………………………………………… 52
  6.1.2 圆球的截交线 …………………………………………………………………… 53
 6.2 知识运用 …………………………………………………………………………………… 54
  6.2.1 阀芯三视图的绘制过程 ………………………………………………………… 54
  6.2.2 圆球三视图的识读 ……………………………………………………………… 55

任务7 三通三视图的绘制 …………………………………………………………………… 57
 7.1 知识积累 …………………………………………………………………………………… 57
  7.1.1 相贯线的概念 …………………………………………………………………… 57
  7.1.2 相贯线的基本作图方法 ………………………………………………………… 58
  7.1.3 圆柱与圆柱轴线正交相贯线的近似画法 …………………………………… 60
 7.2 知识运用 …………………………………………………………………………………… 60
  7.2.1 三通的三视图绘制过程 ………………………………………………………… 60
  7.2.2 相贯体的尺寸标注 ……………………………………………………………… 61
 7.3 知识拓展 …………………………………………………………………………………… 62
  7.3.1 相贯线的特殊情况 ……………………………………………………………… 62
  7.3.2 过渡线 …………………………………………………………………………… 63
  7.3.3 倒角六棱柱的投影 ……………………………………………………………… 64

任务8 轴承座三视图的绘制与识读 ………………………………………………………… 67
 8.1 知识积累 …………………………………………………………………………………… 67
  8.1.1 组合体的组合形式 ……………………………………………………………… 67
  8.1.2 组合体相邻表面的连接关系 …………………………………………………… 68
  8.1.3 形体分析法 ……………………………………………………………………… 69
 8.2 知识运用 …………………………………………………………………………………… 70
  8.2.1 组合体三视图的绘制 …………………………………………………………… 70

8.2.2 组合体三视图的识读 ……73
8.2.3 组合体的尺寸标注 ……78

任务9 泵体表达方法的选择 ……82
9.1 知识积累 ……82
9.1.1 图样绘制要求与视图选择原则 ……83
9.1.2 视图 ……83
9.1.3 剖视图 ……86
9.2 知识运用 ……97
9.2.1 泵体的形体与结构分析 ……97
9.2.2 泵体的表达方案选择 ……98

任务10 泵轴表达方法的选择 ……100
10.1 知识积累 ……100
10.1.1 断面图 ……100
10.1.2 其他表达方法 ……103
10.1.3 机械加工工艺结构 ……107
10.1.4 第三角画法简介 ……110
10.2 知识运用 ……111
10.2.1 泵轴的形体与结构分析 ……111
10.2.2 泵轴表达方案选择 ……112
10.2.3 选择表达方案的方法步骤 ……113

任务11 螺纹紧固件联接图的绘制 ……114
11.1 知识积累 ……114
11.1.1 螺纹 ……114
11.1.2 常用螺纹紧固件 ……121
11.1.3 螺纹紧固件联接装配图的规定画法 ……123
11.2 知识运用 ……123
11.2.1 螺栓联接图的绘制 ……123
11.2.2 螺柱联接图的绘制 ……125
11.2.3 螺钉联接图的绘制 ……126
11.2.4 螺纹紧固件的防松结构 ……128

任务12 圆柱齿轮啮合图的绘制 ……129
12.1 知识积累 ……129
12.1.1 标准直齿渐开线圆柱齿轮各部分名称和参数 ……130
12.1.2 单个圆柱齿轮的规定画法 ……131
12.1.3 圆柱齿轮啮合的规定画法 ……132
12.1.4 键联接 ……133
12.2 知识运用 ……135

12.2.1　齿轮的结构 ··· 135
12.2.2　齿轮啮合图的绘制过程 ·· 135
12.3　知识拓展 ··· 136
12.3.1　直齿锥齿轮简介 ··· 136
12.3.2　蜗杆和蜗轮简介 ··· 137
12.3.3　销联接 ·· 138

任务 13　识读零件图 ·· 140
13.1　知识积累 ··· 140
13.1.1　零件图的内容 ··· 140
13.1.2　零件表达方案的选择 ·· 141
13.1.3　零件图的尺寸标注 ··· 143
13.1.4　零件图上的技术要求 ·· 147
13.1.5　滚动轴承 ··· 157
13.1.6　读零件图 ··· 160
13.2　知识运用 ··· 161
13.2.1　识读轴 ·· 161
13.2.2　识读端盖 ··· 162
13.2.3　识读拨叉 ··· 164
13.2.4　识读箱壳类零件 ·· 166

任务 14　联轴器装配图的绘制 ·· 168
14.1　知识积累 ··· 168
14.1.1　装配图的作用和内容 ·· 168
14.1.2　装配图的表达方法 ··· 170
14.1.3　装配图的尺寸标注 ··· 173
14.1.4　装配图中零部件的序号和明细栏 ·· 174
14.1.5　装配结构合理性 ·· 175
14.2　知识运用 ··· 176
14.2.1　了解部件的装配关系和工作原理 ·· 178
14.2.2　确定表达方案 ··· 179
14.2.3　绘制联轴器装配图的步骤 ··· 179

任务 15　识读齿轮油泵装配图 ·· 184
15.1　知识积累 ··· 184
15.1.1　识读装配图的基本要求 ··· 184
15.1.2　识读装配图的步骤和方法 ··· 184
15.1.3　圆柱螺旋压缩弹簧 ··· 186
15.2　知识运用 ··· 189
15.2.1　概括了解 ··· 189

  15.2.2 详细分析 ·· 190
  15.2.3 归纳总结 ·· 193

附　录 ·· 196
附录1　螺　纹 ··· 196
 1.1 普通螺纹（GB/T 197—2003） ··· 196
 1.2 梯形螺纹（GB/T 5796.3—2005） ·· 197
附录2　螺纹紧固件 ··· 198
 2.1 六角头螺栓 ··· 198
 2.2 六角螺母 ·· 198
 2.3 平垫圈 ··· 199
 2.4 标准弹簧垫圈 ·· 200
 2.5 双头螺柱 ·· 200
 2.6 螺　钉 ··· 201
附录3　键、销 ··· 203
 3.1 普通平键及键槽的尺寸 ·· 203
 3.2 销 ··· 204
附录4　滚动轴承 ·· 205
 4.1 深沟球轴承（GB/T 276—1994） ·· 205
 4.2 圆锥滚子轴承（GB/T 297—1994） ·· 206
 4.3 推力球轴承（GB/T 301—1995） ··· 208
附录5　极限与配合（摘自 GB/T 1800.4—1999） ·· 209
附录6　常用材料及热处理 ··· 212

参考文献 ·· 214

任务 1 手柄的绘制

【任务要求】 绘制图 1.1 所示手柄平面图形。

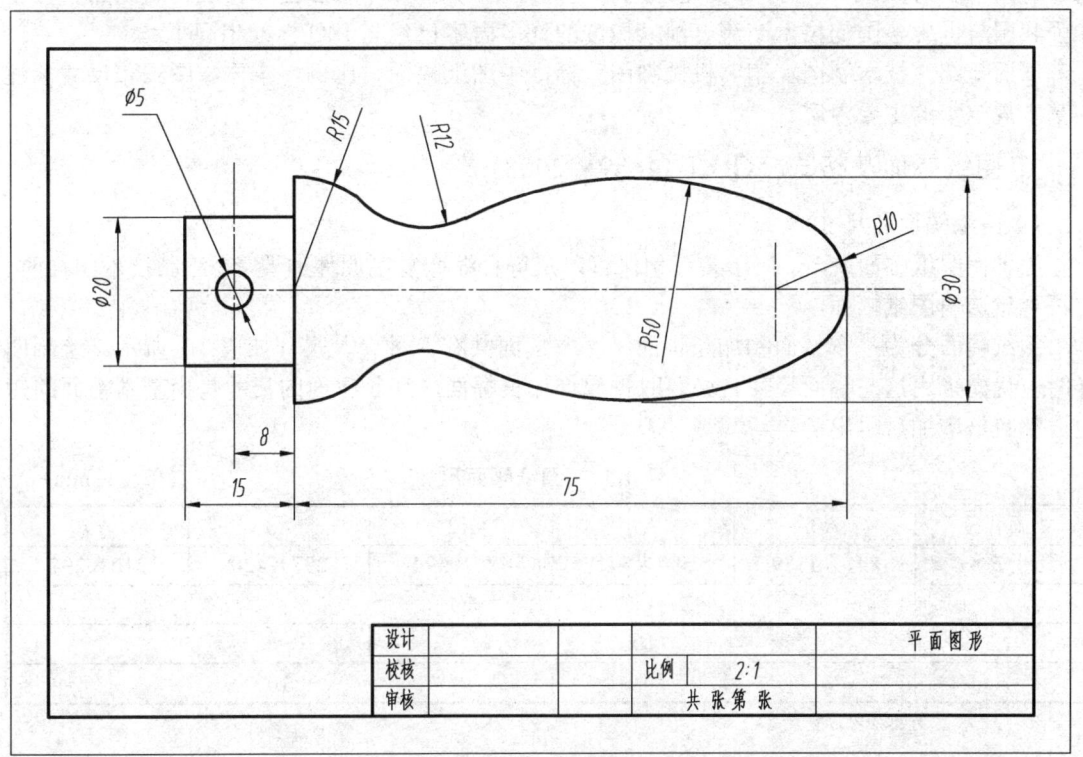

图 1.1 手柄平面图形

【任务目标】 掌握并严格遵守国家标准《技术制图》、《机械制图》中的基本规定；正确使用常用的绘图工具与仪器；掌握平面图形的分析方法，正确绘制平面图形；初步养成认真负责的工作态度和一丝不苟的工作作风。

1.1 知识积累

机械图样是工程上用以表达设计意图和交流技术思想的技术文件，是工程界的技术语言。机械图样又是一个新产品从市场调研、方案设计、制造、检测、安装、使用到维修整个过程必不可少的技术资料，是发展和交流科学技术非常重要的工具。因此，在设计和绘制机械图样时，必须严格遵守国家标准《技术制图》、《机械制图》和有关技术标准。

1.1.1 国家标准制图的规定

国家标准《技术制图》是一项通用性的基础技术标准，国家标准《机械制图》是一项具体性的专业制图标准，它们是图样的绘制与识读的准则和依据。

国家标准代号为"GB"，它是由"国标"两个字汉语拼音的第一个字母"G"和"B"组成的，简称"国标"，例如"GB/T 14690－1993"中的"GB"就代表国标，"14690"为该标准的批准顺序号，"1993"表示是 1993 年颁布实施的。国家标准的代号以"GB/T"开头者为推荐性标准。

图样在国际上也有统一的标准，即 ISO 标准（International Standardization Organization 的缩写），这个标准是由国际标准化组织制定的。我国 1978 年参加国际标准化组织后，为了加强我国与世界各国的技术交流，国家标准的许多内容已经与 ISO 标准相同了。

下面介绍《技术制图》和《机械制图》标准中图纸幅面、比例、字体、图线和尺寸标注的基本规定中的主要内容。

1. 图纸幅面及格式（GB/T 14689—2008）

1）图纸幅面和尺寸

为了使图纸幅面统一，便于装订和保管以及符合缩微复制原件的要求，绘制技术图样时，应按规定选用图纸幅面。

图纸幅面分为基本幅面和加长幅面，基本幅面共有 5 种，其尺寸如表 1.1 所示。绘制图样时应优先采用这些幅面尺寸，必要时也允许加长幅面。加长幅面的尺寸是由基本幅面的短边成整数倍增加后得出的。

表 1.1　图纸幅面尺寸　　　　　　　　　　　（单位：mm）

幅面代号	A0	A1	A2	A3	A4
尺寸 $B \times L$	841×1189	594×841	420×594	297×420	210×297
a	25				
c	10			5	
e	20		10		

注：a、c、e 为图框留边宽度。

2）图框格式

每张图纸上都必须用粗实线画出图框，其格式有两种，一种是用于需要装订的图纸，如图 1.2 所示；另一种则用于不需要装订的图纸，如图 1.3 所示。同一产品的所有图样均应采用同一种格式。

3）标题栏方位

每张图纸都必须具有一个标题栏，它通常位于图纸右下角紧贴图框线的位置上。标题栏的格式和内容在国家标准 GB 10609.1－1989 中作出了详细的规定，如图 1.4 所示，它适用于工矿企业等各种生产用图纸。而一般在学校的制图作业中可采用图 1.5 所示的标题栏格式及尺寸。必须注意的是标题栏中文字的书写方向即为读图的方向。

若标题栏的长边置于水平方向且和图纸的长边平行时，构成 X 型的图纸，也称横式幅面，如图 1.2、1.3 中的（a）图；若标题栏的长边和图纸的长边垂直，则构成 Y 型的图纸，也称立式幅面，如图 1.1、1.2 中的（b）图。一般 A0~A3 号图纸幅面宜横放，A4 号以下的图纸幅面宜竖放。

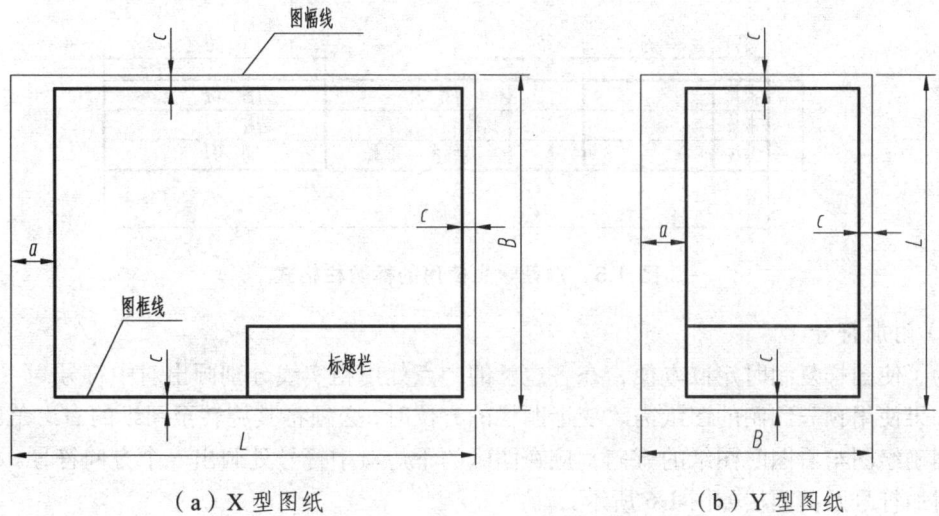

(a) X型图纸　　　　　　　　　　（b) Y型图纸

图1.2　留有装订边的图框格式

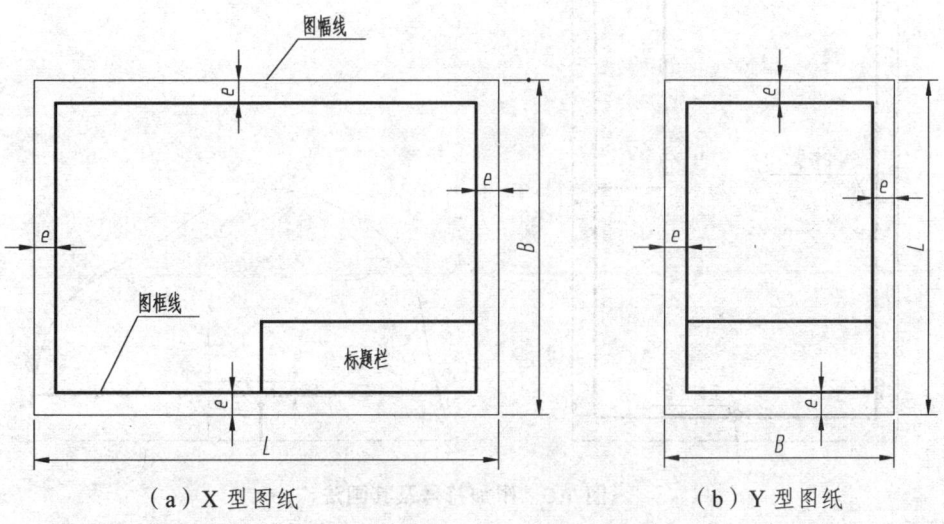

(a) X型图纸　　　　　　　　　　（b) Y型图纸

图1.3　不留装订边的图框格式

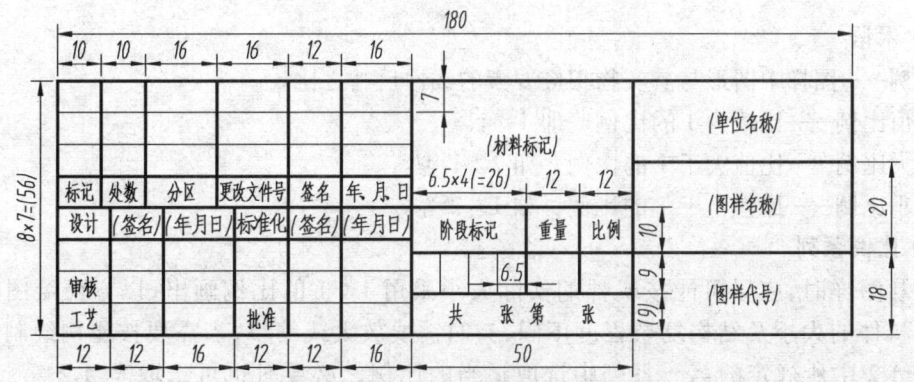

图1.4　标题栏

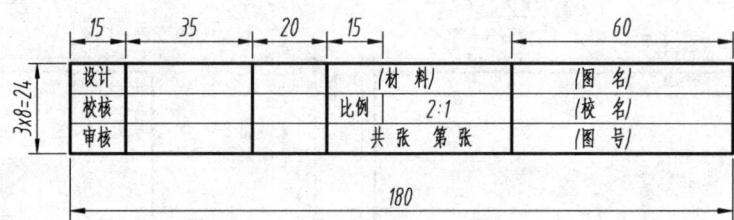

图1.5 推荐学生使用的标题栏格式

4）附加符号

为了使图样复制时定位方便，在各边长的中点处用粗实线分别画出对中符号。

如果使用预先印制的图纸需改变标题栏的方位时，必须将其旋转至图纸的右上角。此时，为了明确绘图与看图时图纸的方向，应在图纸的下边对中符号处画出一个方向符号。

附加符号及其画法如图1.6所示。

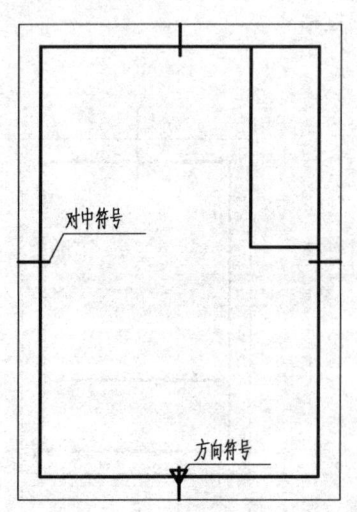
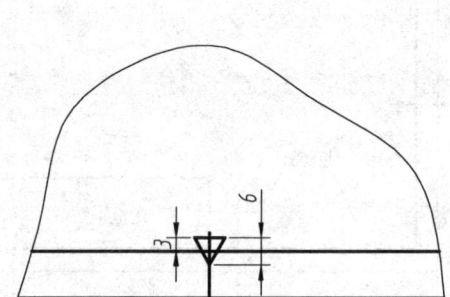

图1.6 附加符号及其画法

2. 比例（GB/T 14690—1993）

1）术语

比例——图样中图形与其实物相应要素的线性尺寸之比。

原值比例——比值为1的比例，即1∶1。

放大比例——比值大于1的比例，如2∶1等。

缩小比例——比值小于1的比例，如1∶2等。

2）比例系列

绘制图样时，应尽可能按机件的实际大小采用1∶1的比例画出，以方便绘图和看图。但由于机件的大小及结构复杂程度不同，有时需要放大或缩小，当需要按比例绘制图样时，应由表1.2中所规定的第一系列中选取适当的比例，必要时也可选取表1.2第二系列的比例。

表1.2 比 例

种类	比例	
	第一系列	第二系列
原值比例	1:1	
放大比例	2:1　　5:1 $1\times10^n:1$　$2\times10^n:1$ $5\times10^n:1$	2.5:1　　4:1 $2.5\times10^n:1$　$4\times10^n:1$
缩小比例	1:2　　1:5　　1:10 $1:1\times10^n$　$1:2\times10^n$ $1:5\times10^n$	1:1.5　1:2.5　1:3　1:4　1:6 $1:1.5\times10^n$　$1:2.5\times10^n$　$1:3\times10^n$ $1:4\times10^n$　$1:6\times10^n$

注：n 为正整数。

在图样上标注比例应采用比例符号 ":" 表示，如 1:1、2:1 等，并在标题栏的比例栏中填写。在同一张图样上的各图形一般采用相同的比例绘制；当某个图形需要采用不同的比例绘制时，可在视图名称的下方或右侧标注比例，如 $\frac{I}{2:1}$、$\frac{B-B}{2.5:1}$。不论采用何种比例，图上所注的尺寸数值均应为机件的实际尺寸，如图 1.7 所示。

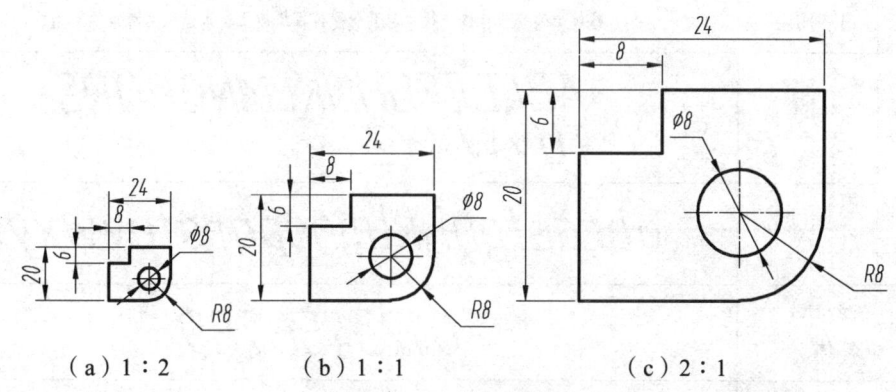

（a）1:2　　　　（b）1:1　　　　（c）2:1

图 1.7 采用不同比例绘制的同一图形

3. 字体（GB/T 14691—1993）

图样上除了表达机件的图形外，还需要用数字和文字来说明机件的大小和技术要求等内容。

1）基本要求

（1）在图样中书写的汉字、数值和字母，都必须做到"字体工整、笔画清楚、间隔均匀、排列整齐"。

（2）字体高度（用 h 表示）的公称尺寸系列为：1.8，2.5，3.5，5，7，10，14，20 mm。如需要书写更大的字，其字体高度应按 $\sqrt{2}$ 的比率递增。字体高度代表字体的号数。

（3）汉字应写成长仿宋体字，并应采用国家正式公布推行的简化字。汉字的高度 h 不应小于 3.5 mm，其字宽一般为 $h/\sqrt{2}$。

（4）字母和数字分 A 型和 B 型。A 型字体的笔画宽度（d）为字高（h）的 1/14；B 型字体的笔画宽度（d）为字高（h）的 1/10。在同一图样上，只允许选用一种形式的字体。

(5) 字母和数字可写成斜体和直体。斜体字字头向右倾斜，与水平基准线成75°。

2）字体示例

汉字、字母与数字的应用示例见表1.3所示。

表1.3 字体示例

长仿宋体汉字示例	10号字	字体工整　笔画清楚 间隔均匀　排列整齐
	7号字	横平竖直注意起落结构均匀填满方格
	5号字	技术制图机械电子汽车航空船舶土木建筑矿山 井坑港口纺织服装
	3.5号字	螺纹齿轮端子接线飞行指导驾驶舱位挖填施工引水通风闸阀坝棉麻化纤
拉丁字母A型字体	大写斜体	ABCDEFGHIJKLMNOPQRS TUVWXYZ
	小写斜体	abcdefghijklmnopqrstuvwxyz
阿拉伯数字A型斜体		0123456789
罗马数字A型斜体		I II III IV V VI VII VIII IX X
综合应用示例		10^3 S^{-1} D_1 T_d $\phi 20^{+0.010}_{-0.023}$ $7°^{+1°}_{-2°}$ $\frac{3}{5}$ $\sqrt{6.3}$ $R8$ 5% $10Js5(\pm 0.003)$ $M24-6h$ $\phi 25\frac{H6}{m5}$ $\frac{II}{2:1}$ $\frac{A向旋转}{5:1}$

4. 图线（GB/T 4457.4—2002）

1）图线及其应用

绘制图样时应采用表1.4中规定的各种图线。机械图样中图线的宽度分为粗、细两种，粗线的宽度 d 应按图的大小和复杂程度在0.5～2 mm间选择，常用的线宽约1 mm。细线的宽度约为 $d/2$。国标推荐的图线宽度系列为：0.13、0.18、0.25、0.35、0.5、0.7、1、1.4、2 mm，图1.8为图线的应用示例。

表 1.4 图线及应用举例

图线名称	图线形式	图线宽度	主 要 用 途
粗实线	——————	粗线	可见轮廓线
细实线	——————	细线	尺寸线、尺寸界线、剖面线、辅助线重合断面的轮廓线、引出线、螺纹的牙底线及齿轮的齿根线
波浪线	∼∼∼	细线	断裂处的边界线、视图和剖视的分界线
双折线	——⌇——	细线	断裂处的边界线
虚 线	--------	细线	不可见的轮廓线、不可见的过渡线
细点划线	— · — · —	细线	轴线、对称中心线、轨迹线、齿轮的分度圆及分度线
粗点划线	— · — · —	粗线	有特殊要求的线或表面的表示线
细双点划线	— ·· — ·· —	细线	相邻辅助零件的轮廓线、中断线、极限位置的轮廓线、假想投影轮廓线

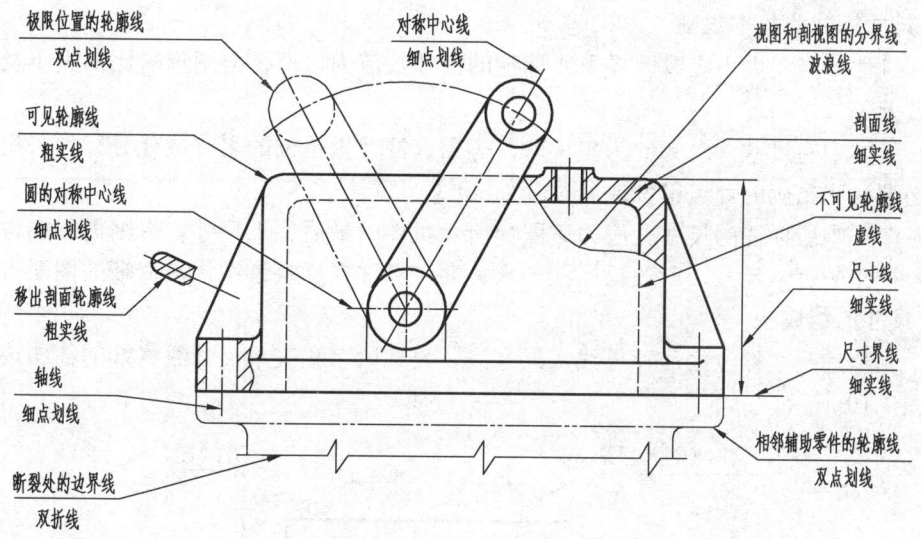

图 1.8 图线应用示例

2)图线画法

同一张图样中同类图线的宽度应基本一致,虚线、点划线、双点划线的线段长短和间隔应各自大致相等。

绘制圆的对称中心线时,圆心应为线段的交点,首末两端应是线段而不是短划或点,且超出图形外 2~5 mm。

在较小的图形上绘制点划线、双点划线有困难时,可用细实线来代替。

虚线、点划线或双点划线和实线或它们自己相交时,应以线段相交,而不应在空隙处相交。

当虚线、点划线或双点划线是实线的延长线时,连接处应为空隙,如图1.9所示。

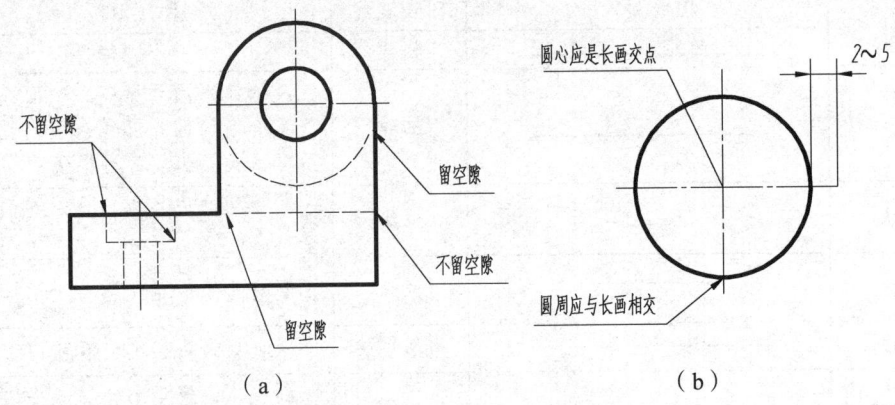

图1.9 图线绘制注意事项

5. 尺寸注法(GB/T 4458.4—2003)

机件的形状由图形来表达,而大小则必须由尺寸来确定。标注尺寸时,应严格遵守国家标准有关尺寸标注的规定,做到正确、完整、清晰、合理。

1)尺寸标注的基本规则

(1)机件的真实大小应以图样上所标注的尺寸数值为依据,与图形的比例大小及绘图的准确程度无关。

(2)图样中的尺寸,以 mm 为单位时,不需标注计量单位的名称或代号;如采用其他单位,则必须注明相应的计量单位或名称(如 30°10′5″)。

(3)图样中所标注的尺寸,应为该图样所示机件的最后完工尺寸,否则需另加说明。

(4)机件的每一尺寸,一般只标注一次,并应标注在反映该结构最清晰的图形上。

2)尺寸的组成

一个完整的尺寸标注由尺寸界线、尺寸线、尺寸数字和表示尺寸线终端的箭头或斜线组成。如图1.10所示。

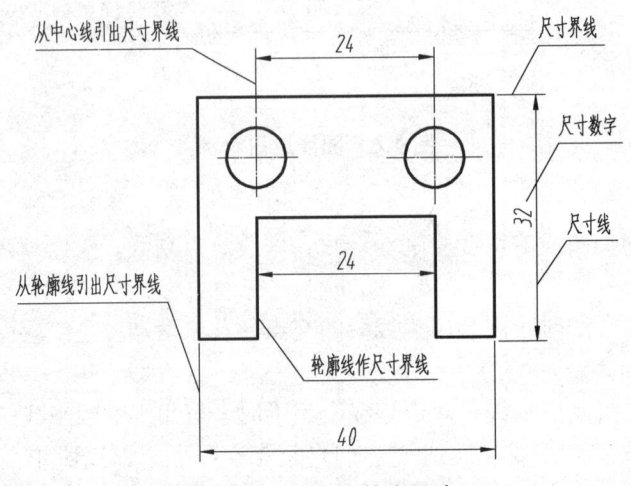

图1.10 尺寸的基本要素

(1) 尺寸界线。

尺寸界线用细实线绘制,用以表示所注的尺寸范围。尺寸界线一般由图形的轮廓线、轴线或对称中心线引出,也可利用轮廓线、轴线或对称中心线作为尺寸界线。通常,尺寸界线应与尺寸线垂直,并超出尺寸线终端 2 mm 左右,必要时允许尺寸界线与尺寸线倾斜,如图 1.11 所示。

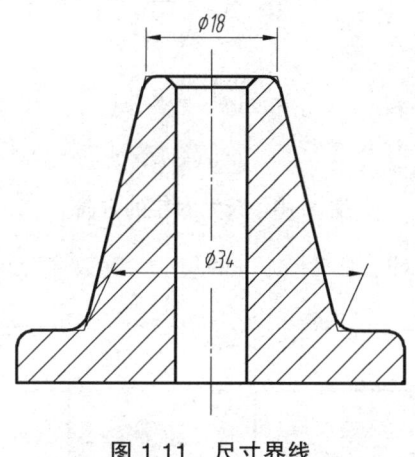

图 1.11　尺寸界线

(2) 尺寸线。

尺寸线用细实线绘制在尺寸界线之间,表示尺寸度量的方向。

尺寸线必须单独绘制,不能用其他图线代替,也不得与其他图线重合或画在其他图线的延长线上。标注线性尺寸时,尺寸线必须与所标注的线段平行,如图 1.10 所示。

尺寸线的终端有两种形式:箭头和斜线,如图 1.12 所示。机械图样中一般采用箭头作为尺寸线的终端,斜线形式主要用于建筑图样。当尺寸线与尺寸界线垂直时,同一图样中只能采用一种尺寸终端形式。

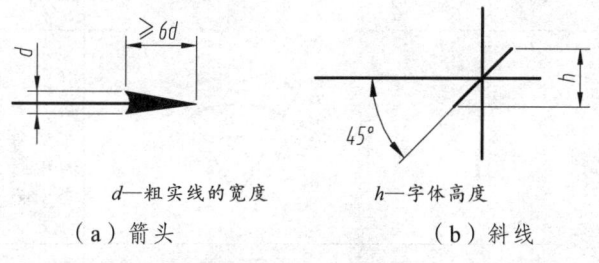

d—粗实线的宽度　　　　　h—字体高度

（a）箭头　　　　　　　（b）斜线

图 1.12　尺寸线终端

(3) 尺寸数字。

尺寸数字表示所注机件尺寸的实际大小。

线性尺寸的数字一般注写在尺寸线的上方,也可注在尺寸线的中断处。尺寸数字的书写方法有两种,一般应采用方法 1 注写;在不致引起误解时,也允许采用方法 2。但在一张图样中,尽可能采用同一种方法。

方法 1:如图 1.13 所示,水平方向的尺寸数字字头朝上;垂直方向的尺寸数字,字头朝左;倾斜方向的尺寸数字其字头保持有朝上的趋势。但在 30°范围内应尽量避免标注尺寸,当无法避免时，可参照如图 1.13（b）的形式标注。在注写尺寸数字时，数字不可被任何图线所通过，当不可避免时，必须把图线断开，如图 1.13（c）所示。

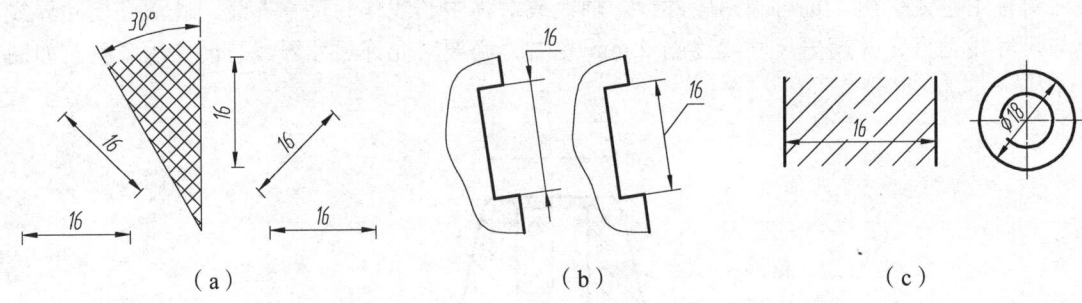

图 1.13 尺寸数字的方向

方法 2：如图 1.14 所示，对于非水平方向的尺寸，其数字可水平地注写在尺寸线的中断处。

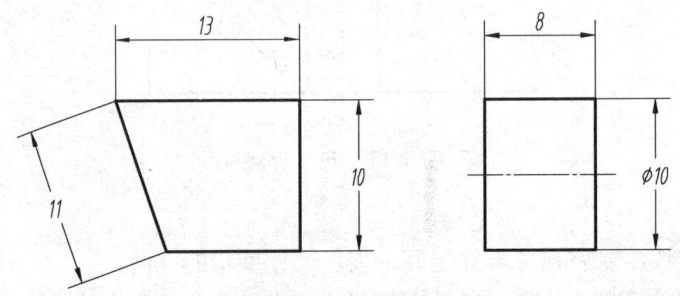

图 1.14 线性尺寸数字的注写方法

3）常用的尺寸标注法

根据国家标准的有关规定，表 1.5 列举了一些常见的尺寸注法示例以供参考。

表 1.5 尺寸注法的基本规定

内容	示 例	说 明
角度		角度的尺寸界线应沿径向引出。尺寸线应画成圆弧，其圆心是该角的顶点。角度的尺寸数字一般应注写在尺寸线的中断处，并一律写成水平方向，必要时也可写在尺寸线的上方、外面或引出标注
直径和半径		直径、半径的尺寸数值前，应分别注出符号"ϕ""R"。对球面，应在符号"ϕ""R"前加注符号"S"，在不致引起误解时，也允许省略符号"S"。当圆弧的半径过大或在图纸范围内无法标注其圆心位置时，可用折线形式表示尺寸线。当无需表示圆心位置时，可将尺寸线中断

续表 1.5

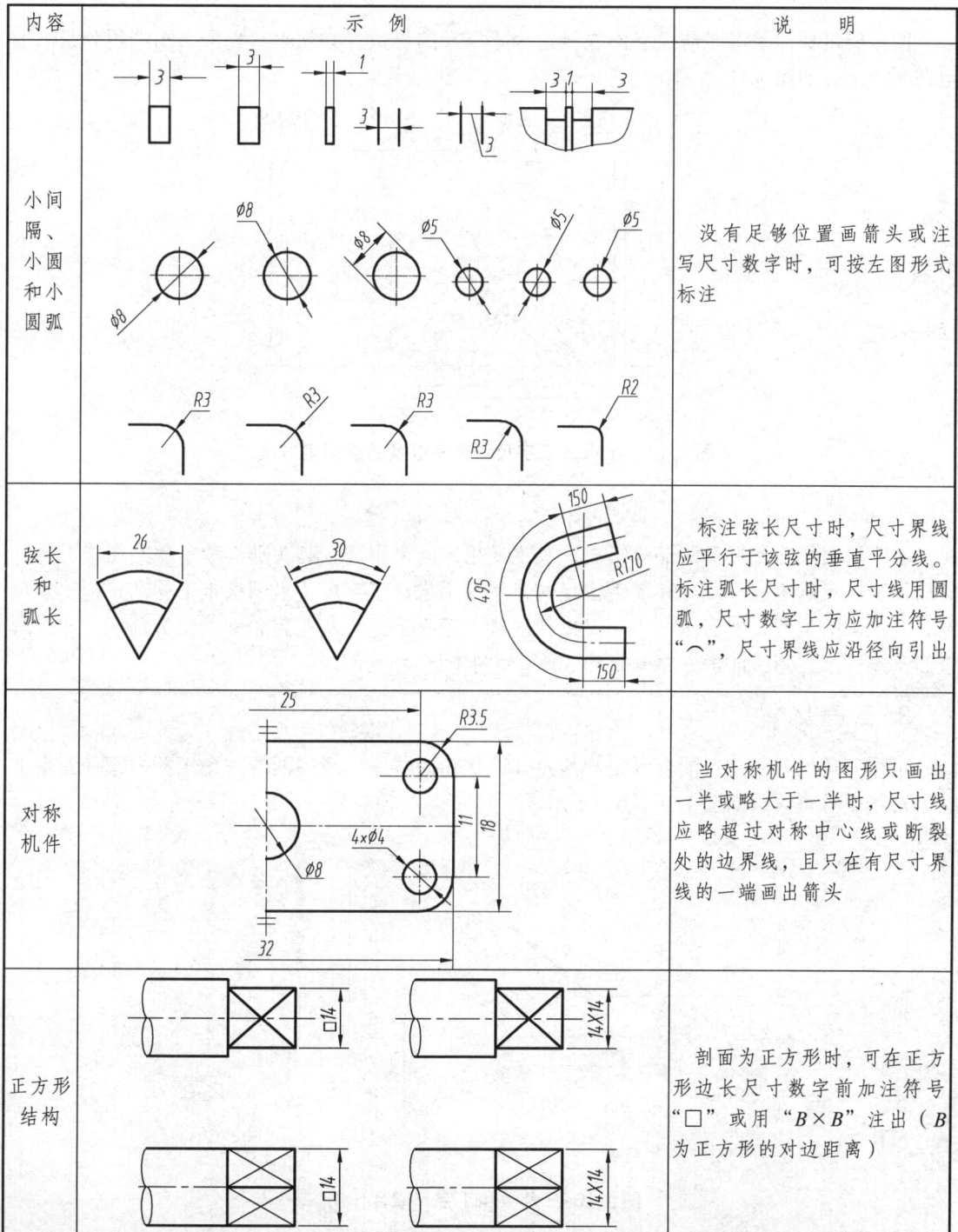

1.1.2 制图工具、仪器及使用方法

正确使用绘图工具和仪器,是保证绘图质量和绘图效率的一个重要方面。为此将尺规绘图工具及其使用方法介绍如下。

1. 图板

图板要求板面平滑光洁，它的左侧边为丁字尺的导边，必须平直光滑，图纸用胶带纸固定在图板上，如图1.15所示。

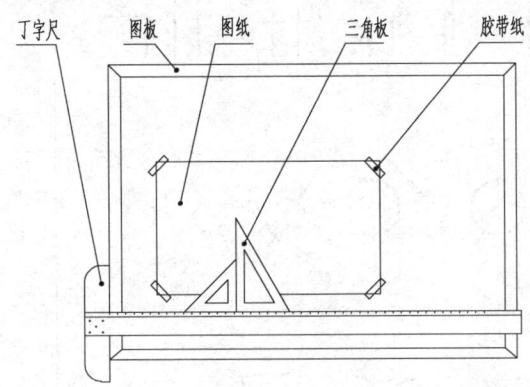

图1.15 图板、丁字尺、三角板及图纸固定方法

2. 丁字尺

丁字尺由尺头和尺身两部分组成，它主要用来画水平线，其头部必须紧靠绘图板左边，然后用丁字尺的上边画线。移动丁字尺时，用左手推动丁字尺头沿图板上下移动，把丁字尺调整到准确的位置，然后压住丁字尺进行画线。画水平线是从左到右画，铅笔前后方向应与纸面垂直，而在画线前进方向倾斜约30°，如图1.16（a）所示。

3. 三角板

可用三角板与丁字尺配合画铅垂线及15°倍角的斜线；或用两块三角板配合画任意角度的平行线或垂直线，如图1.16（b）所示。

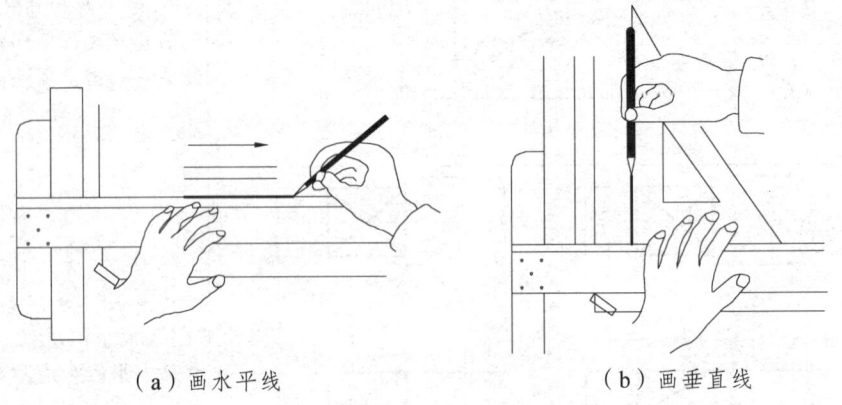

（a）画水平线　　　　　　　　（b）画垂直线

图1.16 三角板和丁字尺联合作图

4. 铅笔

分别用B和H表示绘图用铅笔铅芯的软、硬程度。绘图时根据不同使用要求，应准备以下几种硬度不同的铅笔：

B或HB——画粗实线用；

HB 或 H——画箭头和写字用；

H 或 2H——画各种细线和画底稿用。

其中用于画粗实线的铅笔磨成矩形，其余的磨成圆锥形，如图 1.17 所示。

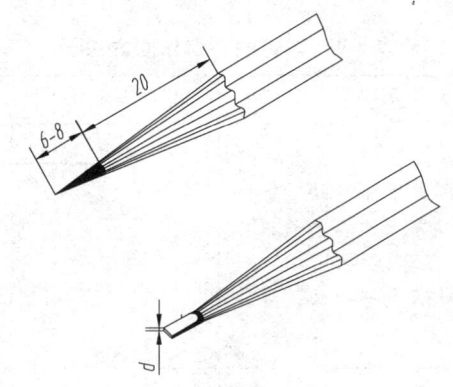

图 1.17 铅笔的削法

5. 圆规与分规

圆规用来画圆和圆弧。画图时应尽量使钢针和铅芯都垂直于纸面，钢针的台阶与铅芯尖应平齐，使用方法如图 1.18 所示。

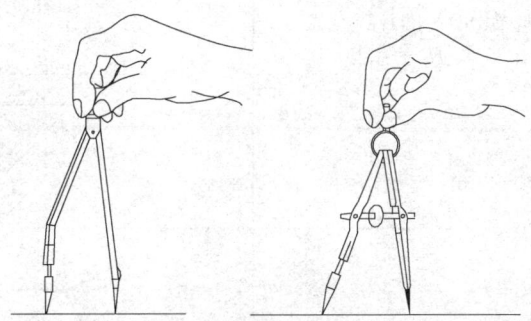

图 1.18 圆规的使用方法

分规主要用来量取线段长度或等分已知线段。分规的两个针尖应调整平齐，从比例尺上量取长度时，针尖不要正对尺面，应使针尖与尺面保持倾斜。用分规等分线段时，通常要用试分法，分规的用法如图 1.19 所示。

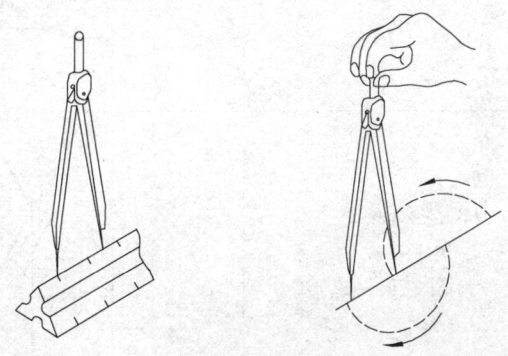

图 1.19 分规及其用法

1.1.3 常见几何作图方法

机械图样的图形都是由平面几何图形构成,掌握常见的几何作图方法是绘制机械图样的基础,常见的几何作图方法如表1.6所示。

表1.6 常见的几何作图方法

内容		方法步骤	示 例
直线作图	等分线段	将线段AB三等分,过点A作任意直线AB_1,用分规以任意长度在AB_1上截取三个等长线段,得1、2、3点,连接3、B,并过1、2点作3B的平行线,即得三个等长线段	
	过定点K作已知直线AB的垂线	先使三角板的斜边过AB,以另一个三角板的一边作导边,将三角板翻转90°使斜边过点K,即可过点K作AB的垂线	
等分圆周及作内接正多边形	六等分圆周和作正六边形	圆规等分法。以已知圆的直径的两端点A、B为圆心,以已知圆的半径R为半径画弧与圆周相交,即得等分点,依次连接等分点,即得圆内接正六边形	
		用30°~60°三角板与丁字尺(或45°三角板的一边)相配合作内接或外接圆的正六边形	

续表 1.6

内容		方法步骤	示例
等分圆周及作内接正多边形	四等分圆周和作正四边形	用 45° 三角板与丁字尺（或 30°三角板的一边）相配合，即可作出圆的内接正四边形	
	五等分圆周和作圆内接正五边形	平分半径 OB 得点 O_1，以 O_1 为圆心，以 O_1D 为半径画弧，交 OA 于 E，以 DE 为弦在圆周上依次截取即得圆内接正五边形	
斜度与锥度	斜度的作法与标注方法	斜度是指一直线对另一直线或平面对另一平面的倾斜程度，其大小用该两直线（或平面）间夹角的正切来表示，并把比值简化为 $1:n$ 的形式	
	锥度的定义、作法与标注方法	锥度是指正圆锥体的底圆直径与其高度的比值，如果是锥台，则为上、下两底的直径差与锥台高度的比值，并以 $1:n$ 的形式表示	锥度 $=\dfrac{D}{L}=\dfrac{D-d}{l}$

续表 1.6

内容		方法步骤	示 例
圆弧连接	圆弧连接的几何原理	与直线相切的圆弧圆心的轨迹是与已知直线相距圆弧半径且平行的直线。与圆弧相切的圆弧圆心轨迹是已知圆弧的同心圆，外切时轨迹圆的半径为两圆弧半径之和，内切时为两圆弧半径之差	
	圆弧与两直线相切	分别作已知直线的平行线（距离为 R_2），这两条直线的交点即为圆心 O，自点 O 向已知直线作垂线，垂足即切点 a、b，再用半径为 R_2 的圆弧连接即可	
	与两圆弧相外切	分别过圆心 O_1、O_2 作圆弧 R_a（R_1+R）和 R_b（R_2+R），其交点即为圆弧 R 的圆心 O，作直线 OO_1、OO_2，它们与已知圆弧的交点即为切点 a、b，再用半径为 R 的圆弧连接即可	
	与两圆弧相内切	分别过圆心 O_1、O_2 作圆弧 R_a（$R-R_1$）和 R_b（$R-R_2$），其交点即为圆弧 R 的圆心 O，作直线 OO_1、OO_2，它们与已知圆弧的交点即为切点 a、b，再用半径为 R 的圆弧连接即可	
椭圆作图	一动点到两定点（焦点）的距离之和为一常数（等于长轴），该动点的运动轨迹为椭圆	作图椭圆的长轴 AB 和短轴 CD，连 AC、取 $CM=OA-OC$；作 AM 的中垂线，使之与长、短轴分别交于 O_3、O_1 两点；作与 O_1、O_3 的对称点 O_2、O_4。连 O_1O_3、O_1O_4、O_2O_3、O_2O_4，分别以 O_1、O_2 为圆心、O_1C（或 O_2D）为半径，画弧交 O_2O_3、O_2O_4、O_1O_3、O_1O_4 的延长线于 G、H、E、F，再分别以 O_3、O_4 为圆心、O_3A（或 O_4B）为半径，画弧与前所画弧连接即得椭圆	

1.1.4 平面图形的尺寸分析与线段分析

平面图形是由若干线段（直线或曲线）连接而成的，这些线段之间的相对位置和连接关系，靠给定的尺寸来确定，因此要对这些线段的尺寸进行分析，明确各线段的连接关系，从而确定正确的作图方法和步骤。

1. 平面图形的尺寸分析

平面图形的尺寸分析就是分析平面图形中所有尺寸的作用以及图形与尺寸之间的关系。

1）尺寸基准

在标注和分析尺寸时，必须确定基准，尺寸基准就是标注尺寸的起点。在平面图形中，有水平和竖直两个方向上的基准。基准一般采用图形的对称线、圆的中心线、重要的轮廓线等。如图1.20中的尺寸基准就是该图形两条垂直相交的中心线。

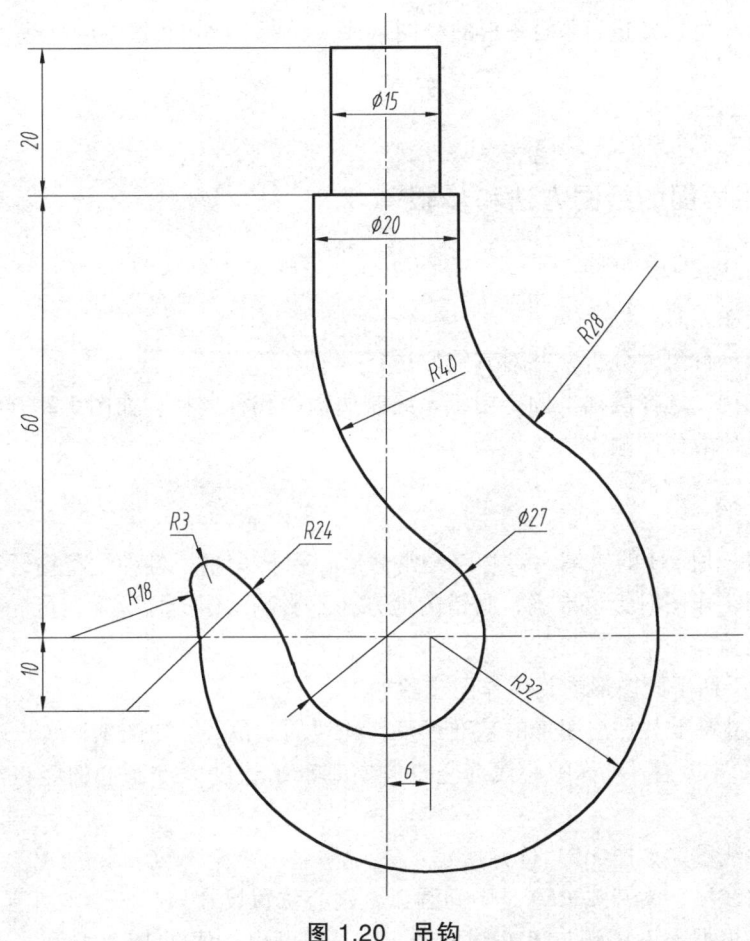

图1.20 吊钩

2）尺寸分类

平面图形中的尺寸按其作用分为定型尺寸和定位尺寸两类。

（1）定型尺寸即确定平面图形上几何元素形状和大小的尺寸。例如直线的长短、圆的大小等，如图1.20中的尺寸 $\phi15$、$R28$ 等都是定型尺寸。

(2) 定位尺寸即确定各几何元素之间位置的尺寸。例如圆心的位置、直线的位置等，如图 1.20 中的尺寸 6、60、10 都是定位尺寸。对于定位尺寸而言，应以基准为标注或度量的起点。

2．平面图形的线段分析

平面图形中的线段包括直线和圆弧，根据定位尺寸完整与否，可分为三类：

(1) 已知线段：具有两个定位尺寸的线段，如图 1.20 中的尺寸 $R32$ 和 $\phi27$。

(2) 中间线段：只有一个定位尺寸的线段，如图 1.20 中的尺寸 $R18$ 和 $R24$。

(3) 连接线段：没有定位尺寸的线段，如图 1.20 中的尺寸 $R3$、$R28$ 和 $R40$。

在作图时，已知线段可直接画出，中间线段虽然缺少一个定位尺寸，但可利用它和已知线段相切的条件画出，连接线段虽然没有定位尺寸，但其必然和两个已经画出的线段相切，根据圆弧连接的方法也可画出。

根据以上分析可以知道，平面图形的绘图顺序应该是：已知线段—中间线段—连接线段。

1.2 知识运用

1.2.1 手柄平面图的绘图方法和步骤

1．准备工作

(1) 备好绘图工具。

(2) 对图形进行尺寸分析，并对其线段进行分析。

(3) 确定比例，选择图幅，固定图纸，绘制边框线和标题栏，如图 1.21（a）所示。

(4) 拟定具体的作图顺序。

2．绘制底稿

绘制底稿时，用 2H 的铅笔，铅芯应经常修磨以保持尖锐，各种线型均暂不分粗细，并要画得很轻很细；作图时力求准确，画错的地方在不影响画图的情况下，可先作记号，待底稿完成后一齐擦掉。

图 1.1 所示手柄平面图形的具体作图步骤如下：

(1) 确定尺寸基准并作出图形的基准线及各线段的定位线，如图 1.21（a）所示。根据该平面图形的特点，以上下对称中心线为竖直方向基准，通过 $R15$ 圆心的竖直线为水平方向基准。

(2) 画已知线段，如图 1.21（b）所示。

(3) 画中间线段，大圆弧 $R50$ 是中间圆弧，圆心位置尺寸只有一个垂直方向是已知的，水平方向位置需根据 $R50$ 圆弧与 $R10$ 圆弧内切的关系画出，如图 1.22 所示。

(4) 画连接线段，$R12$ 的圆弧只给出半径，同时与 $R15$、$R50$ 圆弧外切，所以它是连接线段，应最后画出，如图 1.23（a）所示。

(5) 校核作图过程，擦去多余的作图线，绘制尺寸界线、尺寸线，如图 1.23（b）所示。

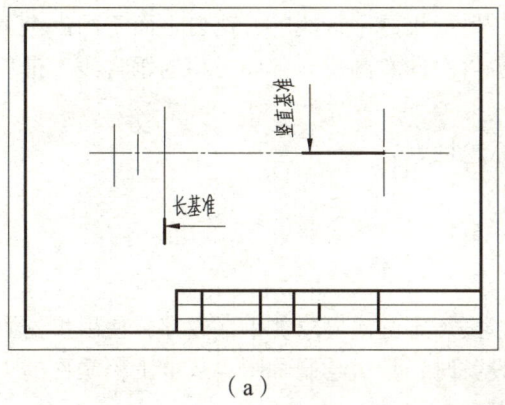
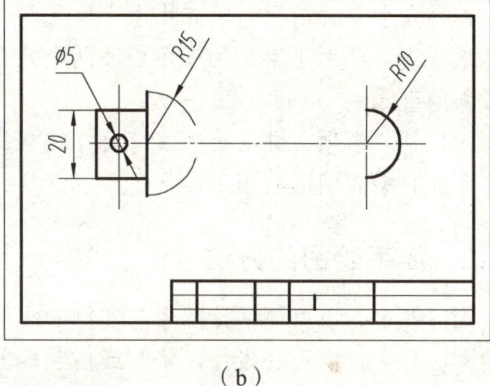

(a)　　　　　　　　　　　　(b)

图 1.21　手柄平面图形的绘制步骤（一）

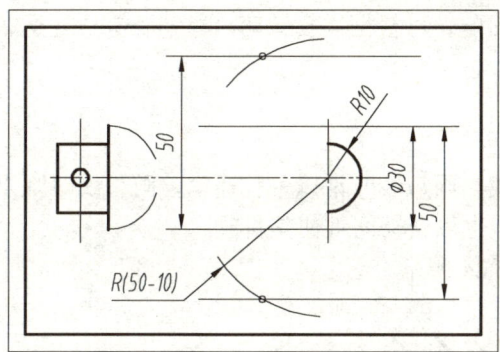
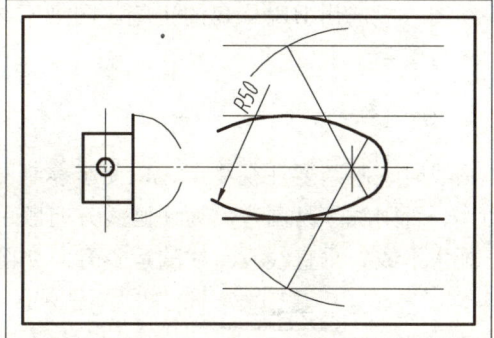

图 1.22　手柄平面图形的绘制步骤（二）

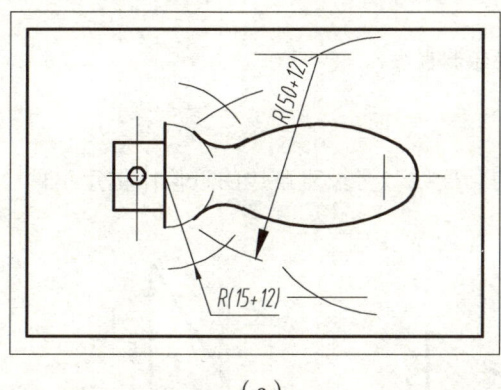
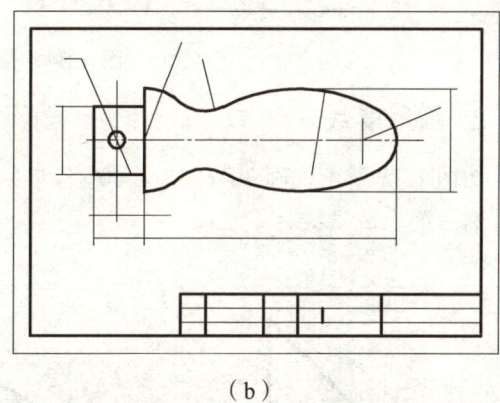

(a)　　　　　　　　　　　　(b)

图 1.23　手柄平面图形的绘制步骤（三）

3. 描深底稿

用 HB 或 B 铅笔描深各种图线，其顺序是：

（1）先粗后细：一般应先描深全部粗实线，再描深全部细线、虚线及点划线等，这样既可提高作图效率，又可保证同一线型在全图中粗细一致，不同线型之间的粗细也符合比例关系。

（2）先曲后直：在加深同一线型（特别是粗实线）时，应先描深圆弧和圆，然后描深直线，以保证连接圆滑。

(3) 先水平,后垂斜:先用丁字尺和两个三角板用画平行线的方法自上而下画出全部同类型水平线,再用丁字尺和三角板或两个三角板自左向右画出全部同类型的垂直线,最后画出倾斜的直线。

(4) 其余事项:画箭头、填写尺寸数字、标题栏等。

完成的平面图形如图 1.1 所示。

1.2.2 徒手绘图的方法

国标规定,以目测估计图形与实物的比例,按一定画法要求徒手(或部分使用仪器)绘制的图,称为草图。在设计、修配或仿制机器设备时,常需绘制草图。从事工程操作的人员不仅要会画仪器图,也应具备徒手画草图的能力。

草图虽然以目测徒手绘制而成,但仍应做到线型分明、比例匀称、字体端正、图面整洁。徒手绘图一般选用 HB 及 B 的铅笔。图纸不必固定,可根据需要转动。握笔姿势要轻运,握笔力求自然。

1. 画直线

画线时,眼睛要注视终点,以便于控制图线。画短线时常以手腕运笔,画长线时则以手臂动作,否则线不易画直。为使画线方向顺手,也可转动图纸使其斜放。

画水平线、垂直线及斜线的运笔方向如图 1.24 所示。

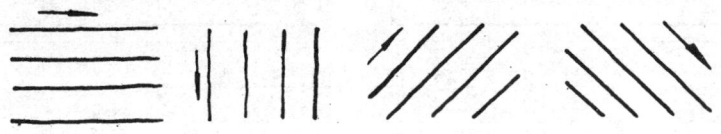

图 1.24 徒手绘制直线

2. 画角度线

如图 1.25 所示,画 30°、45°、60° 等常见的角度线,可按直角边的近似比例定出两个端点,然后连点成直线。

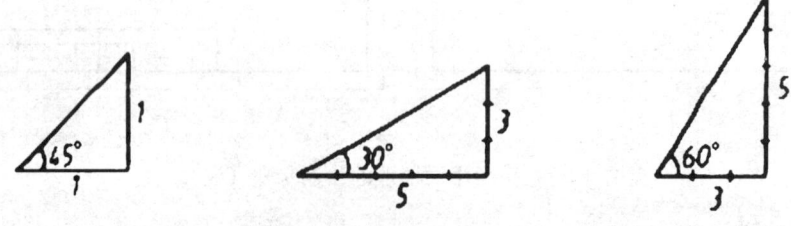

图 1.25 徒手绘制角度线

3. 画圆

如图 1.26 所示,画圆时,先定出圆心,画出中心线,再按直径大小在中心线上定出 4 点,然后徒手将各点连接成圆。画较大圆时,可过圆心增画一对 45° 斜线,在上面同样截取 4 点,然后将 8 个点连接成圆。

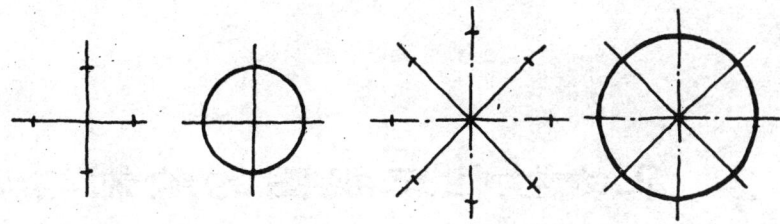

图 1.26 徒手绘制圆

4. 画椭圆

如 1.27 所示,画椭圆时,先定出椭圆中心,画出长、短轴;然后过长短轴上 4 个端点画出矩形;最后徒手作椭圆与矩形相切,绘制时应注意图形的对称性。

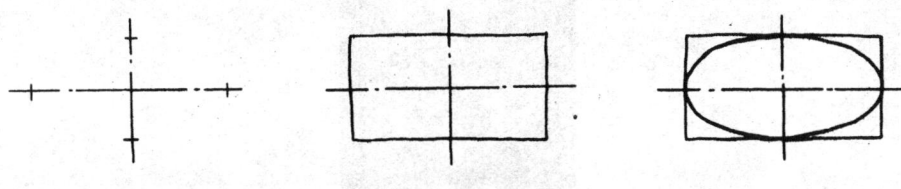

图 1.27 徒手画椭圆

任务 2　正六棱柱三视图的绘制与识读

【任务要求】　绘制图 2.1 所示的正六棱柱的三视图。

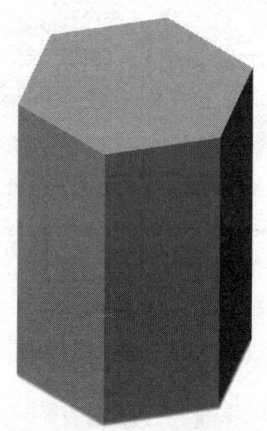

图 2.1　正六棱柱

【任务目标】　掌握正投影法的基本概念及投影特性；掌握三视图的投影规律并能正确运用投影规律进行棱柱三视图的绘制与识读。

2.1　知识积累

2.1.1　正投影法

投影法是指投射线通过物体，向选定的面投射，并在该面上得到图形的方法。如图 2.2 所示，设定平面 P 为投影面，不属于投影面的定点 S 为投射中心。过空间点 A 向投射中心引直线 SA，SA 称为投射线。投射线 SA 与投影面 P 的交点 a，称为空间点 A 在投影面 P 上的投影。同理，b 点是空间点 B 在投影面 P 上的投影（注：空间点以大写字母表示，如 A、B、C，其投影用相应的小写字母表示，如 a、b、c）。

1. 中心投影法

投射线都从投射中心出发的投影法，称为中心投影法。所得的投影，称为中心投影，如图 2.3 所示。这种投影线都是从投射中心发出的，投射线互不平行，所得的投影不能反映物体的真实大小，而且总是随物体的位置不同而改变。因此，它不适用于绘制机械图样，但是，由于中心投影法绘制的图形立体感较强，所以它适用于绘制建筑物的外观图及美术画等。

投影法一般分为两大类：一类叫做中心投影法，一类叫做平行投影法。

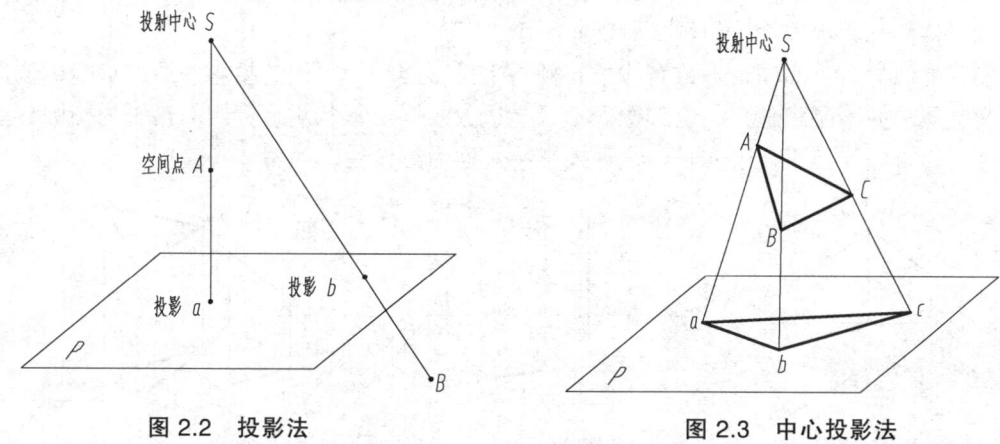

图 2.2 投影法   图 2.3 中心投影法

2. 平行投影法

投射线相互平行的投影法,称为平行投影法。这种投影法得到的投影可以反映物体的实际形状。在平行投影法中,根据投射线与投影面所成的角度不同,又分为斜投影法和正投影法两种。

1)斜投影法

在平行投影法中,投射线与投影面倾斜成某一角度时,称为斜投影法。按斜投影法得到的投影称为斜投影,如图 2.4(a)所示。

2)正投影法

在平行投影法中,投射线与投影面垂直时,称为正投影法。按正投影法得到的投影称为正投影,如图 2.4(b)所示。

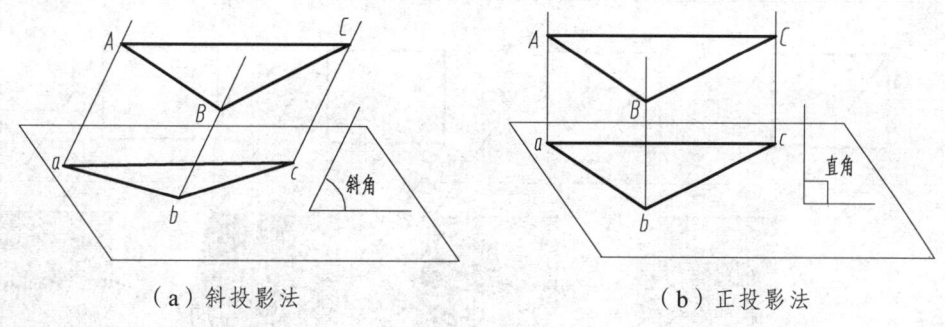

(a)斜投影法   (b)正投影法

图 2.4 平行投影法

由于用正投影法得到的投影能够表达物体的真实形状和大小,具有较好的度量性,绘制也较简便,故而在工程上得到了普遍采用,机械图主要是用正投影绘制。为了叙述简单起见,今后将"正投影"简称"投影"。

3. 正投影的基本特性

(1)真实性。平面图形(或直线段)平行于投影面时,其投影反映实形(或实长),这种投影特性称为真实性或者叫全等性,如图 2.5(a)所示。

(2)积聚性。平面图形(或直线段)垂直于投影面时,其投影积聚为一直线(或一个点),

这种投影特性称为积聚性,如图2.5(b)所示。

(3)类似性。平面图形(或直线段)倾斜于投影面时,平面的投影为原图形的类似形。注意,类似形并不是相似形,它和原图形只是边数相同、形状类似,圆的投影为椭圆;直线的投影仍为直线,但不反映实长,这种投影特性称为类似性,如图2.5(c)所示。

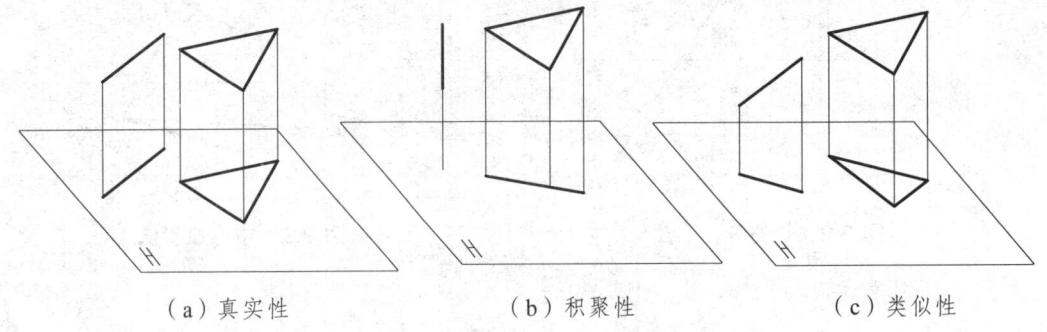

(a)真实性　　　　　　　(b)积聚性　　　　　　　(c)类似性

图2.5　正投影的投影特性

2.1.2　三视图的形成及其对应关系

1. 三视图的形成

图2.6所示的是四个不同的物体向同一个选定的投影面进行投影,如果不附加其他说明,仅凭一个投影是不能确定各物体整个形状的。要反映物体的完整形状,必须根据物体的繁简,多取几个投影相互补充,才能把物体的形状表达清楚。一般选取相互垂直的三个投影面进行说明。

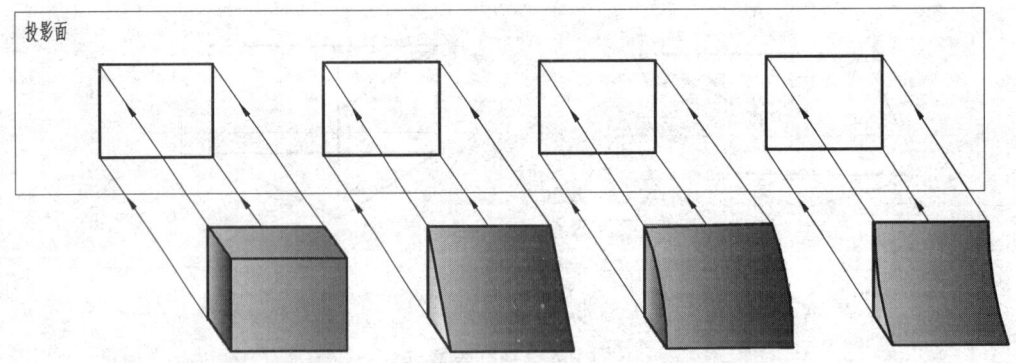

图2.6　不同物体在同一投影面上得到相同的投影

1)三投影面体系的建立

如图2.7所示,三投影面体系由三个相互垂直的投影面组成,三个投影面的名称和代号是:

正对观察者的投影面称为正立投影面(简称正面),用代号"V"表示;

右边侧立的投影面称为侧立投影面(简称侧面),用代号"W"表示;

水平位置的投影面称为水平投影面(简称水平面),用代号"H"表示。

三个投影面两两相交,其交线OX、OY、OZ称为投影轴,三个投影轴相互垂直且交于一

点 O，称为投影原点。

2）物体在三投影面体系中的投影

将物体置于三投影面体系中，按正投影法分别向 V、W、H 三个投影面进行投影，即可得到物体的正面投影、侧面投影和水平面投影，如图 2.8（a）所示。

3）三投影面的展开

为了使物体在三投影面体系中所得的三个投影处于同一平面上，须将三个互相垂直的投影面展开。展开的方法是：V 面保持不动，H 面绕 OX 轴向下旋转 90°，W 面绕 OZ 轴向右旋转 90°，使 H、W 面与 V 面重合为一个平面，这个平面就是图纸，如图 2.8（b）和图 2.8（c）所示。

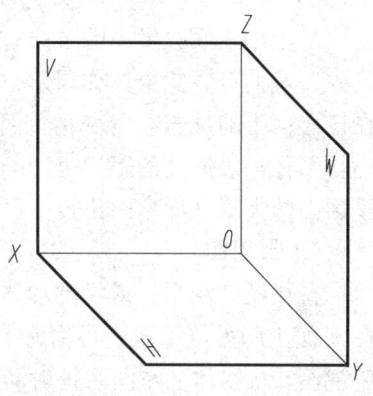

图 2.7　三投影面体系

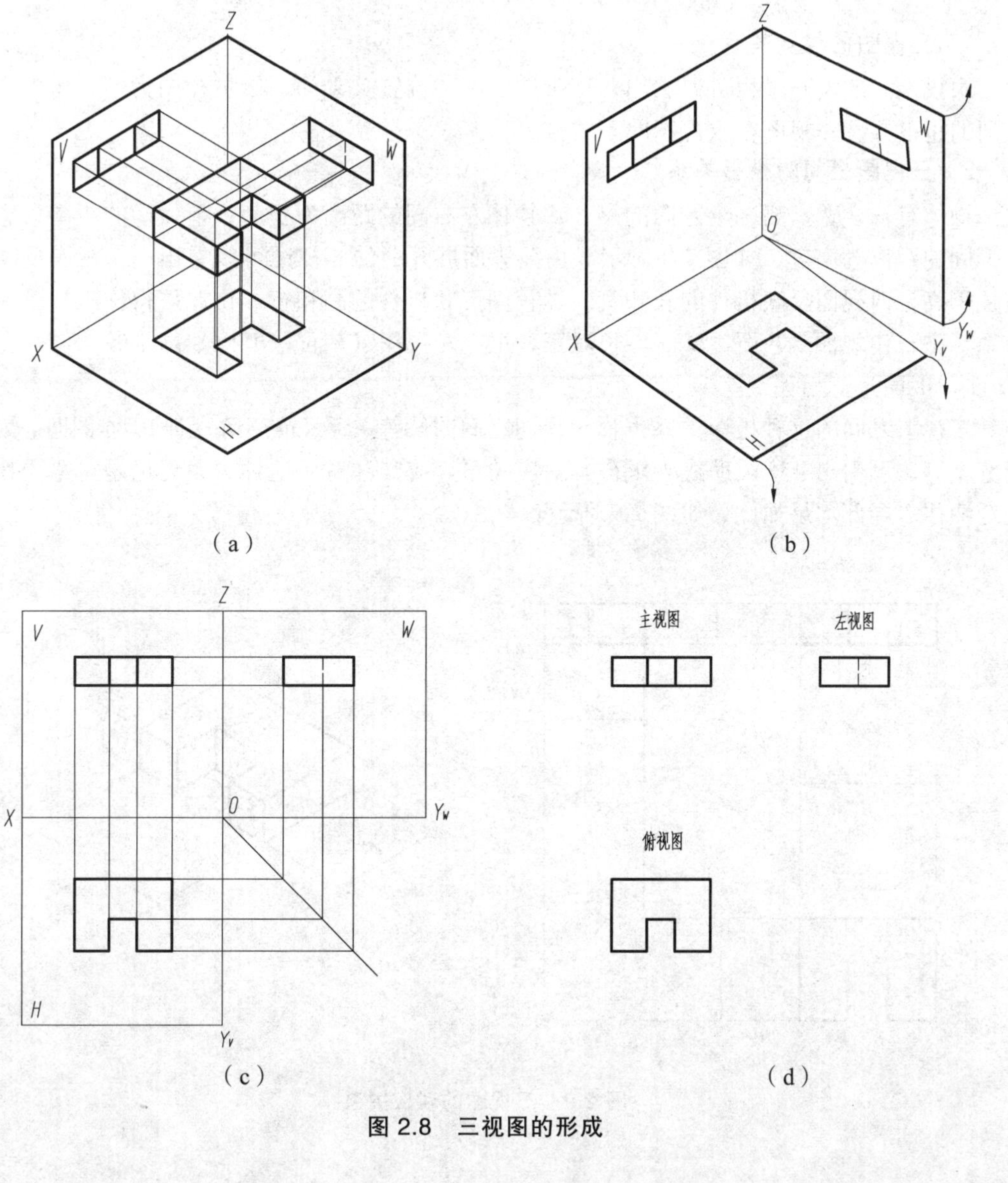

（a）　　　　　　　　　　　　（b）

（c）　　　　　　　　　　　　（d）

图 2.8　三视图的形成

从上述三面投影图的形成过程可知,各面投影图的形状和大小均与投影面的大小无关。另外,我们可以想象,如果形体上、下、前、后、左、右平行移动,该形体的三面投影图仅在投影面上的位置有所变化,而其形状和大小是不会发生变化的,即三面投影图的形状和大小与形体和投影面的距离也即与投影轴的距离无关。因此,在画三面投影图时,一般不画出投影面的大小(即不画出投影面的边框线),也不画出投影轴。

4)三视图

在机械制图中,通常把物体在投影平面上的相应投影称为视图。将物体从前向后投射,在 V 面上所得的正面投影称为主视图;将物体从上向下投射,在 H 面上所得的水平投影称为俯视图;将物体从左向右投射,在 W 面上所得的侧面投影称为左视图。三个视图的配置如图2.8 (d) 所示。三个视图的名称均不必标注。

2. 三视图之间的对应关系

1)三视图的位置关系

由投影面的展开过程可以看出,三视图之间的位置关系为:以主视图为准,俯视图在主视图的正下方,左视图在主视图的正右方。

2)三视图之间的投影关系

物体有长、宽、高三个方向的尺寸。物体左右间的距离为长度,前后间的距离为宽度,上下间的距离为高度,如图2.9所示。由投影面展开后的三视图可以看出:主视图反映机件的长和高;俯视图反映机件的长和宽;左视图反映机件的高和宽。由此可得出三视图的投影关系:主、俯视图(V面、H面)长对正;主、左视图(V面、W面)高平齐;俯、左视图(H面、W面)宽相等。

三视图之间的这种投影关系也称为视图之间的三等关系(或三等规律)。作图时,为了体现宽相等,可引出45°辅助线来求得其对应关系。应当注意,这种关系无论是对整个物体还是对物体的局部均是如此,如图2.9所示。

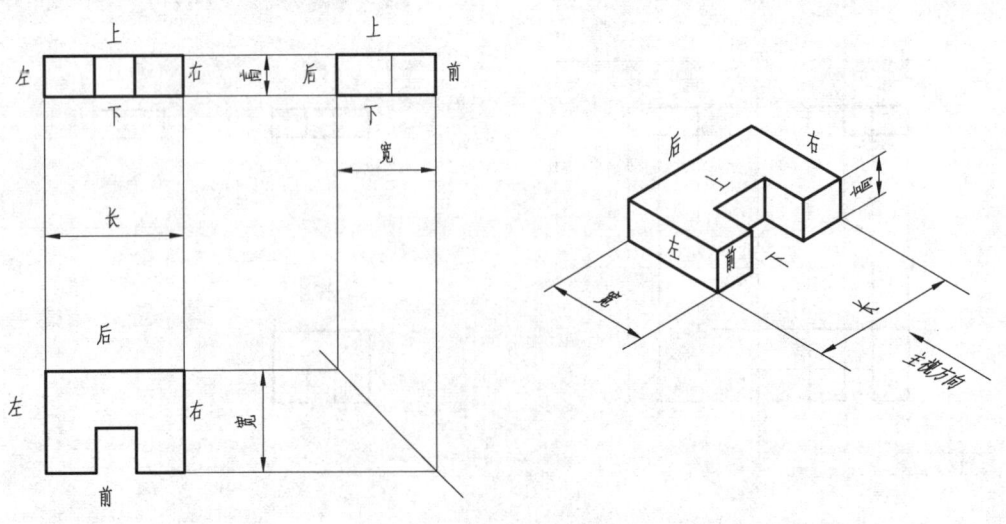

图2.9 三视图的对应关系

3）视图与物体的方位关系

物体有上、下、左、右、前、后 6 个方位。从图 2.9 可看出：

主视图反映了物体的上、下和左、右位置关系；

俯视图反映了物体的前、后和左、右位置关系；

左视图反映了物体的上、下和前、后位置关系。

在看图和画图时必须注意，以主视图为准，俯、左视图远离主视图的一侧表示物体的前面，靠近主视图的一侧表示物体的后面。

3. 画三视图的方法和步骤

1）确定主视图的投影方向

在三投影面体系中摆放形体时，应使形体的多数表面（或主要表面）平行或垂直于投影面（即形体正放），进而确定主视图的投影方向。形体在三投影面体系中的位置一经选定，在投影过程中不能移动或变更，直到所有投影都进行完毕。

2）按正投影方法绘制三视图

按正投影方法绘制三视图时，一般先从形状特征明显视图入手，在绘图过程中应注意以下事项：

（1）可见轮廓线用粗实线绘制，不可见的轮廓线用虚线绘制，当虚线与实线重合时画实线。

（2）整体和局部都要符合三视图的投影规律，特别应注意俯、左视图宽相等和前、后方位关系。

2.2 知识运用

立体是由各种面（包括平面和曲面）包围而成的，完全由平面包围而成的立体称为平面立体。侧棱线相互平行的平面立体称为棱柱。当侧棱线与底面垂直时，称为直棱柱。当直棱柱的顶、底面为正多边形时，称为正棱柱。

2.2.1 正六棱柱三视图的绘制

1. 正六棱柱的投影分析

图 2.10（a）所示为一正六棱柱，其顶面和底面都是水平面，是互相平行的正六边形，它们的边是四条水平线（与水平面平行）和两条侧垂线（与侧面垂直）；六个侧棱面都是相同的长方形，分别是四个铅垂面（与水平面垂直）和两个正平面（与正面平行），六条棱线是铅垂线。在这种位置下，正六棱柱的三视图如图 2.10（b）所示，其投影特性如下。

（1）主视图：六棱柱的主视图由三个长方形线框组成。中间的长方形线框反映前、后面的实形（前、后面平行于正面 V）；左、右两个窄的长方形线框分别为六棱柱其余四个侧面的投影，由于它们不与正面 V 平行，因此投影不反映实形。顶、底面在主视图上的投影积聚为两条平行于 X 轴的直线。

（2）俯视图：六棱柱的俯视图为一正六边形，反映顶面、底面的实形。六个侧面垂直于水平面 H，它们的投影都积聚在正六边形的六条边上。

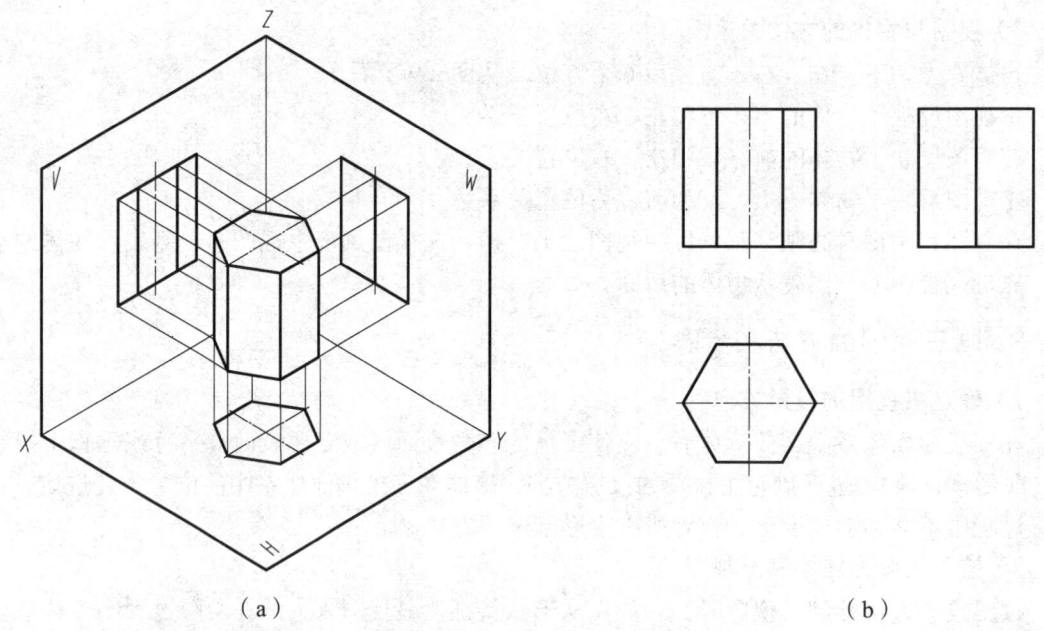

(a)　　　　　　　　　　　　　　　(b)

图 2.10　正六棱柱的三视图

（3）左视图：六棱柱的左视图由两个长方形线框组成。这两个长方形线框是六棱柱左边两个侧面的投影，且遮住了右边两个侧面。由于两侧面与侧投影面 W 面倾斜，因此投影不反映实形。六棱柱的前、后面在左视图上的投影有积聚形，积聚为右边和左边两条直线；上、下两条水平线是六棱柱顶面和底面的投影，积聚为直线。

2. 正六棱柱三视图的绘制过程

绘制正六棱柱的三视图，一般先从反映形状特征的视图画起；然后按视图间投影关系完成其他两面视图。具体作图步骤如下。

(1) 画出三个视图的对称中心线和底面基准线（点划线），并画出具有形状特征的视图（俯视图）——正六边形，如图 2.11（a）所示。

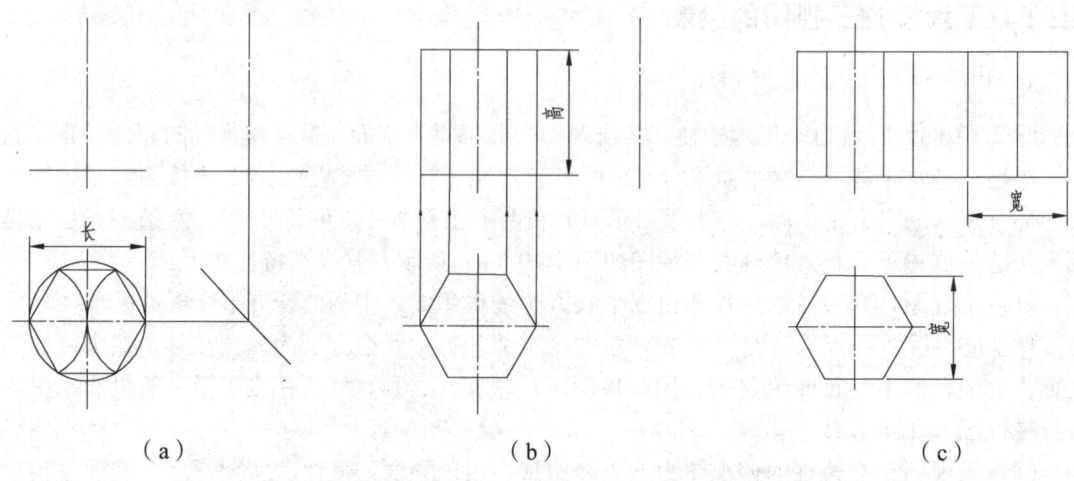

(a)　　　　　　　　　　(b)　　　　　　　　　　(c)

图 2.11　正六棱柱三视图的绘制过程

(2) 根据"长对正"的投影关系并量取六棱柱的高度画出主视图,如图 2.11 (b) 所示。
(3) 根据"高平齐"、"宽相等"的投影关系画出左视图,如图 2.11 (c) 所示。
(4) 检查,描深,完成图 2.10 (b) 所示的正六棱柱三视图。

2.2.2 棱柱三视图的识读

1. 棱柱的投影特点

表 2.1 给出了几种常用正棱柱的立体图和投影图。从表 2.1 中可以看出,棱柱投影具有以下特点:

(1) 棱柱的一个视图为一多边形,反应正棱柱顶、底面的实形。
(2) 棱柱的其余两个视图则为矩形或者复合矩形。

表 2.1 常见棱柱的三视图和立体图

	正三棱柱	正四棱柱	正五棱柱	正六棱柱
三视图	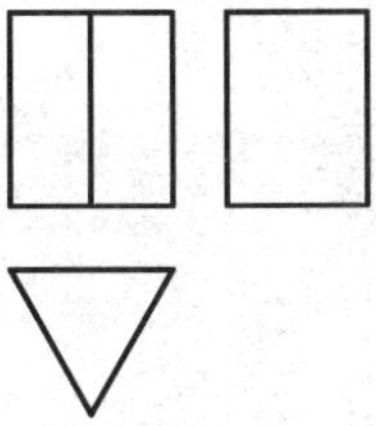	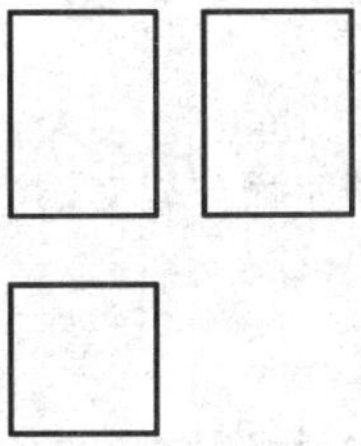	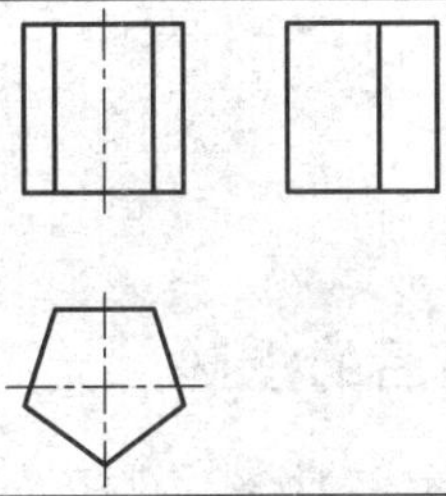	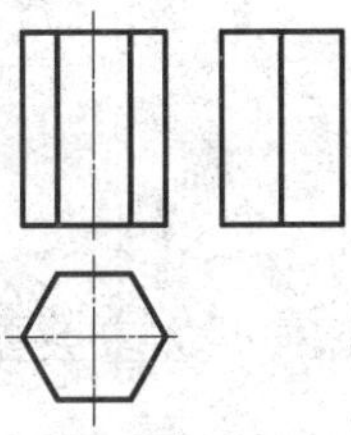
立体图	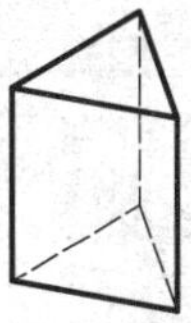	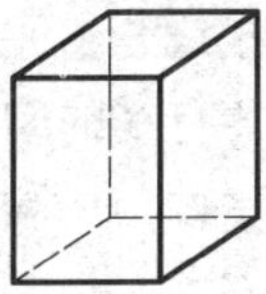	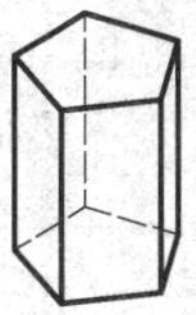	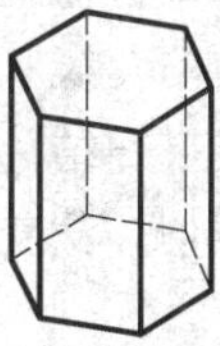

2. 棱柱三视图的识读要点

如果在一个基本体的三视图中,一个视图为平面多边形,而其他两个视图为矩形或者复合矩形时,可以马上判断该形体为棱柱,多边形的边数就是棱柱侧面的数量。

2.3 知识拓展

2.3.1 截交线的基本知识

当基本体被平面截断成两部分时,其中任一部分都称为截断体,用来截切立体的平面称为截平面,截平面与立体表面的交线称为截交线,如图 2.12 所示。

截交线具有两个基本性质:
(1) 截交线是截平面与立体表面的共有线。
(2) 截交线是闭合的平面图形。

由于截交线是截平面与立体表面的共有线,截交线上的点是截平面与立体表面的共有点,因此,求截交线的问题,实质上就是求截平面与立体表面的全部共有点的集合。

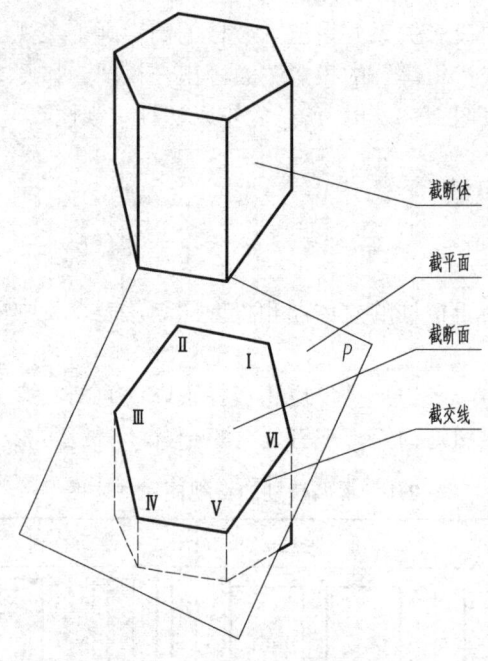

图 2.12 截平面与截交线

2.3.2 棱柱被截切后的投影

棱柱被截切后所形成的交线为封闭的平面多边形,该多边形的每一条边是截平面与立体各表面的交线,多边形的各个顶点就是棱柱各棱线与截平面的交点。根据截交线的性质,求截交线可归结为求截平面与立体表面共有点、共有线的问题。如图 2.12 所示,正六棱柱被正垂面截切,截交线是六边形,其六个顶点是截平面与六棱柱各棱线的交点。其作图方法步骤如下:

(1) 画出完整的正六棱柱的三视图,确定正垂面 P_V 位置,如图 2.13(a)所示。

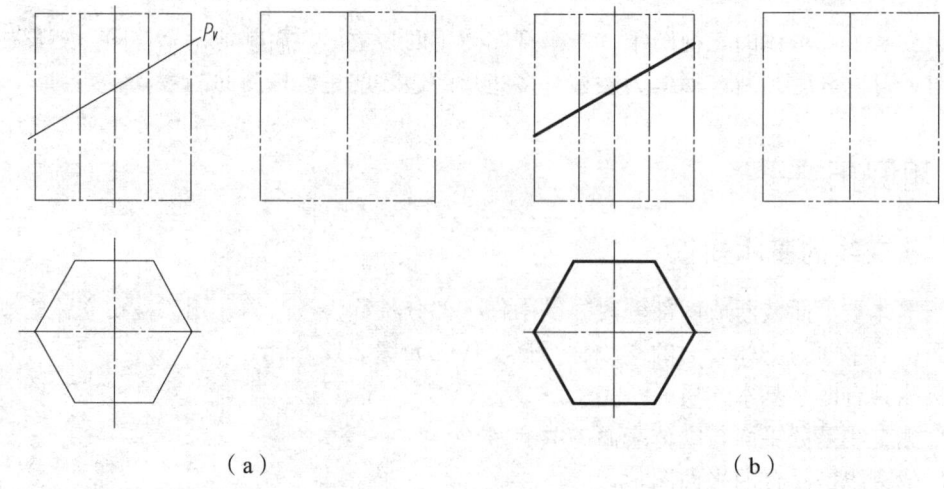

(a)　　　　　　　　　　　　　(b)

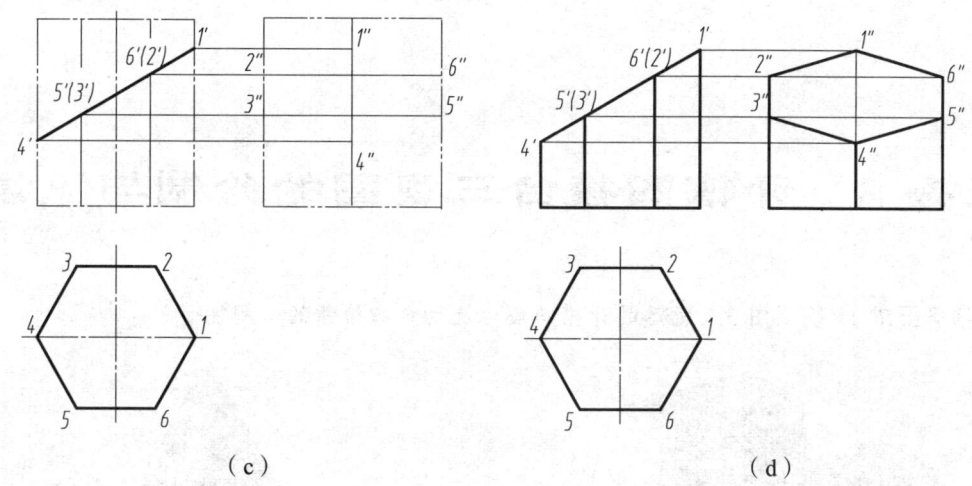

(c)　　　　　　　　　　　　　　(d)

图 2.13　正垂面截切正六棱柱的截交线的作图过程

（2）根据截交线的性质在图中找出截交线的正面投影和水平投影，如图 2.13（b）所示。

（3）在截交线的正面投影和水平投影上取截平面与棱柱棱线的交点 1′、2′、3′、4′、5′、6′ 和 1、2、3、4、5、6。然后按照"高平齐"、"宽相等"的投影规律作出六个交点的侧面投影 1″、2″、3″、4″、5″、6″，如图 2.13（c）所示。

（4）顺次连接各点的同面投影，即得截交线的三面投影；擦去被截平面截去的部分，保留未截的棱线并加粗；整理轮廓线，判别可见性，完成全图，如图 2.13（d）所示。

2.3.3　棱柱的标注方法

任何物体都具有长、宽、高三个方向的尺寸。在视图上标注基本体的尺寸时，应将三个方向的尺寸标注齐全，但不能重复和多余。在三视图中，尺寸应尽量标注在反映形体形状特征的视图上。

棱柱一般应注出其底面尺寸和高度，如图 2.14 所示。底面为正方形时，可用"边长×边长"或"□边长"形式标注，如图 2.14（b）所示；底面为正多边形时，可标注其外接圆直径，如图 2.14（c）所示；正六棱柱的底面也可标注其对边距，如图 2.14（d）所示。

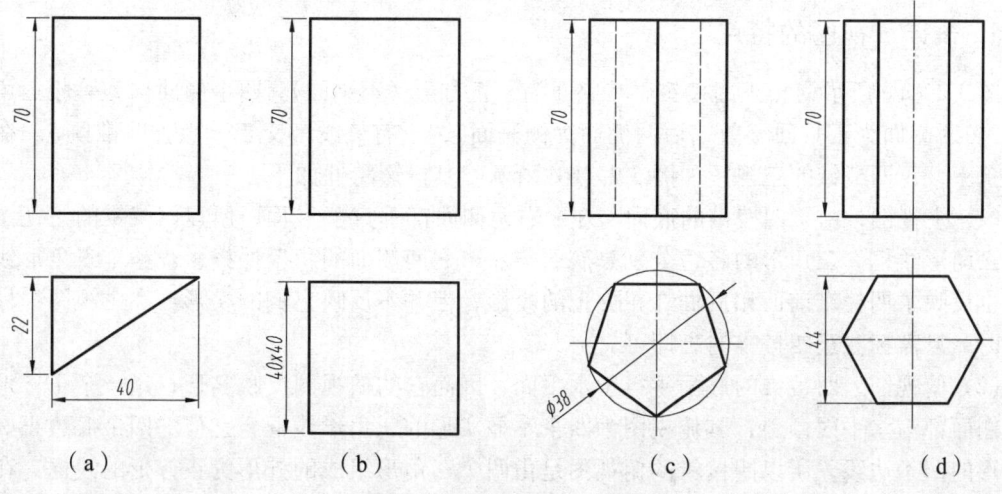

(a)　　　　　　(b)　　　　　　(c)　　　　　　(d)

图 2.14　棱柱的尺寸注法

任务 3　开槽四棱台三视图的绘制与识读

【任务要求】　绘制图 3.1 所示的开槽四棱台及切口四棱锥的三视图。

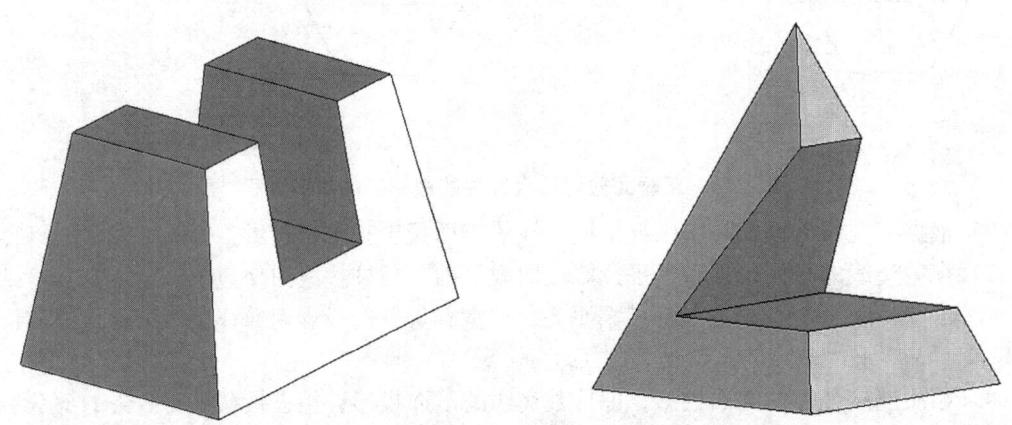

图 3.1　开槽四棱台与切口四棱锥

【任务目标】　掌握棱锥三视图的绘制与识读方法。

3.1　知识积累

侧棱线交于一点的平面立体称为棱锥。

3.1.1　棱锥的三视图

1. 棱锥三视图的特点

图 3.2（a）所示为一正四棱锥，其底面为一正方形（水平面），四个侧面均为等腰三角形（左、右两侧面为正垂面，前、后两侧面为侧垂面），所有棱线都交于一点，即锥顶 S。在这种位置下，正四棱锥的三视图如图 3.2（b）所示，其投影特性如下。

（1）主视图：由于四棱锥的底面与左、右两侧面都垂直于 V 面，所以四棱锥的主视图是一个三角形线框。三角形的各边分别是底面与左、右两侧面的积聚性投影。整个三角形线框同时也反映了四棱锥前面和后面在正面上的投影，但并不反映它们的实形。在主视图中标注尺寸时，只需标注正四棱锥的高即可。

（2）俯视图：四棱锥的底面平行于水平面，因而它的俯视图反映实形，是一个正方形。四个侧面都与水平面倾斜，其俯视图为四个不显实形的三角形线框，它们的四个底边正好是正方形的四条边线，所以四棱锥的俯视图是由四个三角形组成的外形为正方形的线框。在俯视图中标注尺寸时，只需标注正方形的边长即可。

任务3 开槽四棱台三视图的绘制与识读

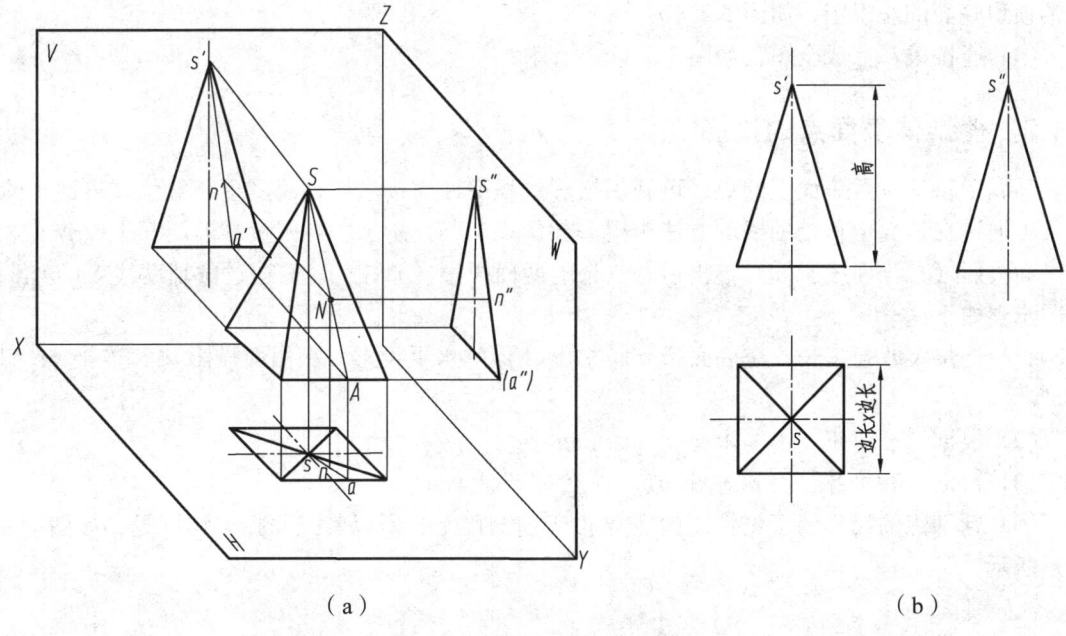

（a） （b）

图3.2 正四棱锥的三视图

（3）左视图：左视图也是一个三角形线框，但三角形两条斜边是四棱锥的前、后两侧面的积聚性投影。整个三角形线框是左、右两侧面的投影，但不反映左、右两侧面的实形。三角形线框的底边是底面的积聚性投影。

2. 正四棱锥三视图的作图步骤

正四棱锥三视图的作图步骤如图3.3所示。

（1）先画出三个视图的基准线（点划线）。绘制形状特征明显的俯视图，如图3.3（a）所示。

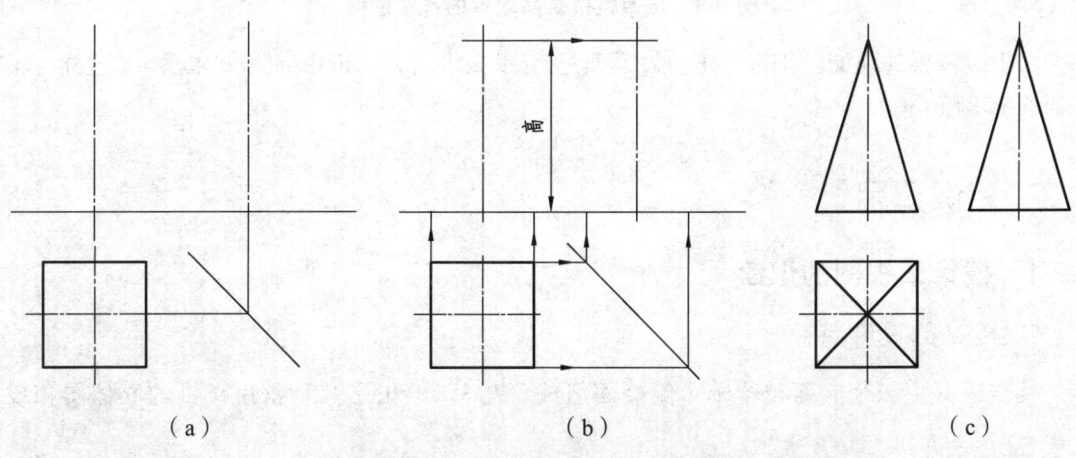

（a） （b） （c）

图3.3 正四棱锥三视图的绘制过程

(2) 根据"长对正"和棱锥的高度画出锥顶和底面的主视图,再根据"高平齐,宽相等"画锥顶和底面的左视图,如图 3.3（b）所示。

(3) 连棱线,完成全图,如图 3.3（c）所示。

3.1.2 棱锥体表面点的投影

凡属于特殊位置表面上的点,可利用投影的积聚性直接求得;而属于一般位置表面上的点,可通过在该面上作辅助线的方法求得。如图 3.2（a）所示,在四棱锥前侧面上取 N 点,其一面投影（如正面投影 n'）定出后,其余的两面投影（n 和 n''）需通过做辅助线 SA 定出,作图步骤如下：

(1) 连接 $s'n'$ 并延长,交底面于 a',求出 A 点的水平投影 a 和侧面投影 a'',连接 sa 和 $s''a''$。

(2) 根据"长对正"由 n' 求出 n,n 在 sa 上。

(3) 根据"高平齐"由 n' 求出 n'',n'' 在 $s''a''$ 上。

(4) 判别点的投影的可见性,因点 N 位于前侧面上,所以其三面投影均可见,如图 3.4（b）所示。

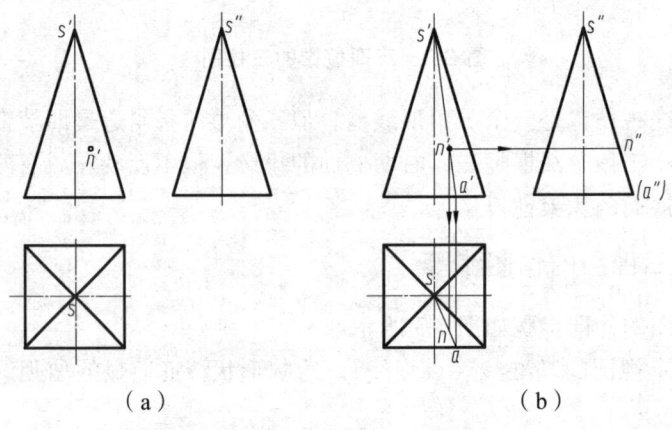

图 3.4 正四棱锥表面取点的作图过程

由于四棱锥的前侧面垂直于 W 面,因此也可以先求出 n'',再由 n'' 和 n' 求出 n。这样可不作辅助线求解。

3.2 知识运用

3.2.1 棱锥三视图的识读

1. 棱锥的投影特点

棱锥通常由一个底面和若干个侧棱面组成,表 3.1 给出了几种常用棱锥的立体图和投影图。

从表 3.1 中可以看出,棱锥具有这样的投影特点：

(1) 棱锥的一个视图为一多边形,从此多边形的中心向多边形的各个顶点连接棱线,多边形反应棱锥底面的实形。

（2）棱锥的其余两个视图为三角形或者复合三角形。

表 3.1　常见棱锥的三视图和立体图

	正三棱锥	正四棱锥	正五棱锥
三视图	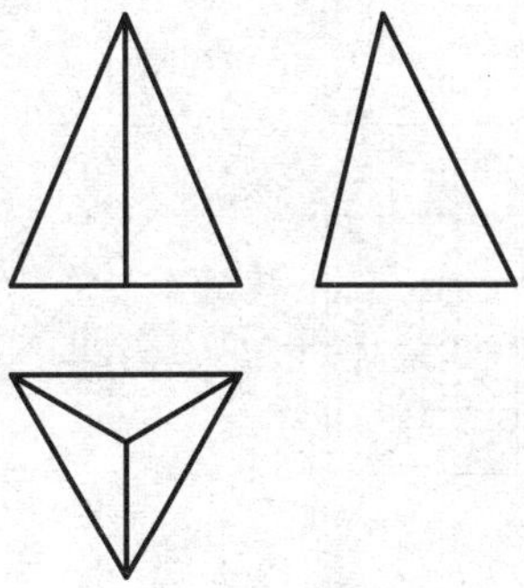	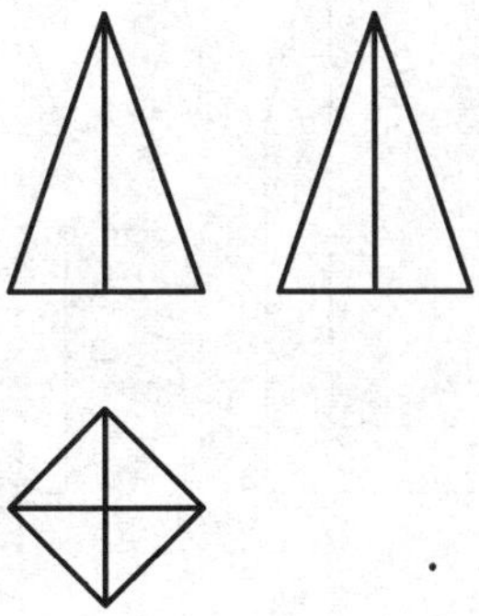	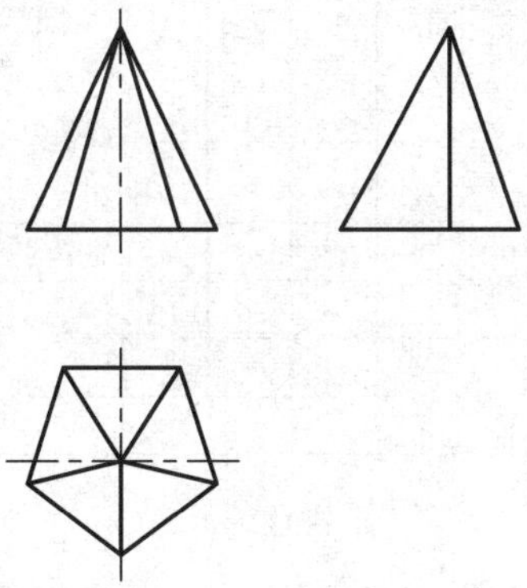
立体图	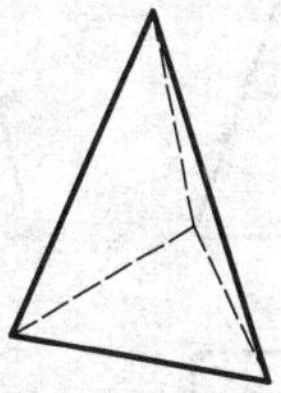	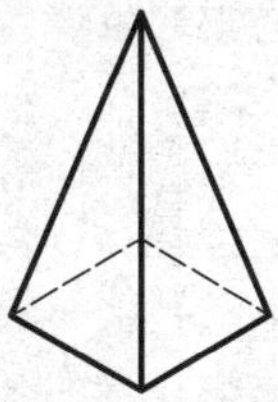	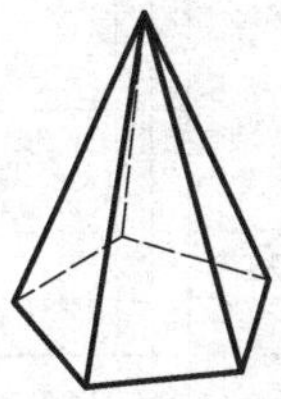

2. 棱锥三视图的识读要点

如果在一个基本体的三视图中，一个视图反应实形，其余两个视图为三角形或者复合三角形，则这个基本体一定是棱锥，多边形的边数即为棱锥的侧棱数。

3.2.2　开槽四棱台三视图的绘制过程

1. 分析

四棱台的槽是由一个水平面与两个侧平面联合截切而成，其正面投影均积聚为直线，根据它们的相对位置可直接作出主视图，然后按投影规律求出水平面的水平投影和侧平面的侧面投影即可。

2. 作图步骤

（1）画出四棱台的三视图，如图 3.5（a）所示。

（2）作出槽的正面投影，如图 3.5（b）所示。

（3）作出槽的侧面投影和水平投影，如图 3.5（c）所示。

（4）整理轮廓线，判别可见性，描深完成全图，如图 3.5（d）所示。

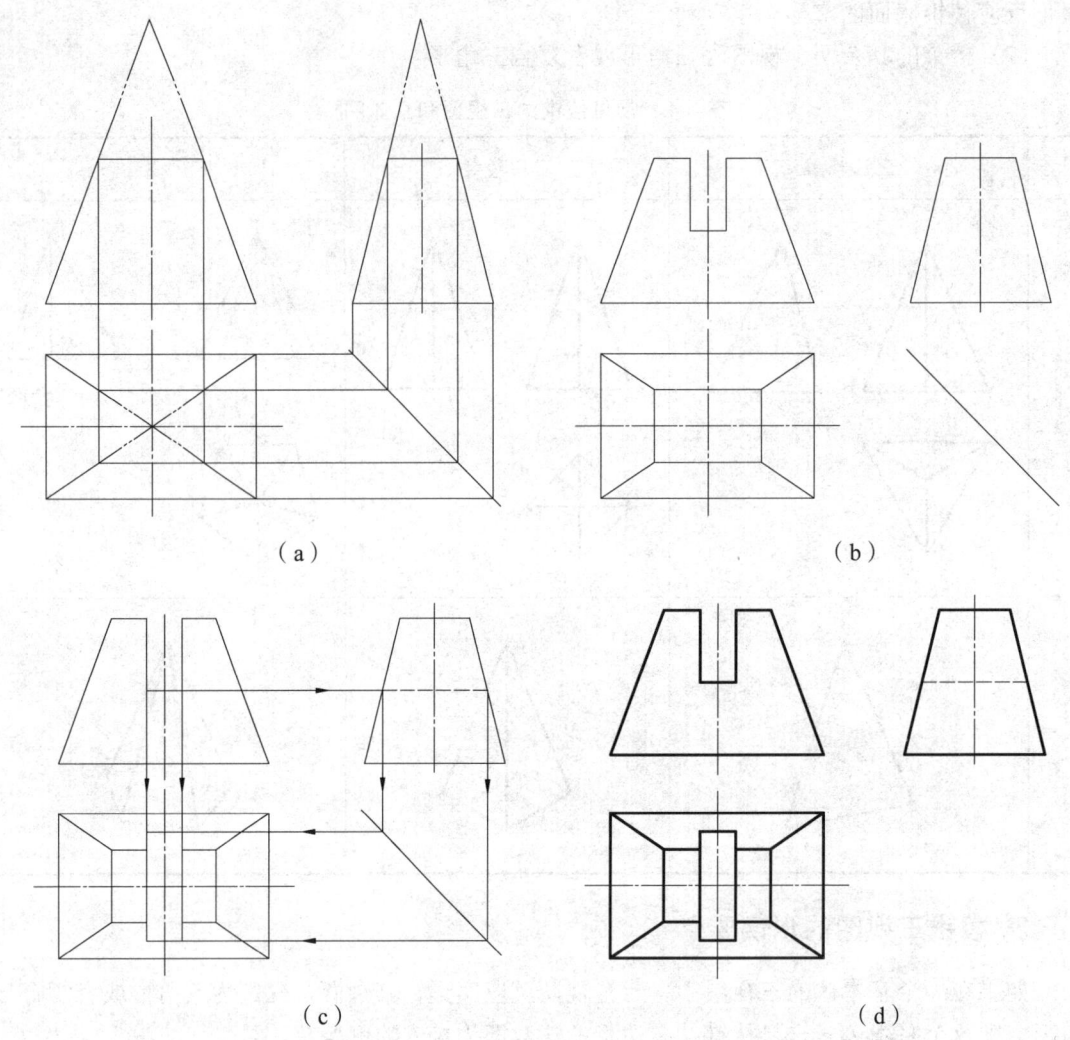

图 3.5　开槽四棱台三视图的作图方法

3.2.3　切口正四棱锥三视图的绘制过程

1. 分析

正四棱锥的切口是由一个水平面与一个侧垂面截切而成,由于两截平面都垂直于侧面,所以根据它们的相对位置可直接作出切口的左视图,然后通过取点作图求出截交线的水平投影与侧面投影。

2. 作图步骤

（1）画出正四棱锥的三视图及切口的左视图,如图 3.6（a）所示。

（2）在切口的侧面投影上取出 1~6 点,然后用体表面取点法作出其水平及正面投影,如图 3.6（b）所示。

（3）依次连接同面各点作出截交线的正面投影和水平投影,如图 3.6（c）所示。

(4)整理轮廓线,判别可见性,描深完成全图,如图 3.6(d)所示。

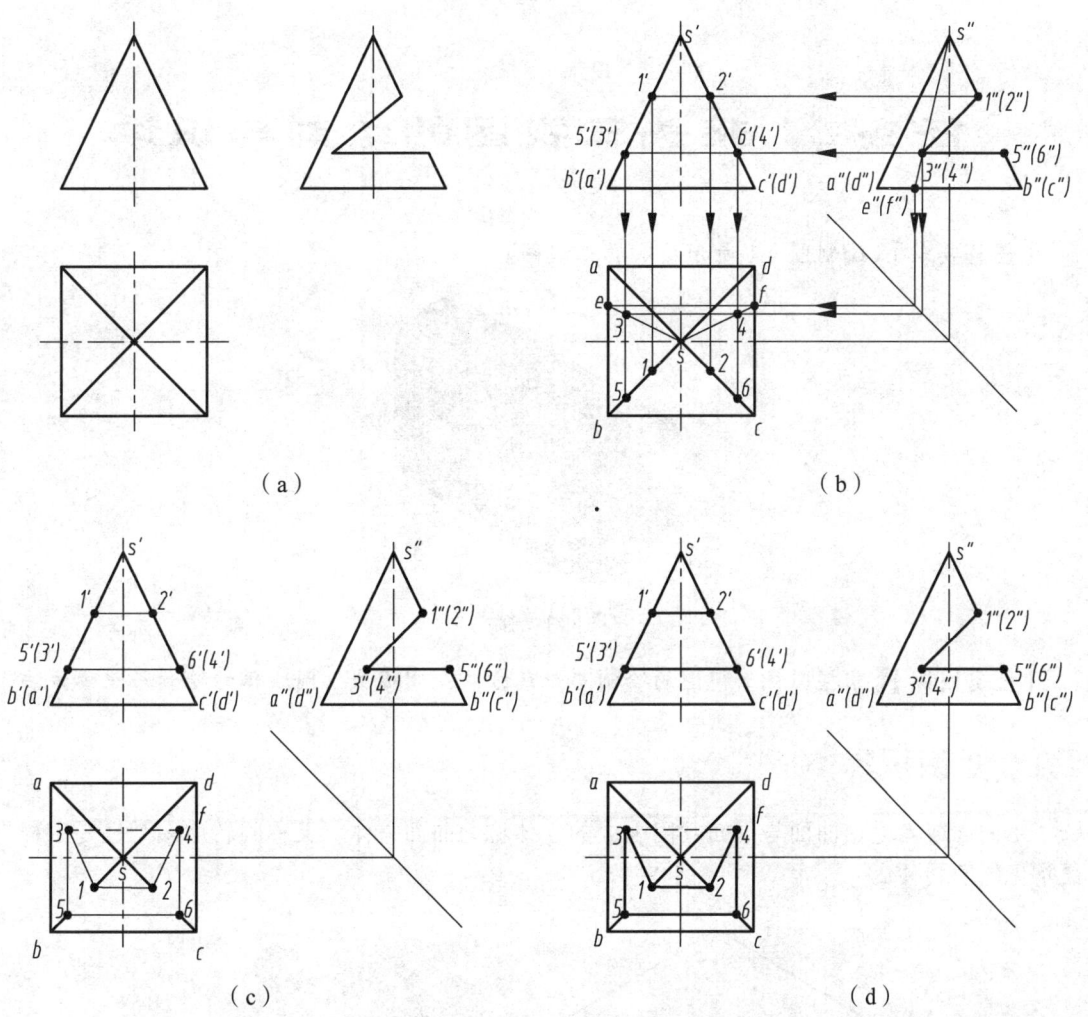

图 3.6 切口正四棱锥三视图的作图方法

任务 4　接头三视图的绘制与识读

【任务要求】　绘制图 4.1 所示接头的三视图。

图 4.1　接头

【任务目标】　掌握圆柱三视图的绘制与识读方法；掌握截切圆柱体的绘制与识读方法。

4.1　知识积累

由曲面或者是由曲面与平面共同围成的立体称为曲面立体，又称回转体。圆柱是工程中最常见的回转体。

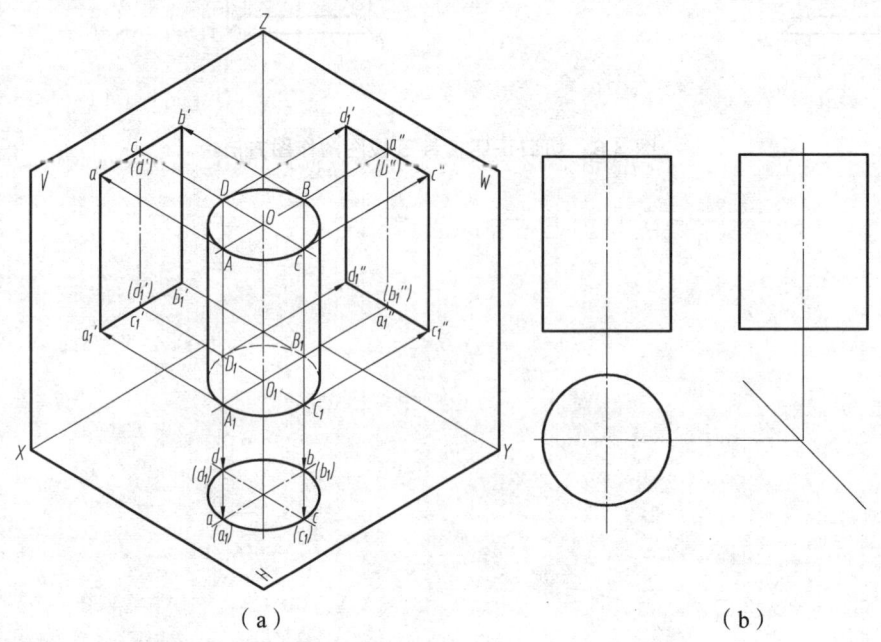

（a）　　　　　　　　　　　　　　　　　　　　（b）

图 4.2　圆柱的三视图

4.1.1 圆柱的三视图

圆柱面是由一条与轴线 OO_1 平行的母线绕轴线回转形成的。圆柱体是由上、下底圆和圆柱面共同围成的立体，如图 4.2（a）所示。

1. 圆柱三视图的特点

图 4.2（a）是轴线 OO_1 为铅垂线时圆柱的投影情况。图 4.2（b）是该圆柱体的三视图。圆柱的俯视图为反映实形的圆，圆柱的主视图和左视图都为矩形线框，其三视图的特点如下：

（1）圆柱轴线的投影：OO_1 为铅垂线，水平投影积聚为一点，正面和侧面投影为一直线（用细点划线绘出）。

（2）圆柱上、下底圆的投影：圆柱的上、下底圆为水平面，所以水平投影为一个圆面（既包括圆周也包括圆内的区域）——反映圆的实形且重合，其中圆柱的上底圆的水平投影可见，下底圆的水平投影不可见。正面和侧面投影积聚为一直线——矩形线框的上、下边框，直线长度为圆柱的上、下底圆的直径。

（3）圆柱面的投影：圆柱面与水平投影面垂直，所以圆柱面的水平投影积聚为一个圆，正面和侧面投影为相同的矩形线框。其中正面投影中矩形的左右两边 $a'a_1'$、$b'b_1'$ 是圆柱面上最左、最右的两条轮廓素线 AA_1、BB_1 的投影，称为正视转向轮廓素线，它们把圆柱面分为前后两部分，在正面投影图中，圆柱的前半部分可见，后半部分不可见。侧面投影中矩形的两边线 $c''c_1''$、$d''d_1''$ 是圆柱面上最前、最后的两条轮廓素线 CC_1、DD_1 的投影，称为侧视转向轮廓素线，它们把圆柱面分为左右两部分，在侧面投影图中，圆柱的左半部分可见，右半部分不可见。

2. 圆柱三视图的绘制步骤

图 4.2（b）所示圆柱体三视图的绘制步骤如下：

（1）先用细点划线绘出基准线、主视图和左视图中圆柱的对称中心线（轴线）和俯视图中圆的对称中心线。

（2）从形状特征明显视图入手绘制反映实形的圆（俯视图），然后利用"长对正"、"高平齐"、"宽相等"画投影线，求出主视图和左视图中的矩形框。

（3）检查无误后，擦去多余线条，并描深。

3. 圆柱表面取点

圆柱面被最左、最右、最前、最后的四条轮廓素线分为左前、左后、右前、右后四部分。在圆柱体表面取点时，首先要判断点位于四部分中的哪一部分，然后求出点的各面投影并判别投影的可见性。如图 4.3 所示，已知圆柱表面上 A、B、C 三点的正面投影 a'、b'、c'，求作其他两面投影，其作图步骤如下：

（1）求 A 点的投影。由 A 点的正面投影 a' 可知，A 点位于圆柱的最左轮廓素线上。根据最左轮廓素线的投影位置，作投影线可直接求出 A 点的水平投影 a 和侧投影 a''。

（2）求 B 点的投影。由 B 点的正面投影 b' 可见及位于对称中心线之左，可以推断出 B 点位于圆柱面的左前部分。根据圆柱面的左前部分的投影位置，作投影线可先求出 B 点的水平投影 b，利用 45° 线求得其侧投影 b''。

(3) 求 C 点的投影。由 C 点的正面投影 c' 不可见及位于对称中心线之右,可以推断出 C 点位于圆柱面的右后部分。根据圆柱面的右后部分的投影位置,作投影线可先求出 C 点的水平投影 c,利用 45°线求得其侧投影 c'',其中 c'' 不可见。

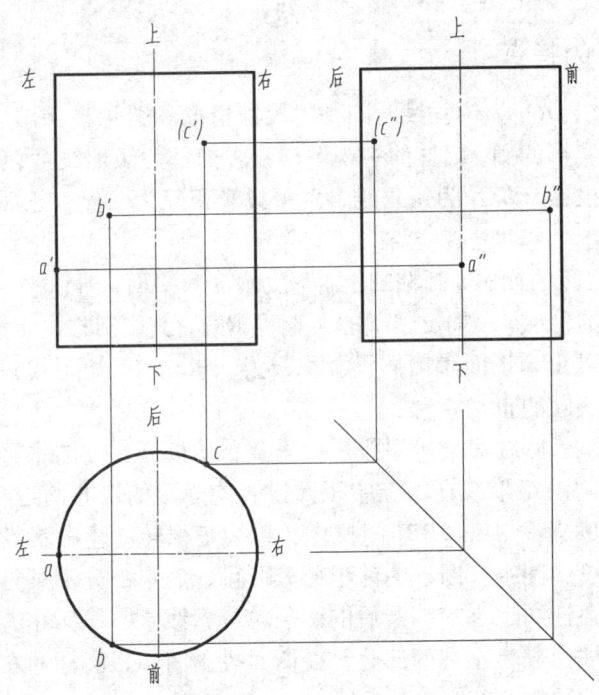

图 4.3 圆柱表面取点

4.1.2 圆柱的截交线

1. 截交线的形状

圆柱的截交线,根据截平面相对于轴线的位置不同有三种形状,如表 4.1 所示。

表 4.1 平面与圆柱面的截交线

位置	与轴线平行	与轴线垂直	与轴线倾斜
形状	矩形	圆	椭圆
立体图			

续表 4.1

位置 形状	与轴线平行 矩形	与轴线垂直 圆	与轴线倾斜 椭圆
投影图			

2. 截交线为椭圆的作图方法

如图 4.4（a）所示，圆柱被正垂面截切，因为截平面与圆柱轴线倾斜相交，所以截交线空间形状应为椭圆。在三视图中，空间椭圆的主视图为一段直线（正垂面的积聚投影）。俯视图为圆（柱面的积聚性投影），左视图为一不反映实形的椭圆［见图 4.4（b）］，需通过作图求出。其作图步骤如下：

（1）求特殊点。圆柱面上的特殊点主要是指截交线上的最左、最右、最前、最后、最上、最下点。根据投影规律直接作投影线即可获得它们的三面投影，并判断其可见性。这里我们求最左、最右、最前、最后四点 A、B、C、D 的三面投影，其中正投影中 c' 不可见，其他两投影中各点均可见。

（2）求一般点。为了使作图准确，还需作出若干一般点。这里我们求四个一般点 E、F、G、H 的投影。先在截交线的正面投影上任取两对重影点 e'、f' 和 g'、h'，并由此求得其水

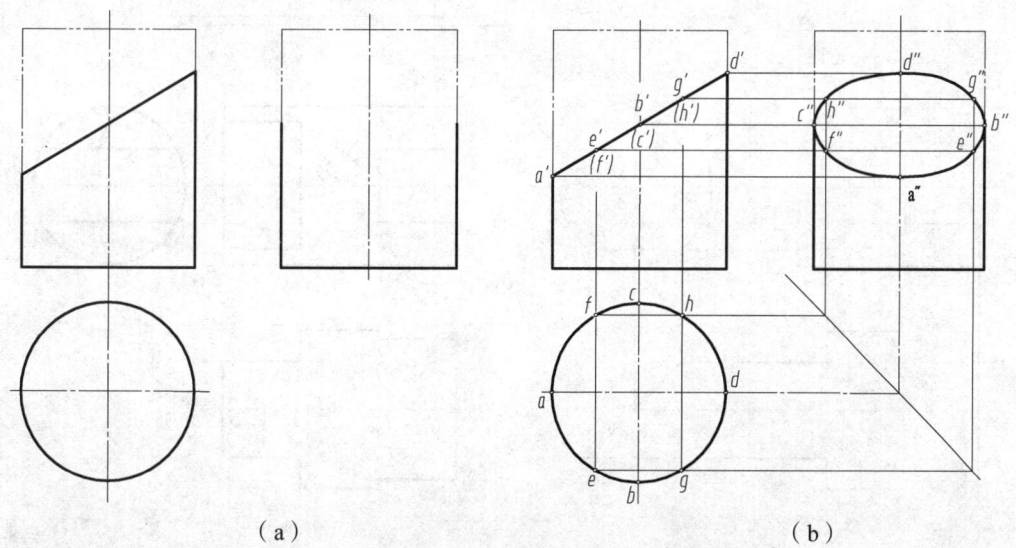

(a)   (b)

图 4.4 正垂面截切圆柱的截交线（椭圆）的作图方法

平投影 e、f 和 g、h，然后再利用投影规律，求得侧投影 e''、f'' 和 g''、h''。其中正投影中 f'、h' 不可见，其他两投影中各点均可见。

(3) 依次光滑地连接各点，并判断可见性。该截交线的水平投影和侧面投影均为可见。

(4) 画出轮廓线的投影。由于截交线的水平投影与底圆的水平投影重合，故在水平投影中应画完整的圆。侧投影中，以 b''、c'' 为分界点，去掉 b''、c'' 以上的侧视转向轮廓线的投影，只保留其下半部分的投影。

4.2 知识运用

4.2.1 接头三视图的绘制过程

1. 分析

图 4.1 所示接头的基础形体为圆柱体，其轴线侧垂放置。然后在其左端上下对称位置开一前后贯通的槽，此槽是由两个水平面 A、B 和一个侧平面 C 联合截切圆柱体；再在圆柱体的右端前后对称位置切去两个上下贯通的口，此切口是由一个侧平面 $D(F)$ 与一个正平面 $E(G)$ 联合截切而成，如图 4.5（a）所示。

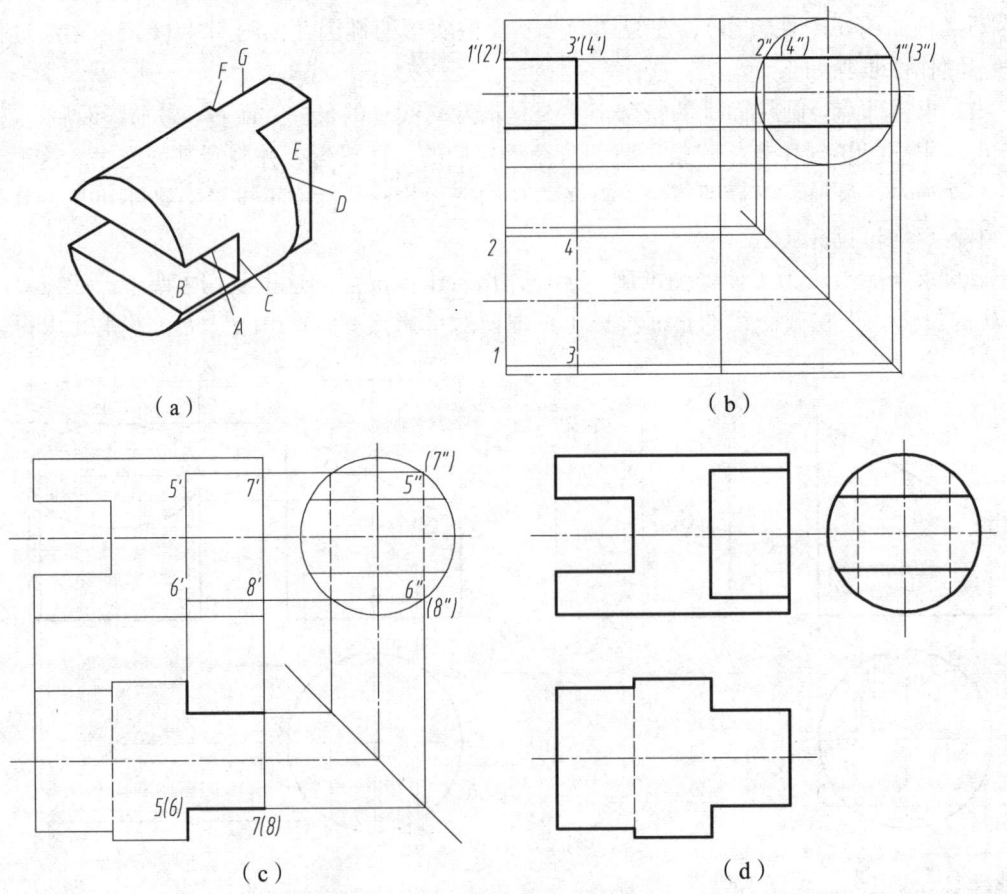

图 4.5 接头三视图的绘制步骤

接头左侧开槽的水平面与圆柱的轴线平行，其截交线为矩形，此矩形正面和侧面投影积聚为直线，水平投影具有显实性。两个水平面上下对称，其水平投影重合在一起。

接头右侧切口的正平面与圆柱的轴线平行，其截交线为矩形，此矩形水平和侧面投影积聚为直线，正面投影具有显实性。两个切口前后对称，其正面投影重合在一起。

由于截切圆柱的侧平面与圆柱的轴线垂直，其水平和正面投影均积聚为直线，侧面投影为和圆柱体的侧面投影重合的圆。

2. 作图步骤

（1）画出圆柱的三视图，并作出左侧开槽的正面投影和侧面投影，然后作图求出槽的水平投影，如图 4.5（b）所示。

（2）做出右侧切口的水平投影和侧面投影，然后作图求出切口的正面投影，如图 4.5（c）所示。

（3）整理轮廓线，判别可见性，描深完成全图，如图 4.5（d）所示。值得注意的是，形成左端的槽的截平面使得圆柱的最前和最后的轮廓素线被截断，所以水平投影中以 3、4 为边界去掉左边，只保留右边的俯视转向轮廓素线。

4.2.2 圆柱三视图的识读

1. 圆柱体三视图的识读

由图 4.6 可见，不管圆柱的轴线如何放置，其三视图中都有一个视图为圆，此圆为圆柱体的形状特征明显视图，因此在识读圆柱三视图时，只要先抓住现状特征明显视图——圆，再结合一个矩形视图就可以识读出圆柱来。

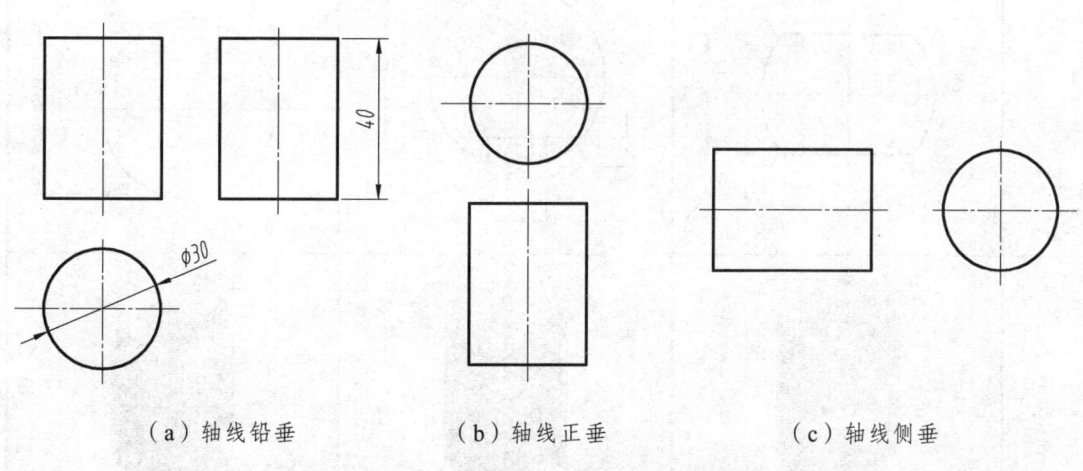

（a）轴线铅垂　　　（b）轴线正垂　　　（c）轴线侧垂

图 4.6　不同轴线位置圆柱的视图识读

标注圆柱体尺寸时，需标注圆柱体的底圆直径和圆柱的高，如图 4.6（a）所示。通常把圆柱的矩形投影图称为非圆视图，当把圆柱的尺寸标注在非圆视图上时，一个视图即可以定出其空间形态为圆柱，如图 4.7 所示。

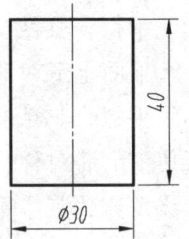

图 4.7 结合尺寸看图

2. 被截切圆柱体的识读

识读被一个和多个平面截切后的圆柱时,不仅要从标注中看出圆柱的直径和高度,还要找出确定截平面位置的尺寸。如表 4.2 所示,截平面的相对位置确定以后,形体表面的截交线也就完全确定。

表 4.2 常见的截切圆柱体视图与标注

投影图		
立体图		

任务 5　顶尖三视图的绘制与识读

【任务要求】　绘制图 5.1 所示顶尖的三视图。

图 5.1　顶尖

【任务目标】　掌握圆锥三视图的绘制与识读方法；掌握截切圆锥体的绘制与识读方法。

5.1　知识积累

5.1.1　圆锥的三视图

圆锥面是由一条与轴线 OO_1 相交的斜母线绕轴线回转形成的。圆锥是由底圆和圆锥面共同围成的立体，如图 5.2（a）所示。

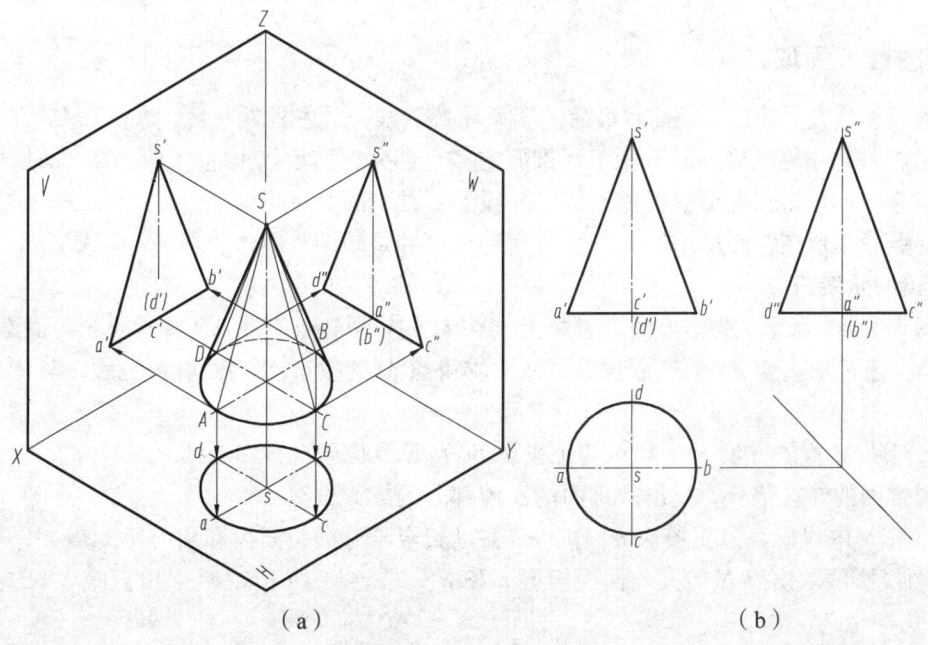

（a）　　　　　　　　　　　　　　（b）

图 5.2　圆锥的三视图

1. 圆锥三视图的特点

图 5.2（a）是轴线 OO_1 为铅垂线时圆锥的投影情况。图 5.2（b）是其三视图。圆锥的俯视图为反映实形的圆，圆锥的主视图和左视图都为等腰三角形线框。其三视图的特点如下。

（1）圆锥轴线的投影：OO_1 为铅垂线，水平投影积聚为一点，正面和侧面投影为一直线。

（2）圆锥面的投影：圆锥面的水平投影为一个圆面，正面和侧面投影为相同的三角形线框。其中正面投影中三角形的左右两边 $s'a'$、$s'b'$ 是圆锥面上最左、最右的两条轮廓素线 SA、SB 的投影，称为正视转向轮廓素线，它们把圆锥面分为前后两部分；在正面投影图中，圆锥的前半部分可见，后半部分不可见。侧面投影中三角形的两边线 $s''c''$、$s''d''$ 是圆锥面上最前、最后的两条轮廓素线 SC、SD 的投影，称为侧视转向轮廓素线，它们把圆锥面分为左右两部分；在侧面投影图中，圆锥的左半部分可见，右半部分不可见。

（3）圆锥的底圆的投影：圆锥的底圆为水平面，所以水平投影为一个圆面——反映圆的实形，底圆的水平投影与圆锥面的水平投影重合，而且底圆的水平投影不可见。正面和侧面投影积聚为一直线——等腰三角形线框的底边，直线长度为圆锥的底圆直径。

2. 圆锥三视图的绘制步骤

图 5.2（b）所示圆锥三视图的绘制步骤如下。

（1）先用细点画线绘出基准线，包括主视图和左视图中圆锥的对称中心线（轴线）和俯视图中圆的对称中心线。

（2）绘出圆锥的底面和圆锥面的投影。先绘制俯视图中反映实形的圆，再根据投影规律画出主视图和左视图中的三角形线框。

（3）检查无误后，擦去多余线条，并描深。

3. 圆锥表面取点

圆锥面被最左、最右、最前、最后的四条轮廓素线分成左前、左后、右前、右后四部分。对于已知点，首先要准确判断点位于圆锥面的哪个部分，然后找出这个部分的三面投影，利用投影规律，作投影线即可获得该点的三面投影，并判断其可见性。

在圆锥面上取点需作辅助线，方法有两种：一种是辅助素线法；另一种是辅助纬圆法。

1）辅助素线法

如图 5.3（a）所示，要作出圆锥表面上一点 M 的投影，需连接 SM 并延长至与底圆相交，交点为 N，通过求直线 SN 的三面投影，从而求得点 M 的投影，并判断其可见性。具体作图步骤如下：

（1）判断 M 点的方位。由 M 点的正投影 m' 可见及位于对称中心线之左，可以推断出 M 点位于圆锥面的左前部分，找出圆锥面的左前部分的投影位置。

（2）求 N 的投影。过正投影 m' 作 $s'm'$ 并延长至与底圆正面投影相交于一点 n'，利用投影规律，画投影线求出点 N 的其他两面投影 n 和 n''，并连接 sn 和 $s''n''$ 求出直线 SN 的其他两面投影。

（3）求 M 的投影。由于点 M 属于 SN，利用投影规律，画投影线求出点 M 的其他两面投

影 m 和 m''。

(4) 判断投影的可见性。由于整个圆锥面上的点在水平投影均可见，故 m 可见。由于点 M 在圆锥面的左前部分，故侧投影 m'' 可见。

2）辅助纬圆法

如图 5.3（b）所示，为作出圆锥表面上点 M 的投影，需过 M 点作一个纬圆，与圆锥轴线垂直，通过求纬圆的三面投影，从而求得点 M 的投影。具体作图步骤如下：

(1) 作纬圆。过正投影 m' 作圆锥轴线的垂线与圆锥面正视转向轮廓线交于两点，两点的长度即为纬圆的直径大小。

(2) 求纬圆的投影。利用投影规律，画投影线求出纬圆的水平投影和侧面投影，其中水平投影反映圆的实形。

(3) 求 M 的投影。由于点 M 属于纬圆，利用投影规律，画投影线求出点 M 的其他两面投影 m 和 m''。

(4) 判断投影的可见性。可见性的判断方法同辅助素线法，m 和 m'' 均可见。

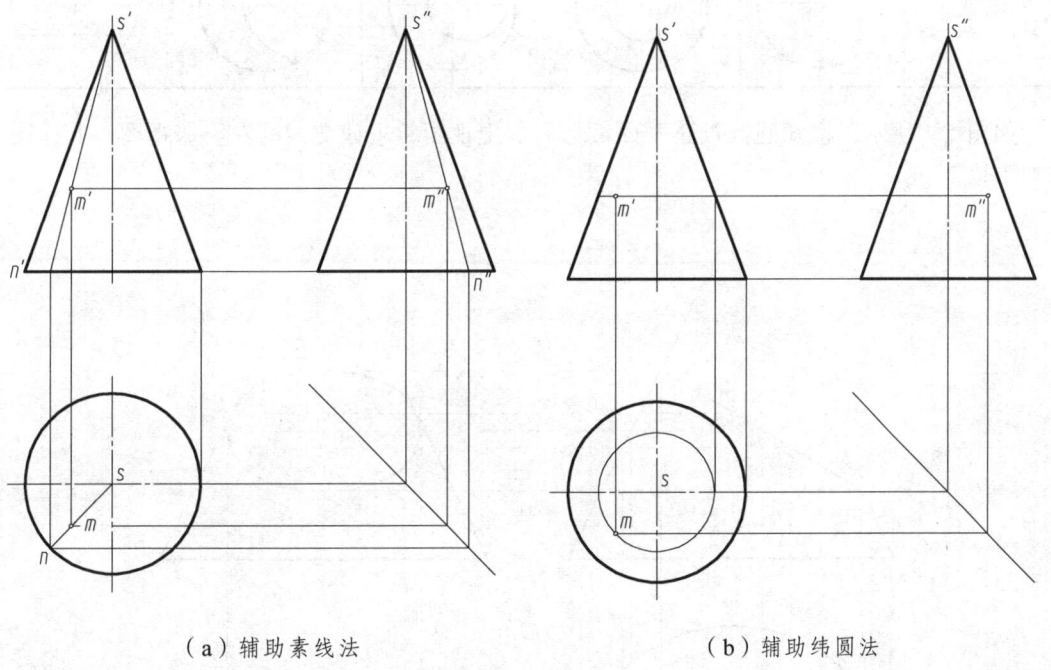

（a）辅助素线法　　　　　　　　　　（b）辅助纬圆法

图 5.3　圆柱表面取点

5.1.2　圆锥的截交线

圆锥的截交线，根据截平面相对于圆锥轴线的位置不同，有五种情况，如表 5.1 所示。

求圆锥的截交线时，需先根据截平面相对于圆锥轴线的位置判断出截交线的形状，然后按照先特殊点、再一般点的步骤求出截交线上的若干个点，然后光滑连接各点即可求出圆锥的截交线。

表 5.1 平面与圆锥面的截交线

截平面的位置	过锥顶	不过锥顶			
		$\theta = 90°$	$\theta > \alpha$	$\theta = \alpha$	$\theta = 0$ 或 $\theta < \alpha$
截交线的形状	等腰三角形	圆	椭圆	抛物线	双曲线
立体图					
投影图					

如图 5.4 所示,已知圆锥被正垂面截切后的主视图,求截交线的左、俯视图,其作图步骤如下:

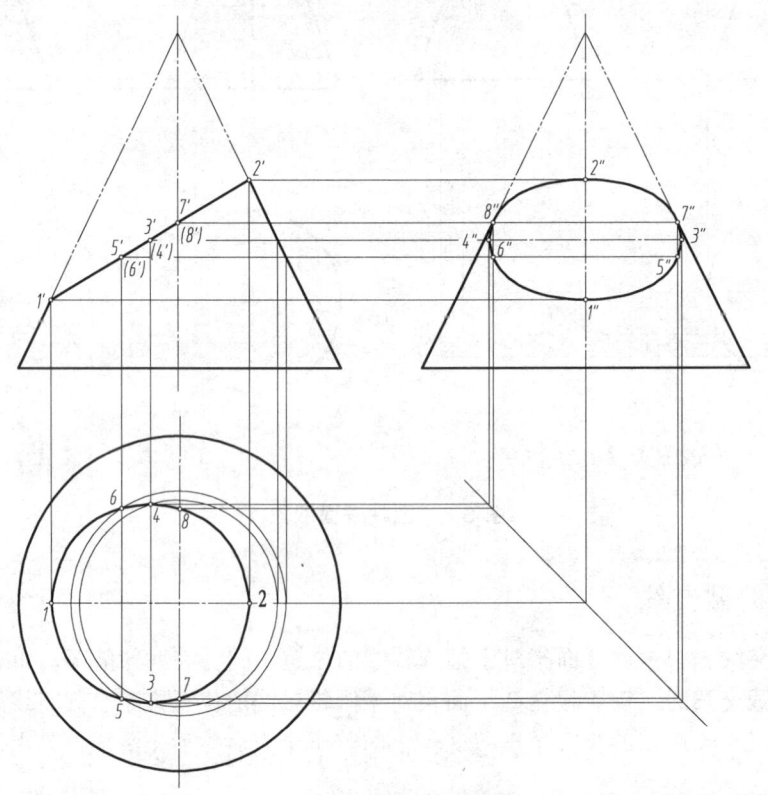

图 5.4 圆锥截切的三视图

(1) 预判截交线形状。截平面与圆锥轴线倾斜相交，截交线应为椭圆。椭圆的主视图积聚为一段直线。俯视图和左视图都为一不反映实形的椭圆。

(2) 求特殊点。圆锥面上的特殊点是指截交线上的最左点（Ⅰ点）、最右点（Ⅱ点）、最前点（Ⅲ点）、最后点（Ⅳ点）、最上点（Ⅰ点）、最下点（Ⅱ点）。其中最前、最后点为ⅠⅡ直线的终点。此外还需取出前后轮廓转向素线上的两点（Ⅶ、Ⅷ点）。在主视图中取出这些特殊点后，根据投影规律作出它们的另外两面投影，并判断其可见性，其中正面投影中 4′ 和 8′ 不可见，其他两面投影中各点均可见。

(3) 求一般点。为了使作图准确，还需作出若干一般点。先在截交线的正面投影上任取一对重影点 5′、6′，并由此求出其水平投影 5、6；然后再根据点的两面投影，求得侧投影 5″、6″。其中正投影中 6′ 不可见，其他两面投影中各点均可见。

(4) 依次光滑地连接各点，并判断可见性。该截交线的侧面投影均为可见。

(5) 画出轮廓线的投影。正面投影中，以 1′、2′ 为分界点，去掉 1′、2′ 点以上的正视转向轮廓素线的投影，只保留其下半部分的投影。侧面投影中，以 3″、4″ 为分界点，去掉 3″、4′ 点以上的侧视转向轮廓素线的投影，只保留其下半部分的投影并描深。

5.2 知识运用

5.2.1 顶尖三视图的绘制过程

1. 分析

图 5.1 所示顶尖的基础形体为圆锥与圆柱同轴组合体，其轴线侧垂放置。然后由水平面和正垂面联合切去左上角，其截交线为复合截交线，分为三部分。其一为水平面截切圆锥，截交线为双曲线；其二为正垂面截切圆柱，截交线为矩形；其三为正垂面截切圆柱，截交线为椭圆。

2. 作图步骤

(1) 作出顶尖的基础形体的三视图，然后根据水平面与正垂面的位置做出截交线的正面投影，如图 5.5（a）所示。

(2) 作出水平面截切圆锥的截交线——双曲线的投影。

先求特殊点。在水平面的正面投影上分别取三个特殊点，1′ 点为最左点，在圆锥最上轮廓素线上，2′ 和 3′ 为最前、最后点同时也是最右点。然后按照圆锥表面取点的方法作出此三点的其他两面投影，如图 5.5（a）所示。

再求一般点。在正面投影上三个特殊点之间取两个一般点，4′ 点在前、5′ 点在后，然后作出它们的另外两面投影，如图 5.5（a）所示。

(3) 作出水平面截切圆柱的截交线——矩形的投影。

由正面投影取两点 6′、7′ 点，其中 6′ 点可见、7′ 点不可见。然后作出它们的另外两面投影，6″、7″ 与 2″、3″ 点重合，且不可见，如图 5.5（a）所示。

(4) 作出正垂面截切圆柱的截交线——部分椭圆的投影，如图 5.5（b）所示，此段截交线的正面投影积聚为直线，侧面投影与圆周重合，水平投影为椭圆的一部分。

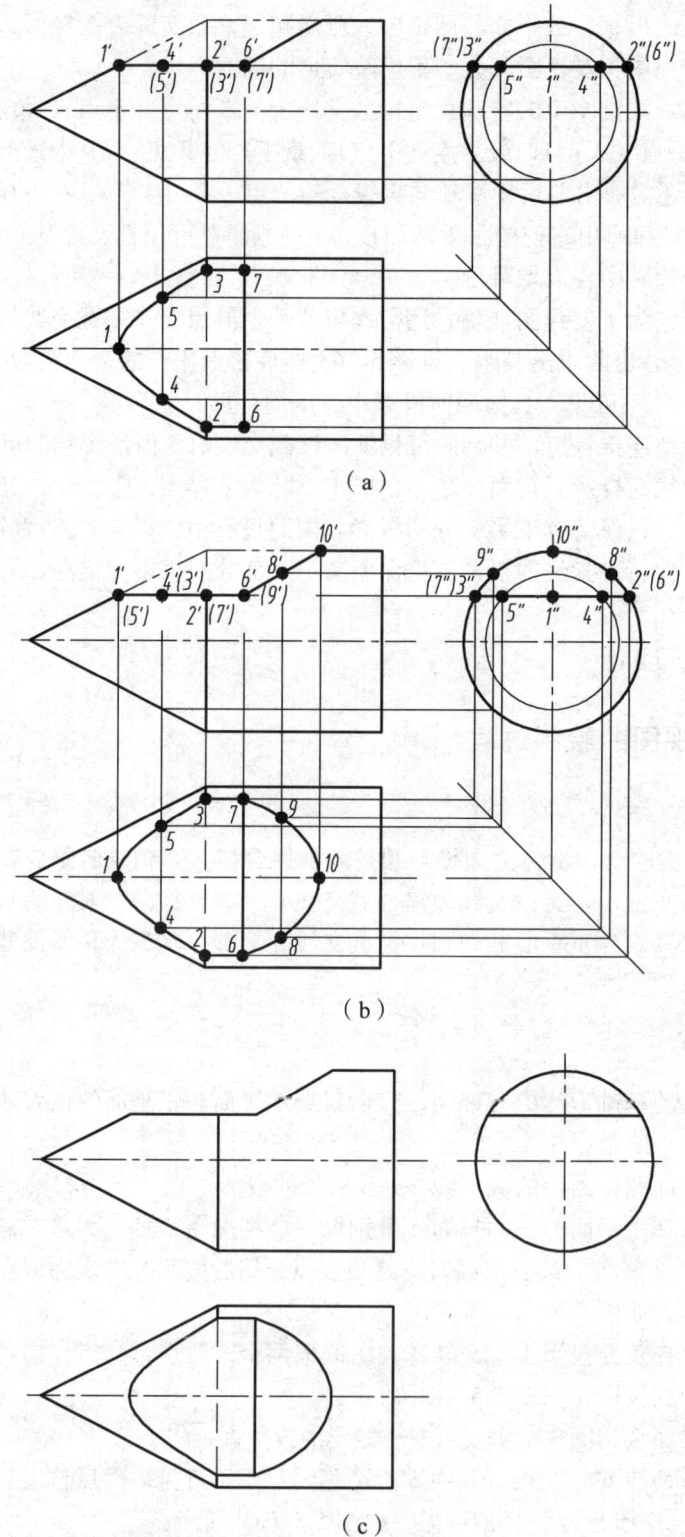

图 5.5 顶尖三视图的绘制过程

先求特殊点。在正面投影上取最右、最上点 10′，为圆柱最上轮廓素线上点，求出其侧面及水平投影。

再求一般点。在正面投影上取两个一般点，其中 8′ 可见，9′ 不可见，求出其侧面及水平投影。

（5）依次光滑地连接各点，画出轮廓线的投影，如图 5.5（c）所示。

5.2.2 圆锥三视图的识读

1. 圆锥体三视图的识读

当一个形体的三视图中有一个为圆、另外两个为等腰三角形时，此形体就是圆锥，标注圆锥时需注出底圆直径和高，如图 5.6（a）所示。

如果将底圆直径标注在非圆视图上，则只需一个视图即可确定其形状和大小，如图 5.6（b）所示，圆台的投影也有这个特点。这样就能减少视图数量，只需一个视图即可读图。

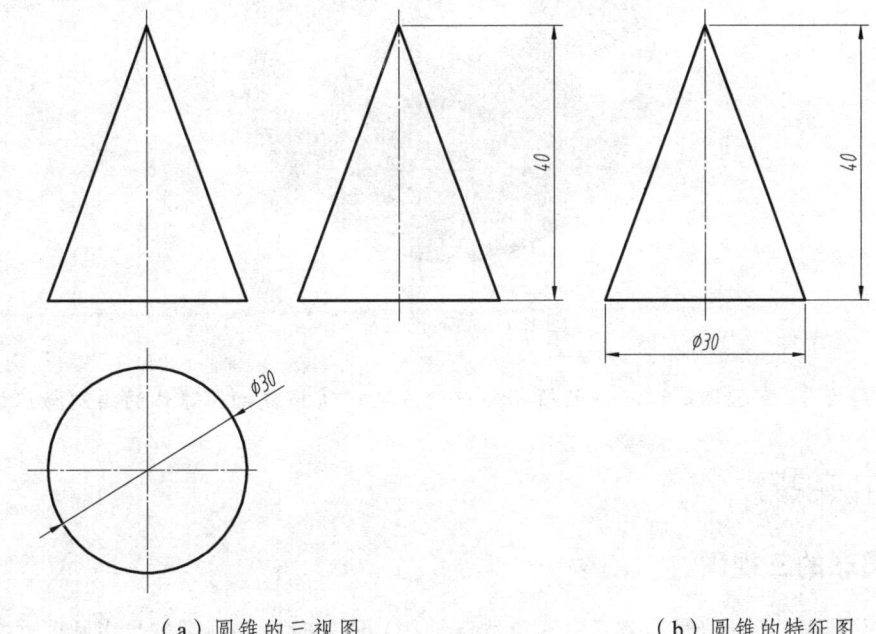

（a）圆锥的三视图　　　　　　　（b）圆锥的特征图

图 5.6　圆锥视图的识读

2. 被截切圆锥的识读

识读被截切圆锥时，需先判断基本体的形状，然后根据截平面至少有一面投影具有积聚性的特点入手分析形体是被切口还是被开槽，切口或开槽的位置在哪里，从而判断出截交线的形状，并和投影进行对照印证，这样就可识读出被截切的圆锥。

任务6 阀芯三视图的绘制与识读

【任务要求】 绘制图6.1所示阀芯的三视图。

图6.1 阀芯的立体图

【任务目标】 掌握圆球三视图的绘制与识读方法;掌握截切圆球体的绘制与识读方法。

6.1 知识积累

6.1.1 圆球的三视图

圆球面是由一条圆母线绕其任意对称线(轴线)回转形成的。圆球是由圆球面所围成的立体,如图6.2(a)所示。

1. 圆球三视图的特点

如图6.2(b)所示,圆球三视图均为与圆球直径相等的圆,分别是平行于 H 面、V 面、W 面的俯视转向轮廓素线 A、正视转向轮廓素线 B、侧视转向轮廓素线 C 的投影,俯视转向轮廓素线 A、正视转向轮廓素线 B、侧视转向轮廓素线 C 的其他投影均积聚为直线,与对称中心线重合。

2. 圆球三视图的绘制步骤

在作图时,先确定球心的三个投影,然后过球心分别画出圆球轴线的三面投影,再画出三个与圆球等径的圆即为球的三视图。

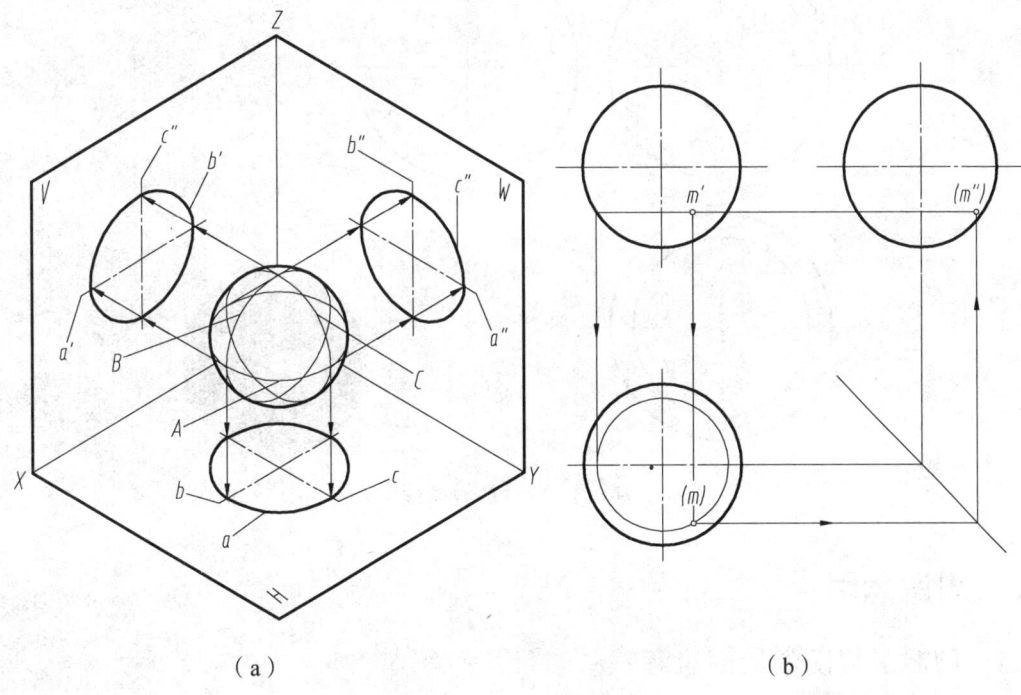

(a)　　　　　　　　　　　(b)

图 6.2　圆球三视图及表面取点

3. 圆球表面取点

球面的投影没有积聚性，且球面上也不存在直线，所以必须采用辅助纬圆法求其表面点的投影。

如图 6.2（b）所示，已知圆球表面点 M 的正面投影 m'，求作其他两面投影 m 和 m'' 的作图步骤如下：

（1）过 m' 作一条水平线，与球的正面投影相交的交线为水平纬圆的直径，按投影关系做出该圆的水平投影和侧面投影。

（2）M 点水平投影 m 和侧投影 m'' 分别在纬圆的同面投影上，作投影线即可求得。

（3）由于 m' 是可见的，可知点 M 在前半球面上，再根据 m' 的位置在上下对称中心线下方、左右对称中心线右方，判断点 M 在右前下半球面上，故 m 不可见，m'' 也不可见。

6.1.2　圆球的截交线

平面截切圆球，其截交线均为圆。当截平面平行于投影面时，截交线在该投影面上的投影为一反映实形的圆，另外两个投影面上的投影积聚为直线。如图 6.3 所示为圆球被水平面截切后的三面投影图。

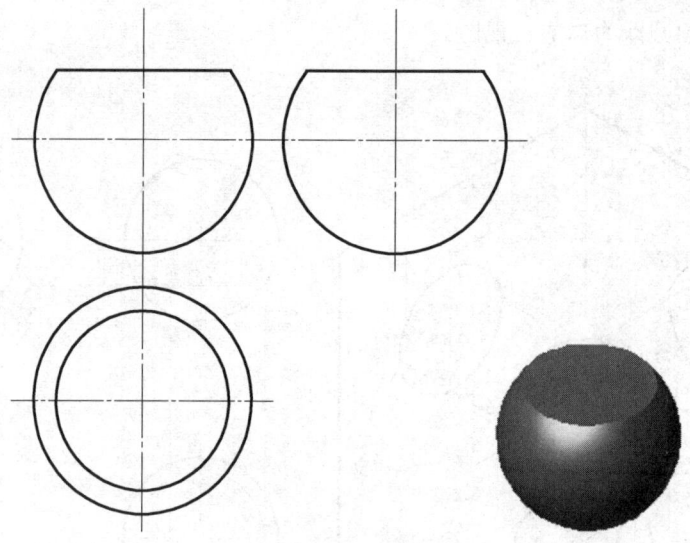

图 6.3 圆球的截交线

6.2 知识运用

6.2.1 阀芯三视图的绘制过程

1. 分析

图 6.1 所示阀芯是由圆球经左右两端磨平、中间钻孔、上方开槽而成的形体。

阀芯左右两端磨平是由两个侧平面对称截切去掉两端部分球冠,其截交线为圆,此圆正面和水平投影积聚为直线,侧面投影为显实圆。

阀芯中间钻孔是在剩余球体上切割掉一个轴线侧垂的圆柱。

阀芯上方开槽是用两个左右对称的侧平面和一个水平面共同截切。两个侧平面的侧面投影重合,为部分圆弧,正面和水平投影积聚为直线。水平面的正面和侧面投影积聚为直线,水平投影为部分显实圆弧。

2. 作图步骤

(1) 绘制作图基准线(圆的对称中心线),做出球的三视图及被左右两个侧平面截切的投影,如图 6.4 (a) 所示。

(2) 作出钻孔的投影。孔相当于一个空心圆柱,也即是圆柱孔。由于是左右方向的通孔,所以圆柱孔的侧投影为一反映实形的圆且可见,其他两投影为矩形框且不可见。矩形框的左右边框与左右对称的截平面的积聚线部分重合,如图 6.4 (b) 所示。

(3) 作出上方开槽的投影,如图 6.4 (c) 所示。

(4) 整理轮廓线,描深完成全图,如图 6.4 (d) 所示。

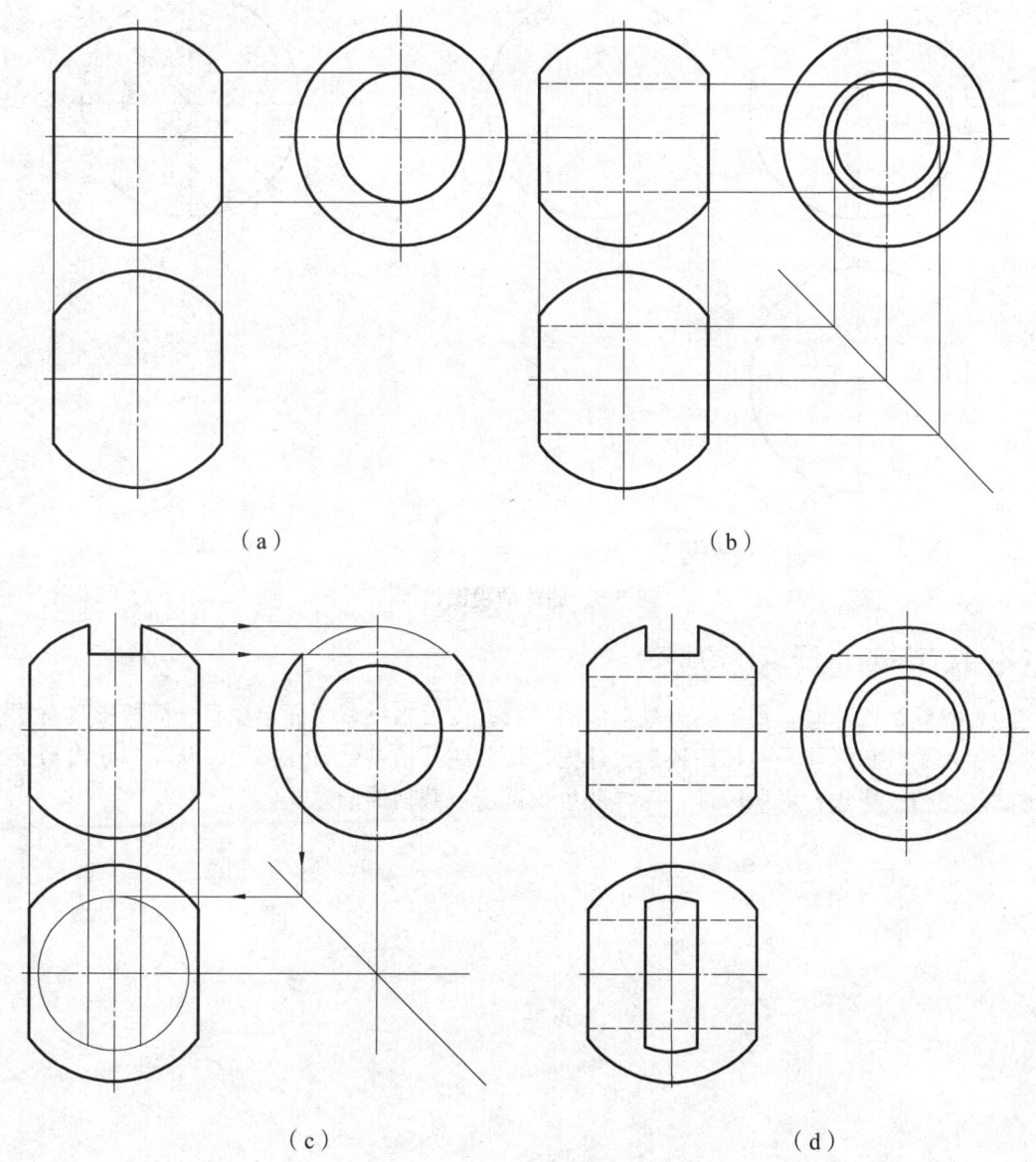

图 6.4 阀芯三视图的绘制过程

6.2.2 圆球三视图的识读

1. 圆球三视图的识读

当一个形体的三视图均为圆时,此形体就是圆球,如图 6.5(a)所示。

标注圆球时需注出球的直径,需在尺寸数字前加标符号"$S\phi$"。带尺寸标注时,只需一个视图即可确定其形状和大小,如图 6.5(b)所示。

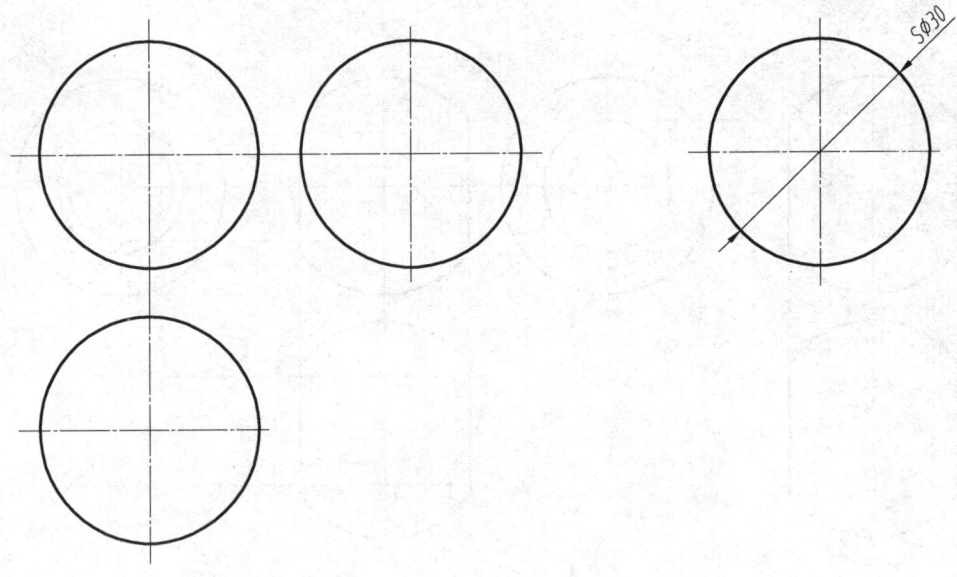

（a）圆球的三视图　　　　　　　　　　（b）圆球的特征图

图 6.5　圆球的视图识读

2. 具有缺口的圆球体的识读

识读被截切圆球时，需先判断基本体的形状，然后根据截平面至少有一面投影具有积聚性的特点入手分析形体是被切口还是被开槽，切口或开槽的位置在哪里，从而判断出截交线的形状，并和投影进行对照印证，这样就可识读出被截切的圆球。

任务 7　三通三视图的绘制

【任务要求】　绘制图 7.1 所示三通的三视图。

图 7.1　三　通

【任务目标】　明确相贯线的概念和基本作图方法，并能正确运用近似画法作出轴线正交圆柱体的相贯线。

7.1　知识积累

7.1.1　相贯线的概念

无论机件的复杂程度如何，都可以看成是由若干个基本形体组成，基本形体间的衔接形式各不相同。凡表面相交的几何体称为相贯体，两相贯体表面上的交线称为相贯线，如图 7.2 所示。

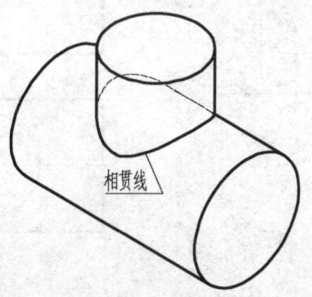

图 7.2　相贯线

相贯线的形状取决于两相交立体的形状、大小及其相对位置。无论相贯线的形状如何，它们都具有下列基本性质：

（1）相贯线是两相交立体表面的共有线，即相贯线是两立体表面的全部共有点的集合。

（2）由于立体的大小是有限的，因此相贯线一般为封闭的空间曲线（特殊情况为平面曲线）。

7.1.2 相贯线的基本作图方法

根据相贯线的性质，相贯线的画法就是求出两相交立体表面全部共有点的集合。求相贯线的方法，采用表面取点法。

相贯线可见性判断的原则是：同时位于两个立体的可见表面的相贯线，其投影是可见的；否则就是不可见的。

1. 表面取点法求相贯线

图 7.2 所示为轴线正交的两圆柱体相贯，其作图方法如下：

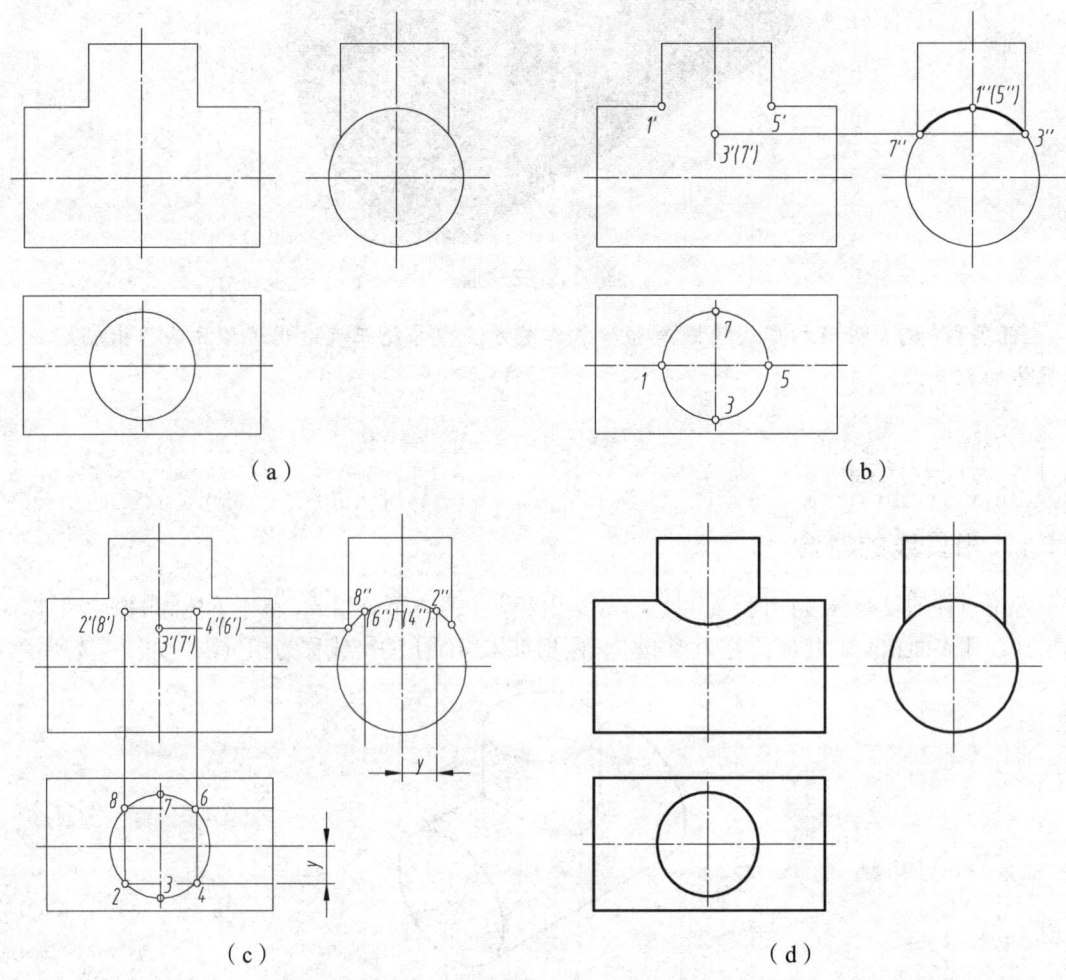

图 7.3　求两正交圆柱的相贯线

1) 分析

小圆柱的轴线垂直于水平面,相贯线的水平投影为圆(与小圆柱的水平投影重合),大圆柱的轴线垂直于侧面,相贯线的侧面投影为圆弧(与大圆柱的侧面投影在小圆柱最前、最后素线之间的圆重合),只需求出相贯线的正面投影即可,如图 7.3(a)所示。

根据水平投影和侧面投影可判断出两圆柱轴线正交的相贯线是一条前后、左右对称的封闭的空间曲线。

2) 作图步骤

(1) 求特殊位置点。相贯线上的特殊点是转向轮廓线上的共有点。如图 7.3(b)所示,两圆柱正面轮廓素线的交点 1′、5′是相贯线上的最左、最右点,也是最高点;小圆柱侧面轮廓素线与大圆柱侧面投影圆的交点 3″、7″是相贯线上的最前、最后点,也是最低点。由它们的水平投影和侧面投影即可求出正面投影。

(2) 求一般位置点。在相贯线的水平投影上定出左右、前后对称的 2、4、6、8 四点(一般沿 45° 取出),作出其侧面投影 2″、4″、6″、8″,再按投影关系求出正面投影 2′、4′、6′、8′,如图 7.3(c)所示。

(3) 光滑连接各点。在正面投影上,前半段相贯线在两个圆柱的可见表面上,为可见,依次(1′-2′-3′-4′-5′)光滑连实线;后半段相贯线为不可见,依次(5′-6′-7′-8′-1′)光滑连虚线,因为相贯线前后对称,所以此虚线可以省略不画。完成结果如图 7.3(d)所示。

2. 相贯线的三种形式

两立体表面相交,可以是外表面相交,如图 7.4(a)所示;也可以是外表面与内表面相交,如图 7.4(b)所示;还可以是两内表面相交,如图 7.4(c)所示。无论是哪种形式,其交线的形状和作图方法都是相同的。

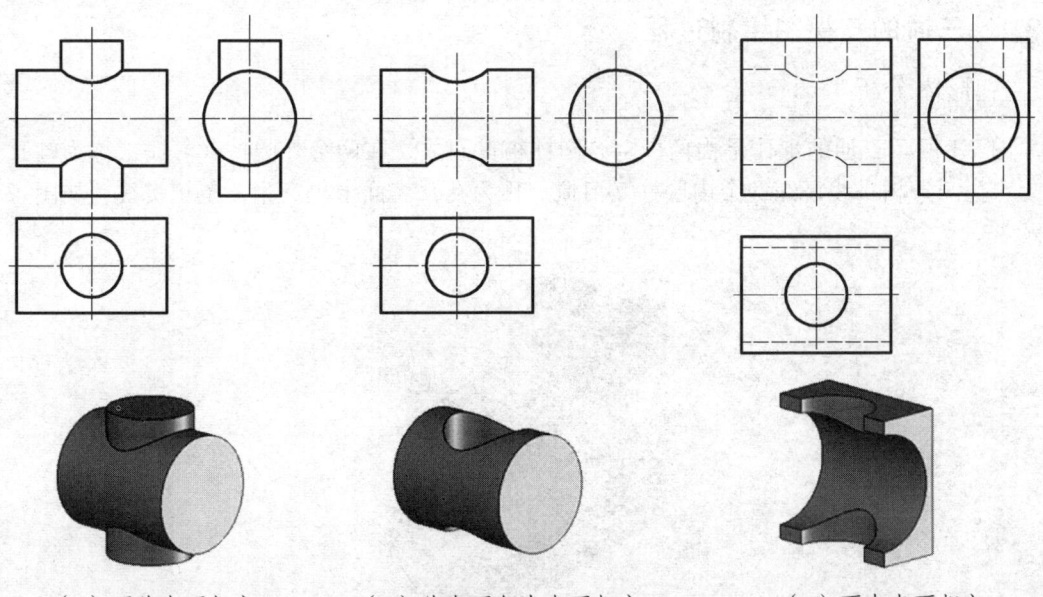

(a)两外表面相交　　(b)外表面与内表面相交　　(c)两内表面相交

图 7.4　相贯线的三种形式

7.1.3 圆柱与圆柱轴线正交相贯线的近似画法

在工程上，经常遇到两圆柱垂直相交的情况，为了简化作图，允许用圆弧代替非圆曲线。如图 7.5 所示，轴线正交、直径不等的两圆柱体相贯，相贯线的正面投影以大圆柱的半径为半径、小圆柱的回转轴线为圆心画圆弧即可。具体作图步骤如下。

(1) 以 M 为圆心、$R=d/2$ 为半径画弧，交小圆柱轴线于 O 点；
(2) 以 O 为圆心、R 为半径画弧，即为相贯线。

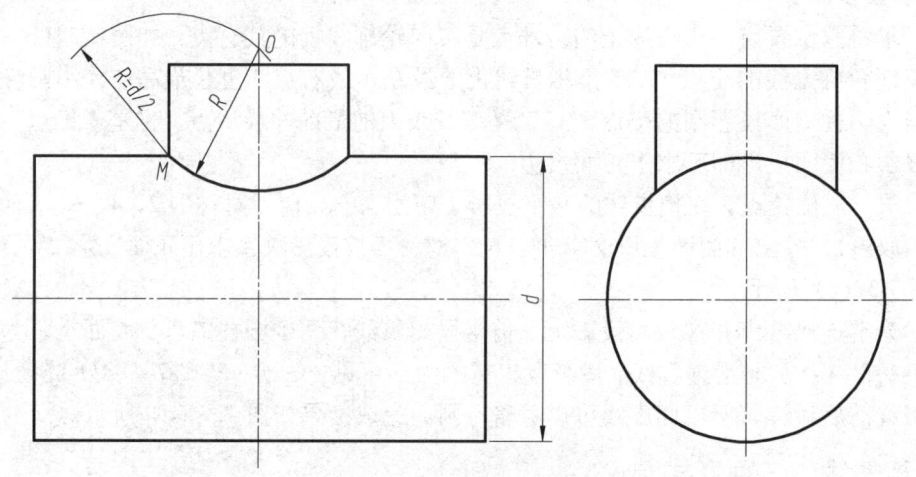

图 7.5 相贯线的近似画法

7.2 知识运用

7.2.1 三通的三视图绘制过程

1. 形体分析

图 7.1 所示三通的形体是由两个空心圆柱相贯而成，在两个外圆柱（习惯上称为轴）表面上产生一条相贯线；在两个内圆柱（习惯上称为孔）表面上也产生一条相贯线，如图 7.6 所示。

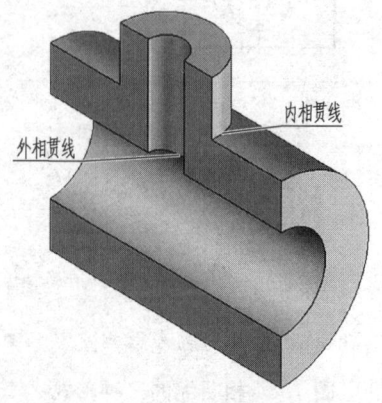

图 7.6 三通的形体分析

2. 绘图步骤

三通的三视图绘图步骤如下：
(1) 绘制两个空心圆柱的外形轮廓，如图 7.7 (a) 所示。
(2) 用近似画法绘制两个外圆柱表面的相贯线，如图 7.7 (b) 所示。
(3) 用近似画法绘制两个内圆柱表面的相贯线，如图 7.7 (c) 所示。
(4) 检查、描深，完成三通三视图的绘制，如图 7.7 (d) 所示。

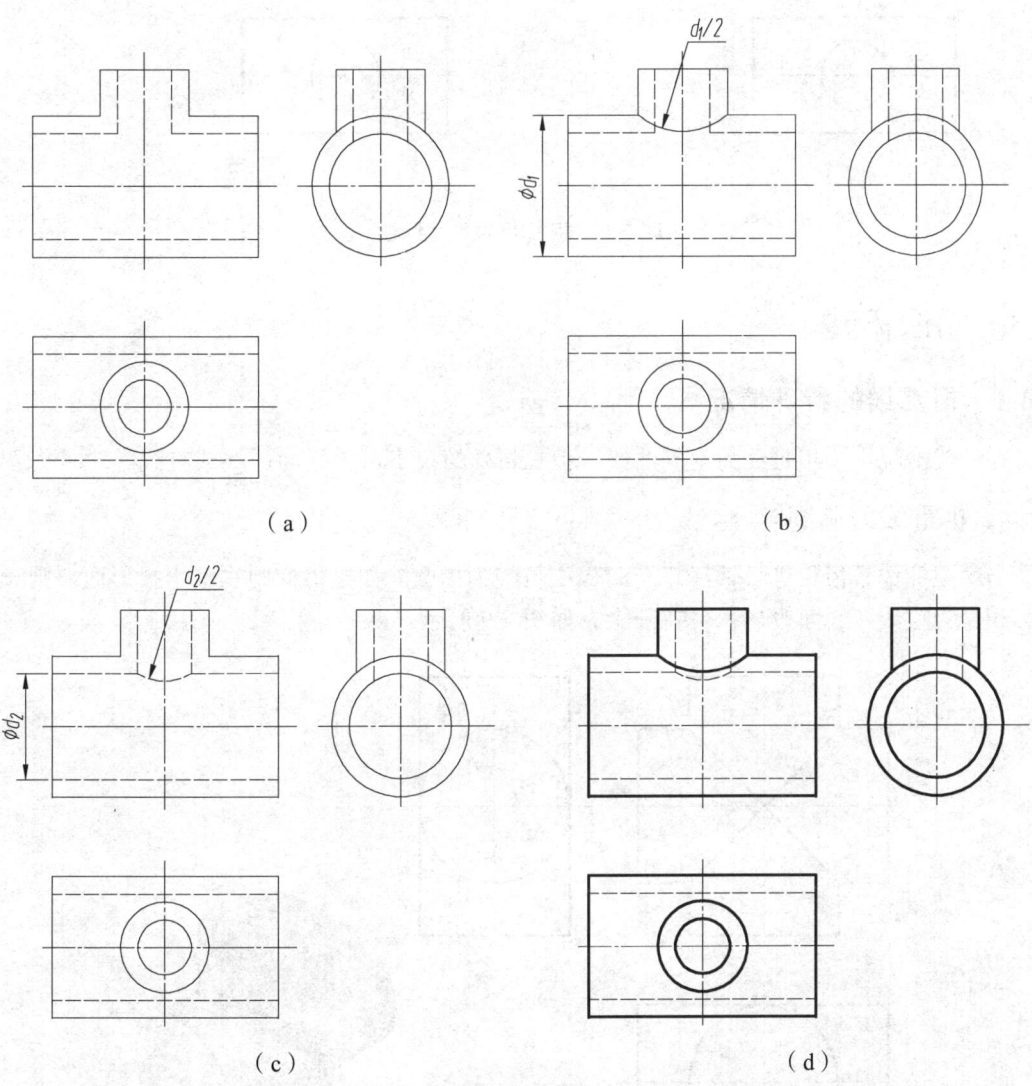

图 7.7　三通三视图的绘制过程

7.2.2　相贯体的尺寸标注

相贯体除了应注出相贯两个基本形体各自的尺寸外，还应注出两形体之间的相对位置尺寸，如图 7.8 (a) 所示。当两相交基本形体的形状、大小及相对位置确定后，相贯体和相贯线的形状、大小也就完全确定了，此时就不须注出相贯线的尺寸了，如图 7.8 (b) 所示为错误的标注。

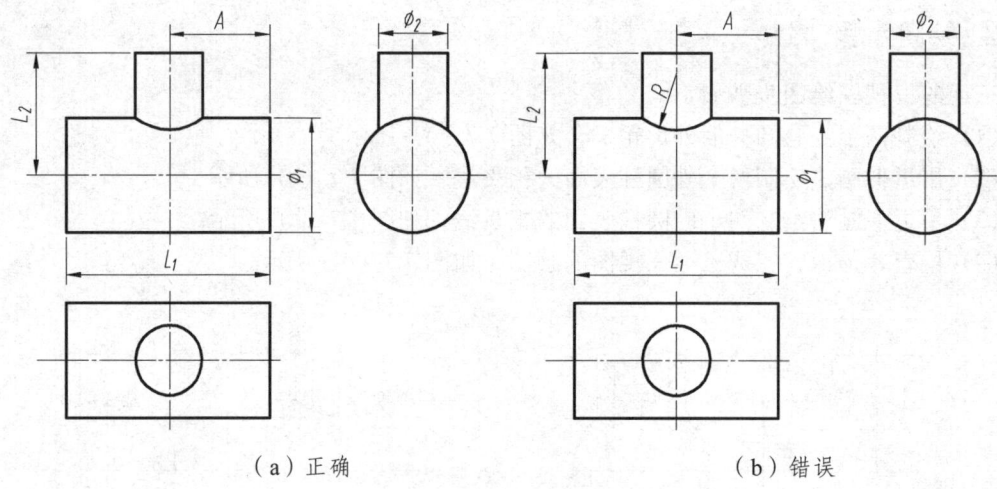

（a）正确　　　　　　　　　　　　　（b）错误

图7.8　相贯线的尺寸标注

7.3　知识拓展

7.3.1　相贯线的特殊情况

在一般情况下，相贯线为空间曲线，但在特殊情况下可为平面曲线或直线。

1. 相贯线为椭圆

当两圆柱体直径相等且轴线正交时，相贯线为椭圆。如果该椭圆垂直于投影面，则一面投影积聚为直线，一面投影积聚在圆上，如图7.9所示。

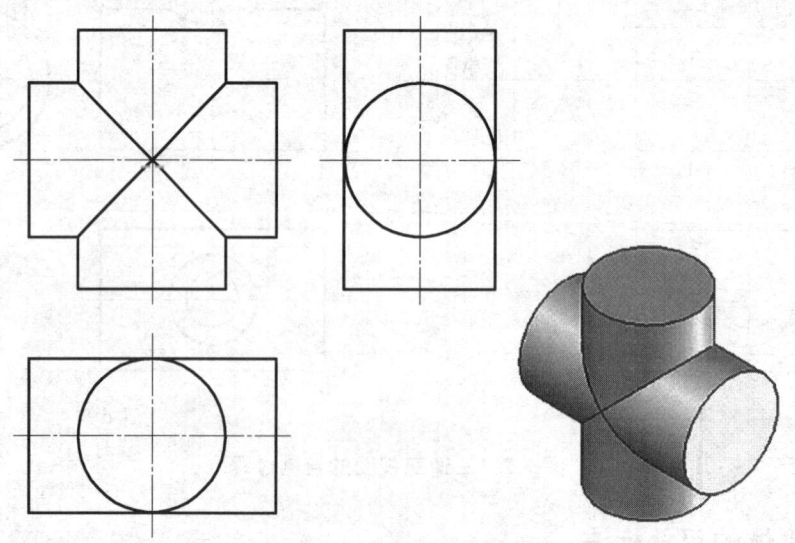

图7.9　相贯线为椭圆

2. 相贯线为圆

当相贯的两个回转体具有公共轴线时，相贯线为垂直于公共轴线的圆。如图7.10所示，圆柱分别与圆台和球同轴相交,相贯线为水平圆,该圆的正面投影积聚为直线,水平投影反映圆的实形。

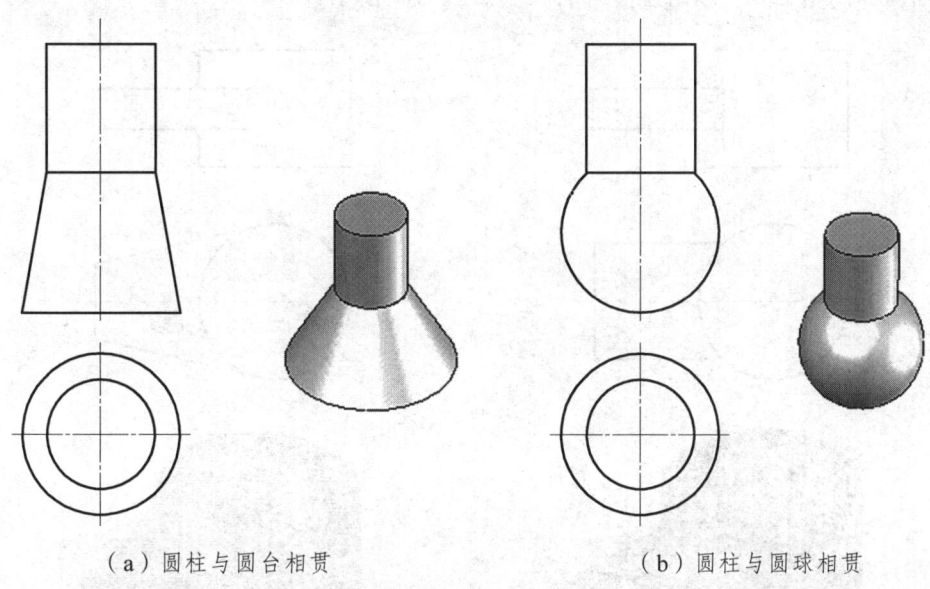

(a)圆柱与圆台相贯　　　　(b)圆柱与圆球相贯

图 7.10　相贯线为圆

7.3.2　过渡线

在铸造和锻造零件上,由于工艺上的要求,在零件两表面的相交处常用小圆角光滑地过渡。由于这个原因,零件表面之间的交线消失了。表面之间没有交线,会使图形所表达的零件结构显得含糊不清,为了便于看图,我们规定在没有圆角时交线的位置,示意地画出这条消失了的线,这条线称为过渡线。过渡线应用细实线绘制,且不宜与轮廓线相连。

1. 两曲面相交处过渡线的画法

当两曲面相交处有圆角过渡时,其过渡线应按相贯线画出。这样画出的相贯线,两端与圆角弧线之间有间隙,以区别于无圆角的过渡线,其画法如图 7.11(a)所示。当两相交曲面的轮廓线相切时,过渡线在切点处画成断开形式,如图 7.11(b)所示。

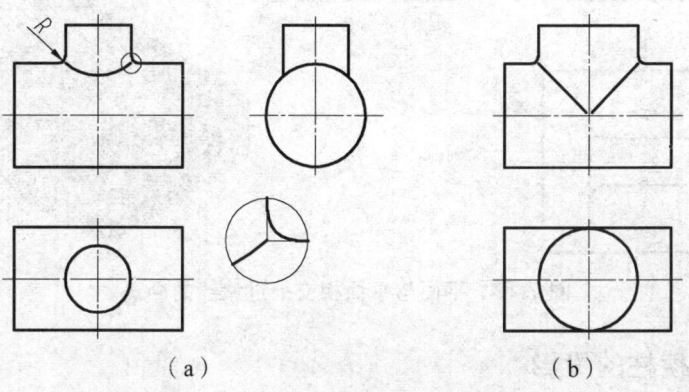

(a)　　　　　　　　(b)

图 7.11　两曲面相交处过渡线的画法

2. 平面与曲面相交处过渡线的画法

平面与曲面相交处有圆角过渡时的画法如图 7.12 所示。

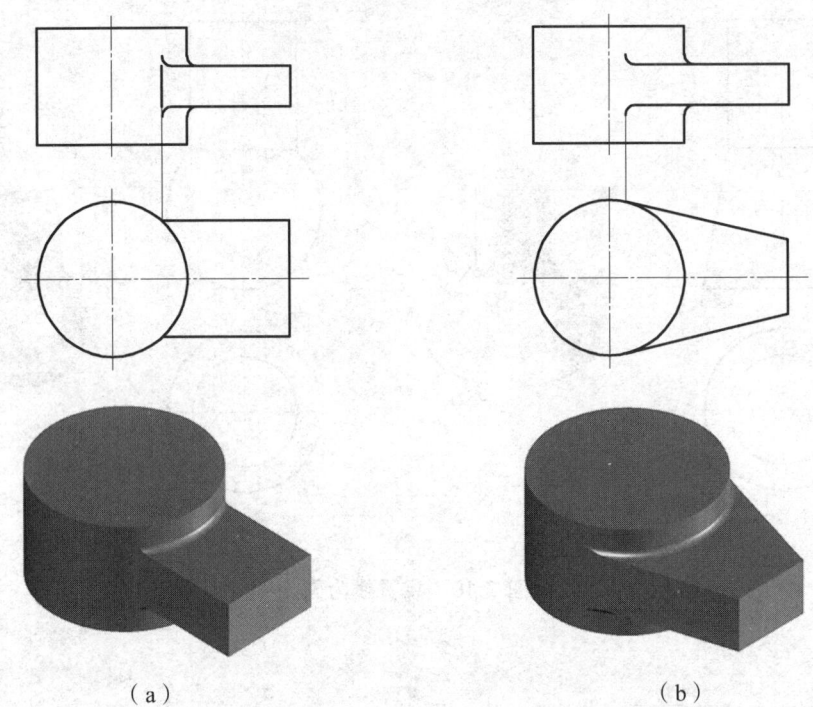

图 7.12　平面与曲面相交处过渡线的画法

3. 平面与平面相交处过渡线的画法

平面与平面相交处有圆角过渡时的画法如图 7.13 所示。

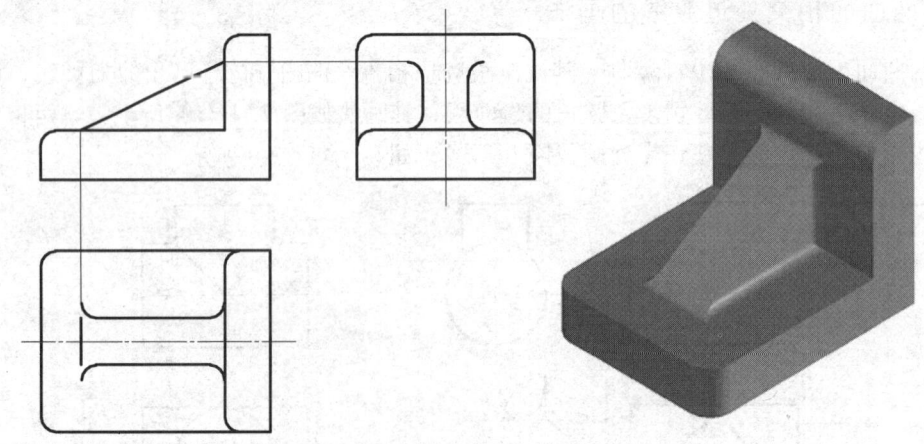

图 7.13　平面与平面相交处过渡线的画法

7.3.3　倒角六棱柱的投影

为了除去零件加工后形成的锐边，常在零件端部作成倒角，如图 7.14 所示，就是在六棱柱的一端加工出了倒角。

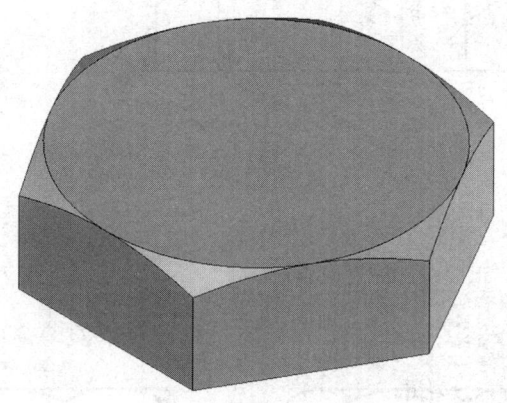

图 7.14 带倒角的六棱柱

带倒角的六棱柱，其实质就是圆台与六棱柱相贯，如图 7.15 所示。一般圆台的母线与底圆直径的夹角在 15°～30° 之间。

六棱柱与圆台相贯线的求法，可转化为求六棱柱六个侧面截切圆锥产生的六条截交线（均为双曲线），这六条截交线和起来即构成六棱柱与圆台的相贯线。此六条截交线的水平投影积聚在六棱柱的水平投影的六条边上，如图 7.16 所示，它们的正面投影和侧面投影的取点作图请读者根据任务 5 所学知识自行求解。这里介绍带倒角的六棱柱相贯线的近似画法。

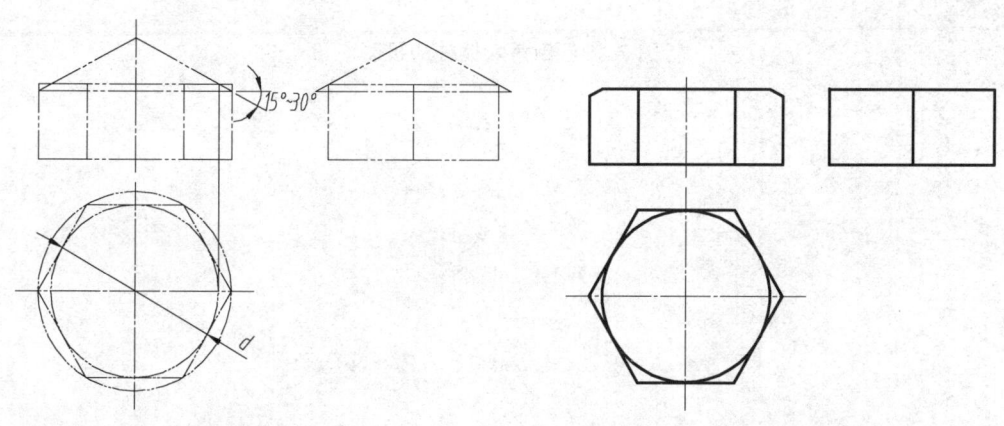

图 7.15 倒角六棱柱的两个基本形体　　　图 7.16 倒角六棱柱的投影分析

倒角六棱柱的正面投影的近似画法如下：

（1）如图 7.17（a）所示，在六棱柱的左右对称中心线上截取 $MO=0.75d$，以 O 为圆心，OM 为半径画弧，此弧在前面两条棱线之间的部分为相贯线在前面投影的近似画法。

（2）如图 7.17（b）所示，取 BC 的中点 O_1，以 O_1 为圆心、O_1A 为半径画弧，此为左前面相贯线的近似画法。右前面相贯线的近似画法与此相同。

倒角六棱柱的侧面投影的近似画法如图 7.18 所示，作左前面矩形的垂直中线，在此中线上截取 $NO_2=0.5R$，以 O_2 为圆心 O_2N 为半径画弧，此弧在矩形之间的部分为左前面相贯线的近似画法。左后面的相贯线画法和左前面相同。

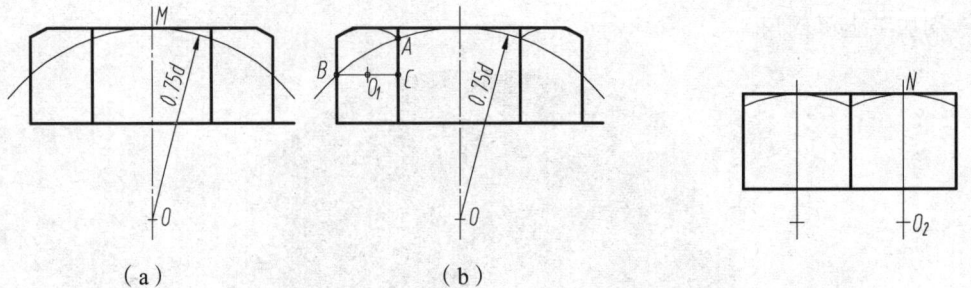

图 7.17 正面投影的近似画法　　　　　　图 7.18 侧面投影的近似画法

作出近似圆弧后，擦去多余的图线，倒角六棱柱的投影如图 7.19 所示。

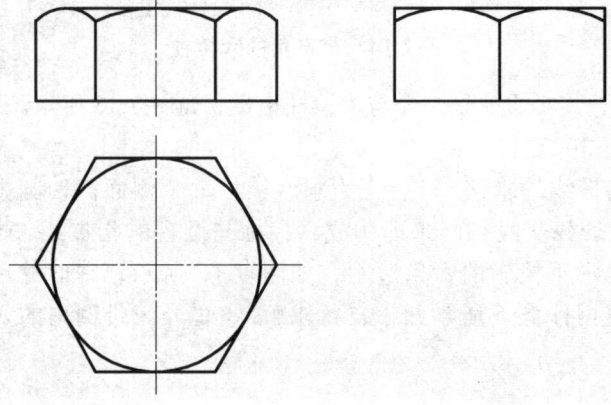

图 7.19 倒角六棱柱的投影

任务 8 轴承座三视图的绘制与识读

【任务要求】 绘制图 8.1 所示轴承座的三视图。

图 8.1 轴承座

【任务目标】 能够熟练运用形体分析法绘制、识读和标注组合体的三视图。

8.1 知识积累

就形体的角度来分析,任何机器零件都可以看成是由一些简单的基本体经过叠加或切割等方式组合而成的。这种由两个或两个以上的基本体组合而成的物体称为组合体。

掌握组合体的画图与读图的方法十分重要,这将为进一步学习零件图的绘制与识读打下基础。

8.1.1 组合体的组合形式

组合体的组合形式,通常分为叠加型、切割型和综合型三种。叠加型组合体是由若干基本体叠加而成的,如图 8.2(a)所示的简化螺栓就是由六棱柱和圆柱叠加而成的;切割型组合体可看成是由基本体经过切割或穿孔后形成的,如图 8.2(b)所示的简化螺母是由六棱柱经过中心切割穿孔以后形成的;综合型组合体则是既有叠加又有切割,如图 8.2(c)所示的轴承座是由四个基本体经叠加再分别切去三个圆柱体形成的,综合型是组合体最常见的组合形式。

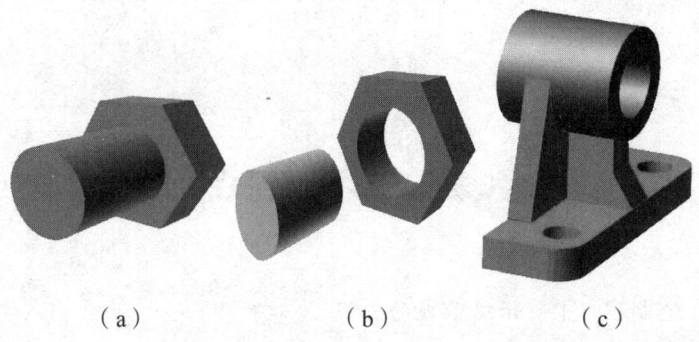

（a）　　　　　　（b）　　　　　　（c）

图 8.2　组合体的组合形式

8.1.2　组合体相邻表面的连接关系

1. 平面与平面邻接

1）平齐

组合体相邻表面连接时构成一个完整的平面，称为平齐。若两形体表面平齐，则画图时不可用线隔开，如图 8.3 所示。

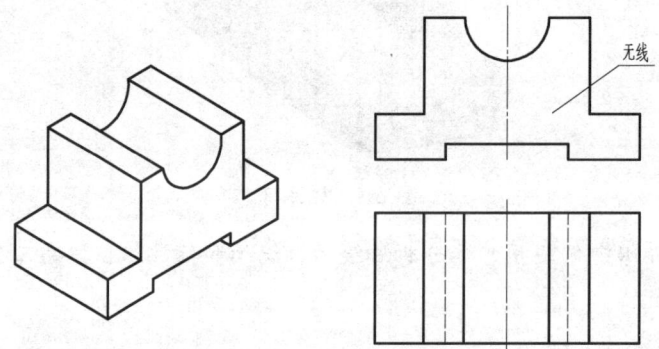

图 8.3　表面平齐的画法

2）不平齐

组合体相邻表面连接时相互错开，称为不平齐。两形体表面不平齐时，两表面投影的分界处应用粗实线隔开，如图 8.4 所示。

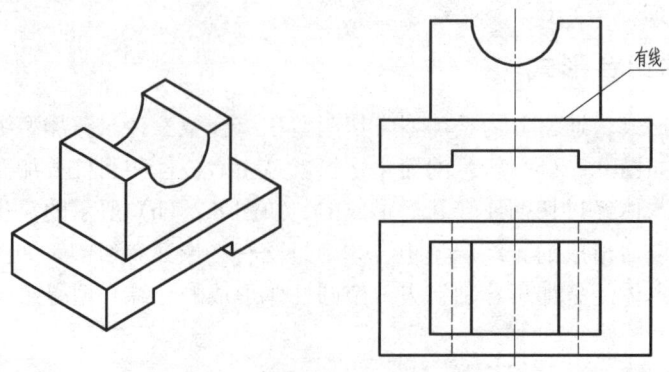

图 8.4　表面不平齐的画法

2. 平面与曲面邻接

1）相切

当两个形体表面（平面与曲面）光滑连接时称为相切。在两形体表面相切处无分界线，在视图上不应该画线，如图 8.5 所示的组合体由耳板和圆筒组成，耳板前、后面与圆柱面相切，无交线，故主、左视图相切处不画线，耳板上表面的投影按三等关系画至切点处。

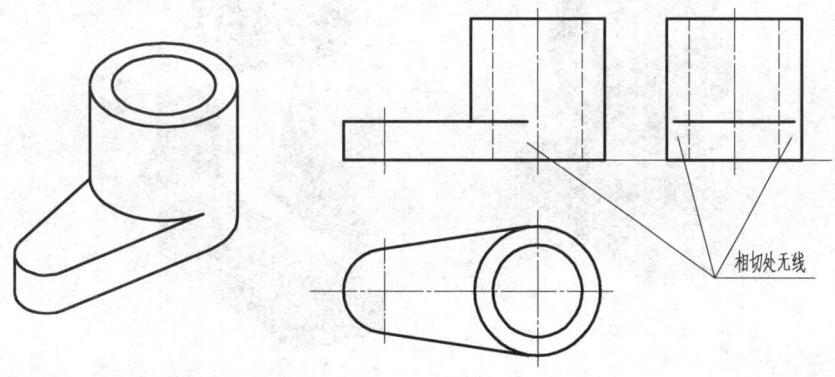

图 8.5　表面相切的画法

2）相交

当两个形体表面非光滑连接时称为相交。两表面相交时产生截交线或相贯线，应在视图中按投影规律画出其投影，如图 8.6 所示。

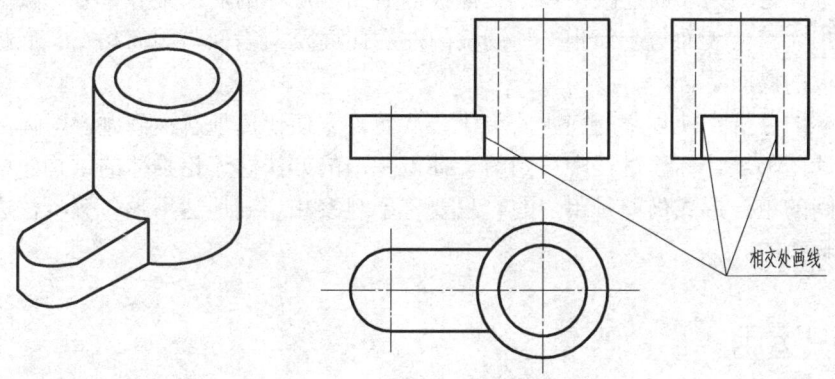

图 8.6　表面相交的画法

3. 曲面与曲面邻接

当两个形体表面均为曲面时，在两形体表面产生相贯线。两圆柱体表面相贯，在机件上极为常见，其相贯线的画法见任务 7。

8.1.3　形体分析法

假想把组合体分解成若干个基本形体，分清它们的形状、组合形式和相对位置，分析它们的表面连接关系以及投影特性，这种分析的方法就称为形体分析法。

如图 8.7 所示的轴承座，根据其形体特点，可将其假想分解成底板、套筒、支撑板和筋板四个部分，这四部分以叠加的形式组合在一起。可以看出，分解以后的基本形体可以是一个基本体，也可以是一个基本体经过一定的切割或者基本体的简单组合。分解以后的各部分形体必须简单明了。

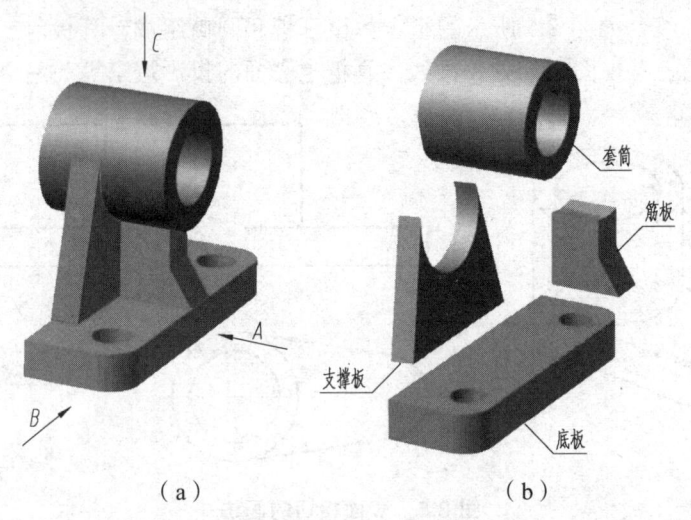

图 8.7　组合体的形体分析

分析基本体的相对位置：轴承座的左右对称，支撑板与肋板一前一后在底板的上面，套筒的后表面伸出支撑板的后表面。

分析基本体之间的表面连接关系：支撑板的后面与底板的后面平齐，支撑板的左右侧面与套筒表面相切，前表面与套筒相交；肋板的左右侧面及前表面与圆筒相交，底板的顶面与支撑板、肋板的底面重合。

化整为零的分析，使复杂的问题简单化，从而可方便快速地解决问题。形体分析法是组合体画图、读图和尺寸标注过程中用到的一种最基本的方法。无论物体的结构怎样复杂，相邻两形体之间的组合形式仍旧是单一的，只要善于观察和正确地运用形体分析法去分析，问题总是不难解决的。

8.2　知识运用

8.2.1　组合体三视图的绘制

1. 轴承座三视图的绘制

1）形体分析

画图之前，应先对组合体进行形体分析。了解该组合体由哪些形体所组成。分析各组成部分的结构特点，它们之间的相对位置和组合形式，以及各形体之间的表面连接关系，从而对该组合体的形体特点有个总的概念。

2）选择主视图

先选择主视图的投射方向，一般应选择能够反映组合体各组成部分的形状和相对位置的方向作为主视图的投射方向；再定主视图的位置，为使投影能得到实形，便于作图，应使物体主要平面和投影面平行；同时考虑组合体的自然安放位置，并要兼顾其他两个视图表达的清晰性，虚线要尽量少。如图 8.7（a）所示的轴承座，在箭头所指的各个投射方向中，选择 A 向作为主视图的投射方向比较合理。主视图选定后，俯视图和左视图也就随着确定了。

3）选比例、定图幅，布置视图

视图确定后，应根据组合体的大小和复杂程度，按照国标要求选择比例和图幅。在表达清晰的前提下，尽可能选用 1∶1 的比例。图幅的大小既要考虑到绘图所占的面积，又要留足标注尺寸和标题栏的位置。布置视图时要确定各视图的位置。

4）作图步骤

首先布置视图，画出作图基准线，即对称中心线、主要回转体的轴线、底面及重要端面的位置线，如图 8.8（a）所示。

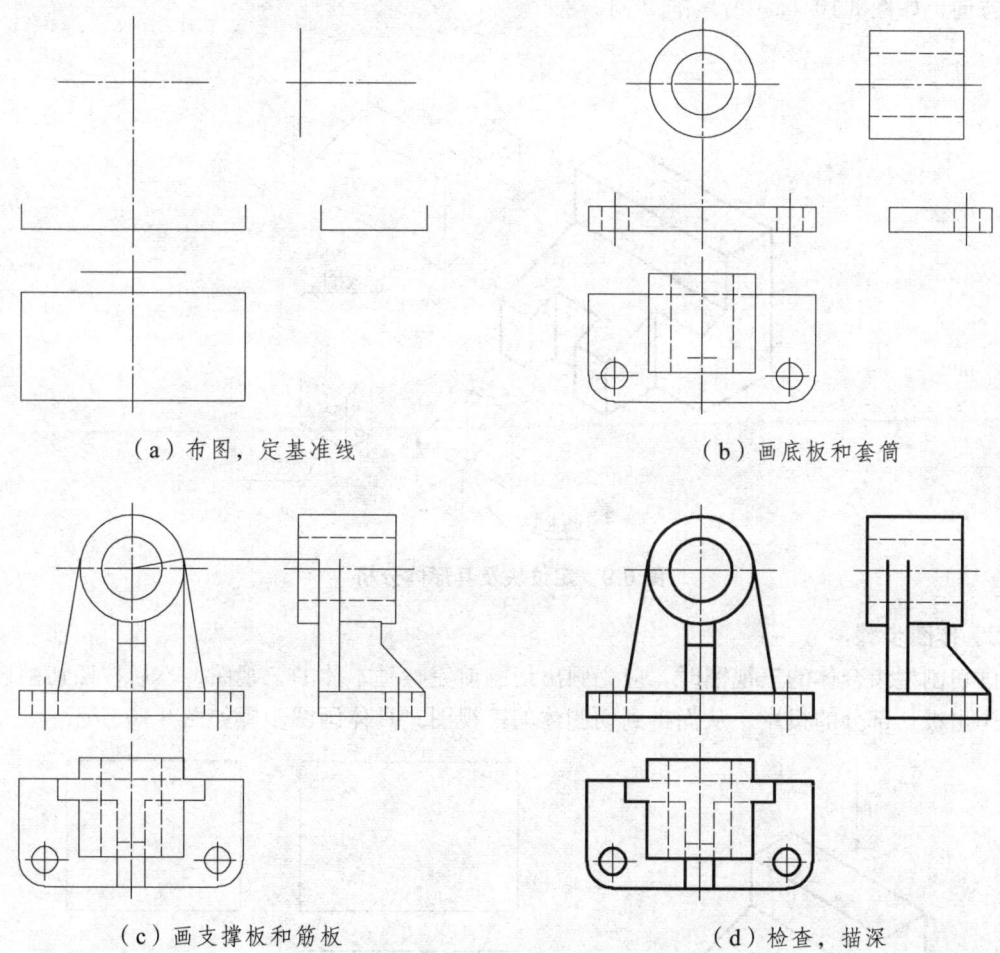

（a）布图，定基准线　　　　　　　　（b）画底板和套筒

（c）画支撑板和筋板　　　　　　　　（d）检查，描深

图 8.8　轴承座三视图的绘图步骤

其次画图，如图 8.8（b）、（c）所示。画图的顺序为：先画主要部分，后画次要部分；先画基本形体，再画切口、穿孔等局部形体。画图时，组合体的每一部分应该是三个视图配合画，每部分应从反映形状特征和位置特征最明显的视图入手，然后通过三等关系，画出其他两面投影，而不要先画完一个视图，再画另一个视图。这样，不但可以避免多线、漏线，还

可提高画图效率。

最后,应认真检查底稿,尤其要考虑各形体之间表面连接处的投影是否正确。确认无误后,按标准线型描深,完成全图,如图 8.8(d)所示。

2. 定位块三视图的绘制

图 8.9 所示定位块是在基本形体上通过切割组合而成的,其绘图步骤如下:

1) 形体分析

切割型组合体可以看成是由一个基本体被切去某些部分后形成的。图 8.9 所示的组合体可以看成是一个四棱柱依次切去四棱柱Ⅰ(前上)、四棱柱Ⅱ(左前)和四棱柱Ⅲ(前下)几部分后形成的。它们的切割位置如图 8.9 的细双点划线所示。通过形体分析可以确定主视图投射方向:如图 8.10(a)所示的 A 向。

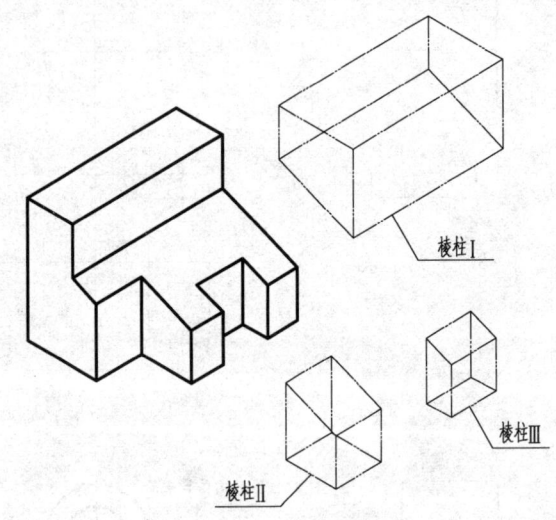

图 8.9 定位块及其形体分析

2) 作图步骤

画切割型组合体的三视图时,应先画出切割前完整基本体的三视图,然后按照切割过程逐一画出被切部分的投影,从而得到切割体的三视图。具体画图步骤如图 8.10 所示。

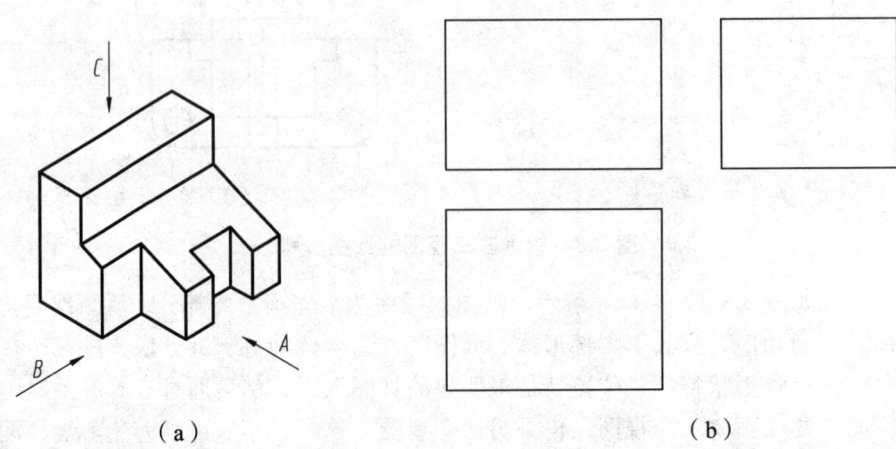

(a)　　　　　　　　　　　　　　(b)

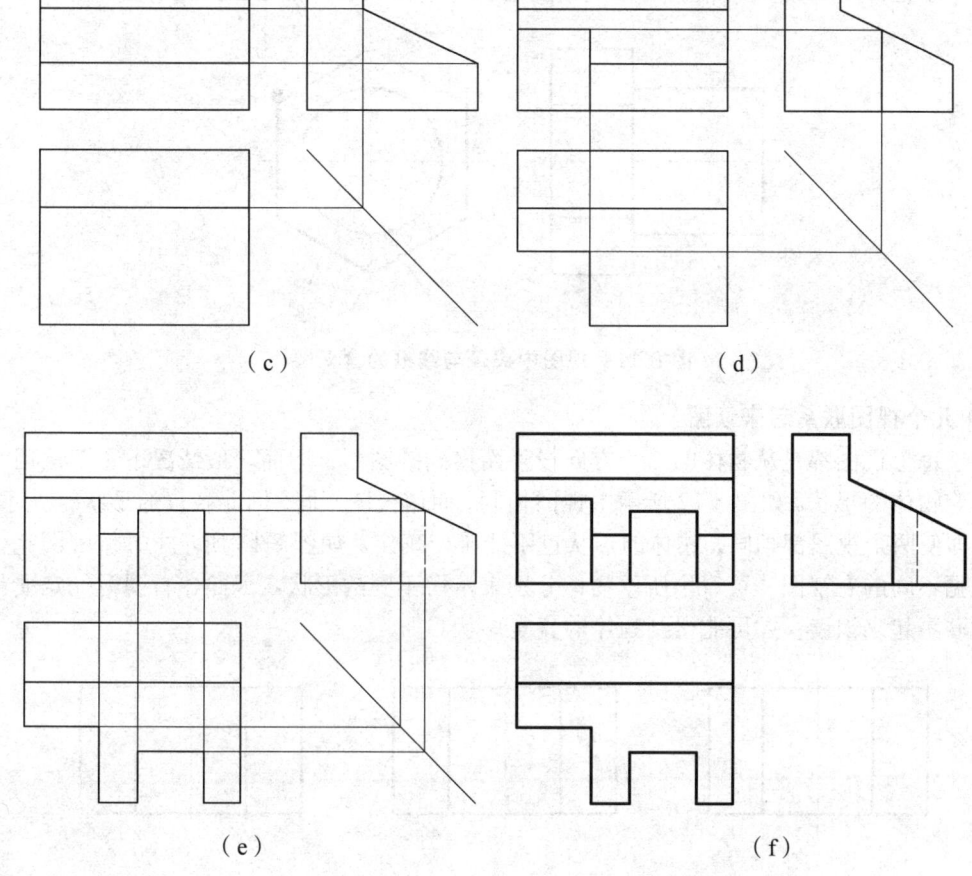

图 8.10 定位块的投射方向及画图步骤

8.2.2 组合体三视图的识读

画图,是运用正投影原理将物体画成视图以表达物体形状的过程;看图,是根据给定的视图,经过形体分析及投影分析,想象物体形状的过程。

1. 读图要点

1)弄清视图中图线及线框的含义

视图中的每条图线,可能是曲面体的转向轮廓素线的投影,或两表面的交线的投影,也可能是具有积聚性的立体表面的投影。如图 8.11 中的 1′ 表示圆柱面的最下转向轮廓素线的投影,2′ 表示六棱柱前下和后下两侧面的交线的投影,3′ 表示六棱柱左面具有积聚性的投影。

视图上一个封闭的线框,通常表示物体上的一个表面(平面或曲面)的投影。如图 8.11 中的线框 a' 表示六棱柱前上面的投影,线框 b' 表示六棱柱前面的投影。

视图上相邻的两个封闭线框,一般情况下表示物体上位置不同的面。如图 8.11 中的线框 a' 与 b' 表示两个相交的表面。

视图上一个大封闭线框内所包含的各个小线框，一般情况下表示在大的立体上凸出或凹下的各个小立体。如图 8.11 中六边形线框里包含一个圆表示六棱柱上凸起的圆柱。

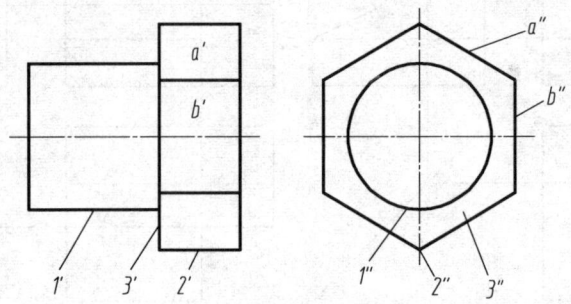

图 8.11　视图中线条与线框的含义

2）几个视图联系起来读图

由于每个视图都是从物体的一个方向投射而得到的图形，因而一般情况下，无法用一个视图确定物体的形状。如图 8.12 所示主视图相同，而俯视图不同，因此各自的形状也就不同。有时，即使两个视图都相同，物体的形状也不能唯一确定。如图 8.13 所示主、俯视图完全一样，根据不同的左视图，可看出所示物体分别表示了不同的形状。因此，看图时一定要将几个视图联系起来识读，才可能得到物体的真实形状。

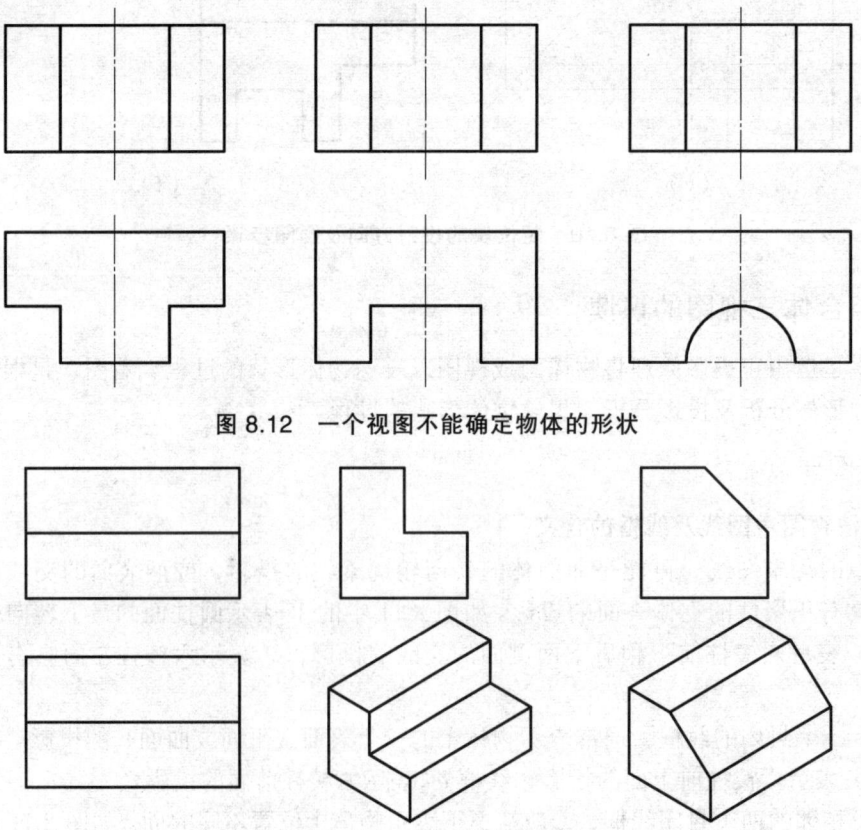

图 8.12　一个视图不能确定物体的形状

图 8.13　两个视图不能确定物体的形状

3）熟悉视图中的形体表达特征

三视图中每个视图都有各自的表达内容。其中最能反映物体形状特征的视图称为形状特征视图，善于抓住形状特征视图，想象形状就很容易；而反映各形体之间相对位置最为明显的视图称为位置特征视图，只有抓住物体的位置特征视图，才可想象出形体之间的相对位置。若形状和位置都明确了，视图也就看懂了。

在学过的各类基本体的三视图中，若有两个视图的轮廓形状为矩形，则该基本体应为柱；若为三角形，则该基本体应为锥；若为梯形，则该基本体应为棱台或圆台。要想明确判断上述基本体是棱柱（棱锥、棱台）还是圆柱（圆锥、圆台），还必须借助第三个视图的形状。若为多边形，该基本体就为棱柱（棱锥、棱台）；若为圆，则该基本体就为圆柱（圆锥、圆台）。只要把这些基本体的形体表达特征熟练掌握好，就能方便及快速地读图了。

如图 8.14（a）所示的三视图，通过观察，可以判断出俯视图是形状特征明显的视图，由此就能想象出它的形状：半圆头的长方体上还有三个圆柱；按投影关系找出长方体和三个圆柱的其他视图的投影，在主视图上很容易判断出中间圆柱叠加在长方体上，另外两个圆柱被穿孔切割掉了，即主视图为位置特征明显的视图。只要抓住主、俯这两个视图配合看，即使不要左视图，也能想象出它的形状和相对位置。

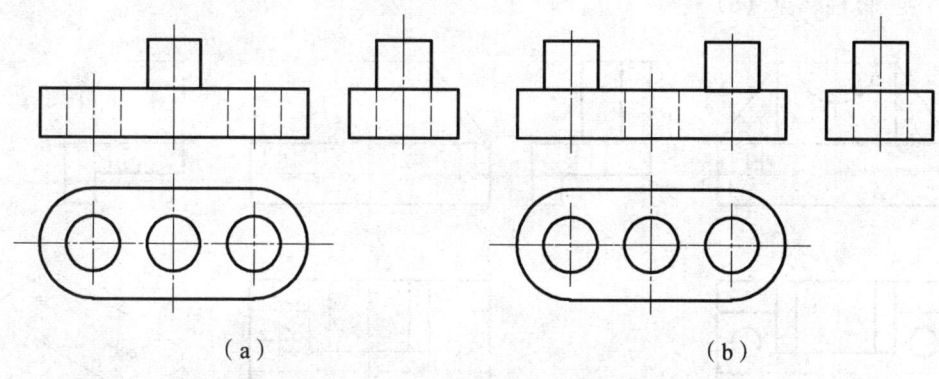

图 8.14　抓住形状和位置特征看图

4）善于结合尺寸读图

尺寸是图样的一个重要内容，在看图时不能忽略。结合尺寸看图可以节省视图的数量。如图 8.15，结合尺寸标注，只要一个视图就可以看懂图形。

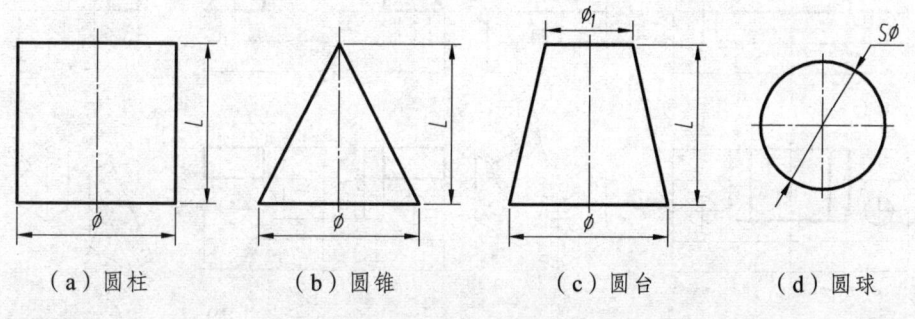

（a）圆柱　　　（b）圆锥　　　（c）圆台　　　（d）圆球

图 8.15　结合尺寸看图

2. 读图的基本方法和步骤

1）读图的基本方法

看图的基本方法与画图的一样，也是应用形体分析法。形体分析法就是在看图时通过形体分析，将物体分解成几个简单线框（部分），再经过投影分析，想象出物体每部分的形状，并确定其相对位置、组合形式和表面连接关系，最后经过归纳、综合得出物体的完整形状。

2）读图的一般步骤

（1）抓住特征分部分：由于画图时主视图都尽可能地反映了物体的形状结构特征，因此，在分部分时一般从主视图入手，将每一个闭合的线框分解成一部分，在分部分时要抓大放小，一般只抓实线框。如图 8.16（a）所示，将主视图分解成 A、B 和 C 三部分。

（2）投影分析想象形状：将物体分解为几个组成部分之后，就依据三等关系找出每部分的对应投影。由于物体的每一部分的形状特征和位置特征并非集中在同一个视图上，而是每一个视图可能都有一些，因此要从每一部分的形状特征明显的视图入手，想象出每部分的形状。如图 8.16，形体 A 从左视图出发，结合主、俯视图中的对应投影，经分析为"L"形矩形板，钻有两个圆柱孔，见（b）图；形体 B 从主视图出发，根据三等关系，在其他视图中找出对应投影，经过分析可知为长方体上部切掉一个半圆柱，见（c）图；经过同样的分析，形体 C 为三棱柱，见（d）图。

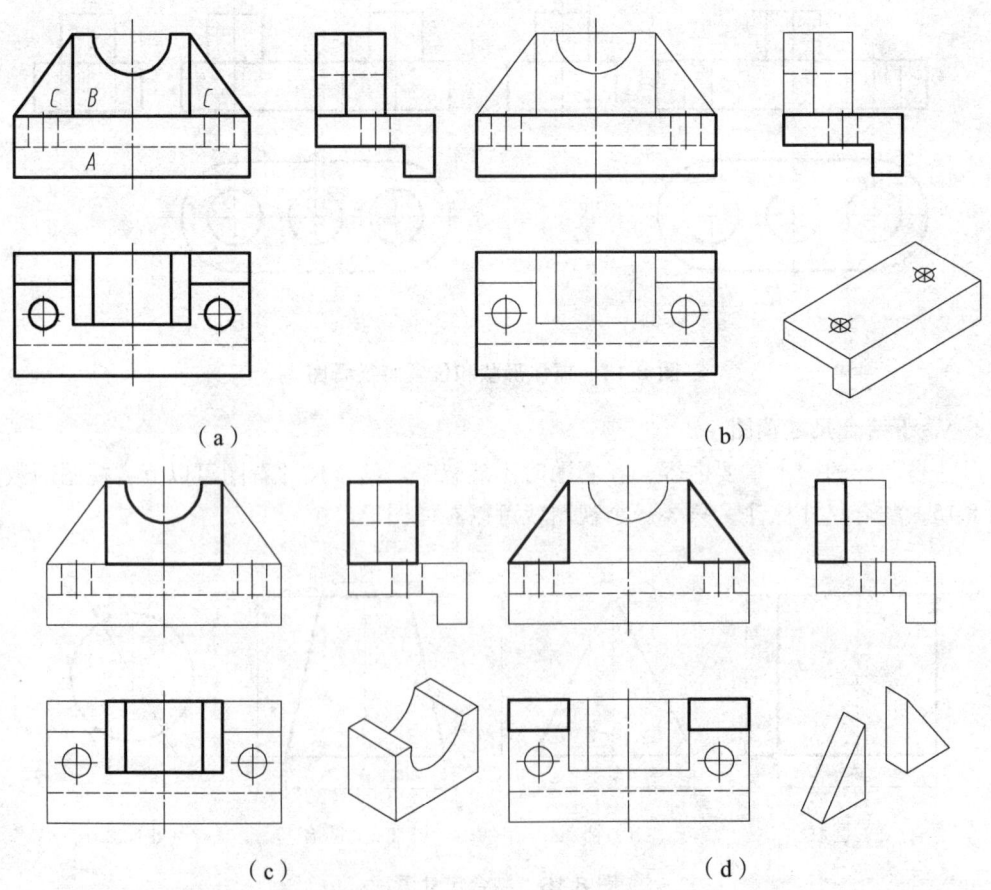

图 8.16　形体分析法看图步骤

(3) 综合起来想象整体：想象出每部分的形状之后，再结合位置特征明显的视图进行分析，根据三视图搞清楚形体间的相对位置、组合形式和表面连接关系等，综合想象出物体的完整形状。如图 8.17 所示，通过对三视图的分析，可知长方体 B 在底座 A 上方，左右对称且后面平齐；三棱柱在长方体 B 左右两侧，后面也平齐。

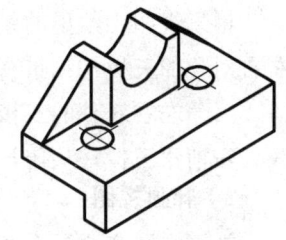

图 8.17　综合组合体各部分的形状

3. 读图训练方法

在看图练习中，通常要求补画视图中所缺的图线，或要求由已知的两个视图补画第三个视图，这是检验和提高看图能力的常见方法，也是提高空间想象和思维能力的有效途径。

1) 补画缺线

视图虽然缺线，但表达的物体却是确定的。补画缺线通常分两步进行：首先，根据视图当中的已知图线，利用形体分析的看图方法想象出物体的形状，找出缺线的视图；然后，在看懂图的基础上，依据投影规律，从视图中特征明显之处入手，在另外两个视图中，分别找出对应投影，缺一处补一处。

【例 8.1】　补画图 8.18 所示视图中的缺线。

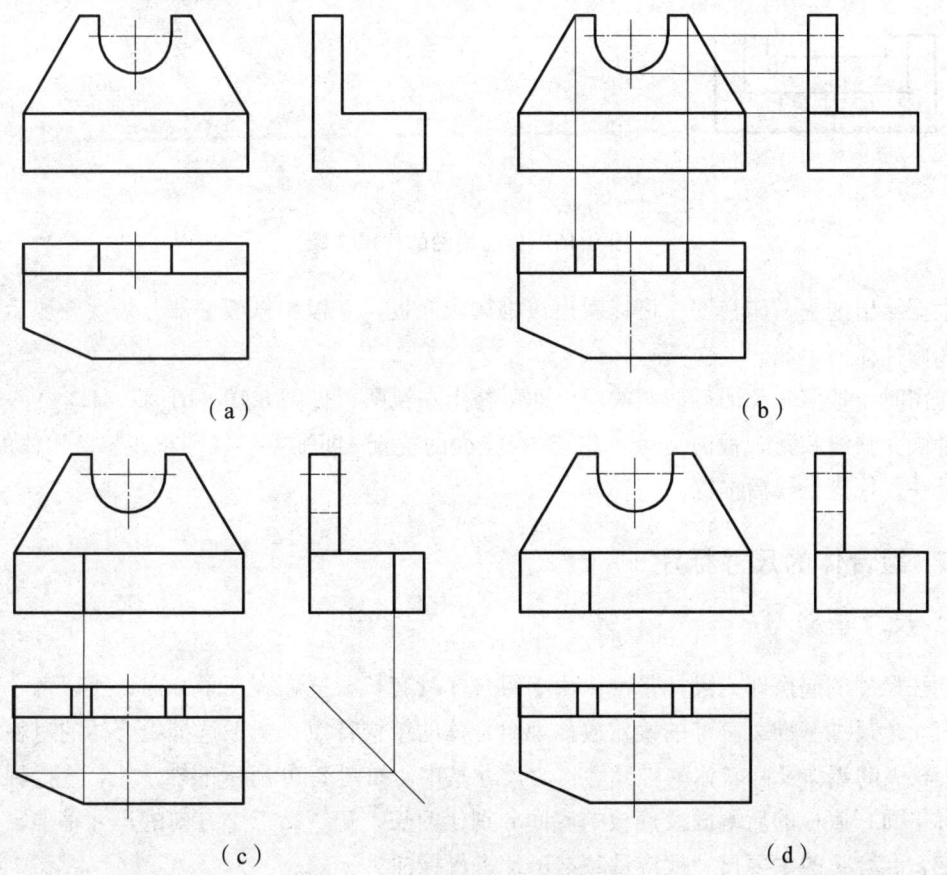

图 8.18　补画缺线的作图步骤

根据视图中给出的图线，可以看出该物体是一个 L 形板，分别切去左前角三棱柱、后角左右对称的三棱柱和带有半圆的长方体，三个视图均有缺线。

后角左右对称的三棱柱和带有半圆的长方体从主视图出发，补出俯、左视图中所缺的图线；左前角三棱柱从俯视图出发，补出主、左视图所缺的图线；见图 8.18。

2）补画视图

补画视图实质是看图与画图的综合训练，一般可分两步进行：首先根据已给出的两个视图，利用形体分析法想象出物体的形状；然后在看懂图的基础上补画第三视图。作图时，可根据投影规律，按照物体的组成部分逐一作出第三投影。

【例 8.2】 补画图 8.19（a）所示的左视图。

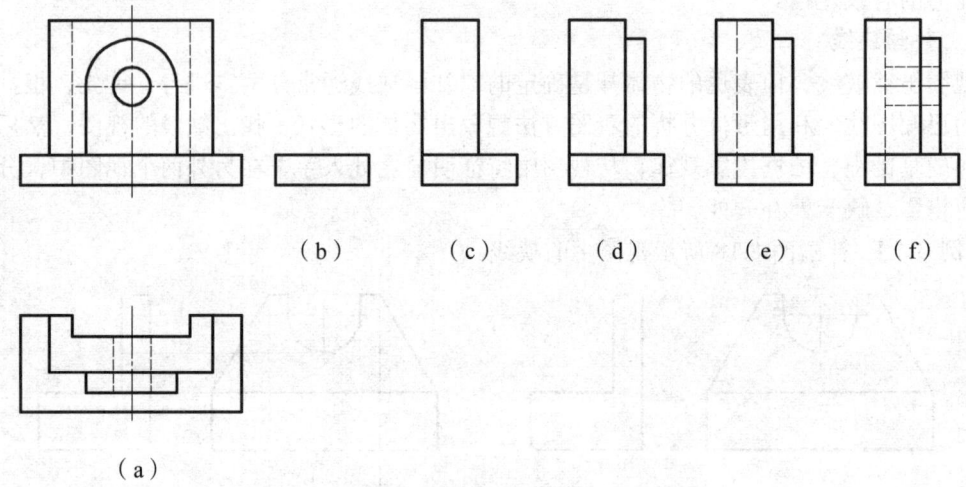

图 8.19　补画视图的作图步骤

根据给出的主、俯视图，可以看出该物体由底板、立板和靠板三部分依次叠加后切去长方槽和圆柱体而组成。

作图时，按照先叠加后切割的顺序即可补出左视图，见图 8.19（b）～（f）。

补画完缺线和第三视图之后，还应进行全面的检查。即根据三视图重新想象物体的形状，查漏补缺，检查无误后描深。

8.2.3　组合体的尺寸标注

1. 尺寸基准

标注尺寸的起点即为尺寸基准。由于组合体具有长、宽、高三个方向，所以每个方向至少应有一个尺寸基准。基准的确定应体现组合体的结构特点，一般选择组合体的对称平面、底面、较大的端面及回转体的轴线等作为尺寸基准。如图 8.20 所示的轴承座，选择轴承座左右对称平面、底板的后端面及底板的底面分别作为长、宽、高三个方向的尺寸基准。基准一旦选定，组合体的主要尺寸就应从基准出发进行标注。

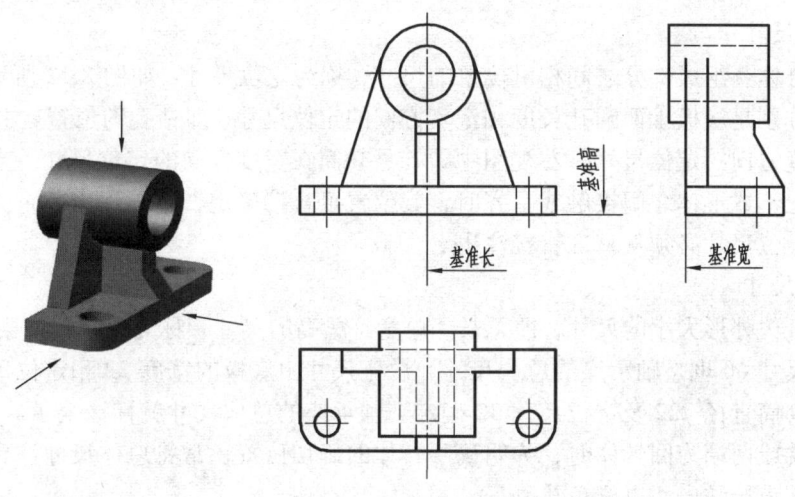

图 8.20 尺寸基准的选择

2. 尺寸种类

1）定型尺寸

确定组合体中各组成部分大小的尺寸，称为定型尺寸。如图 8.20 所示的轴承座，各部分的定型尺寸如图 8.21 所示：底板长 60、宽 22、高 6，两圆孔直径 $\phi6$，圆弧半径 $R6$；支撑板长 42，宽 6，高 26，圆孔直径 $\phi22$；筋板长 6，宽 10、16，高 13、26，圆弧直径 $\phi22$；套筒直径 $\phi14$、$\phi22$，宽 24。

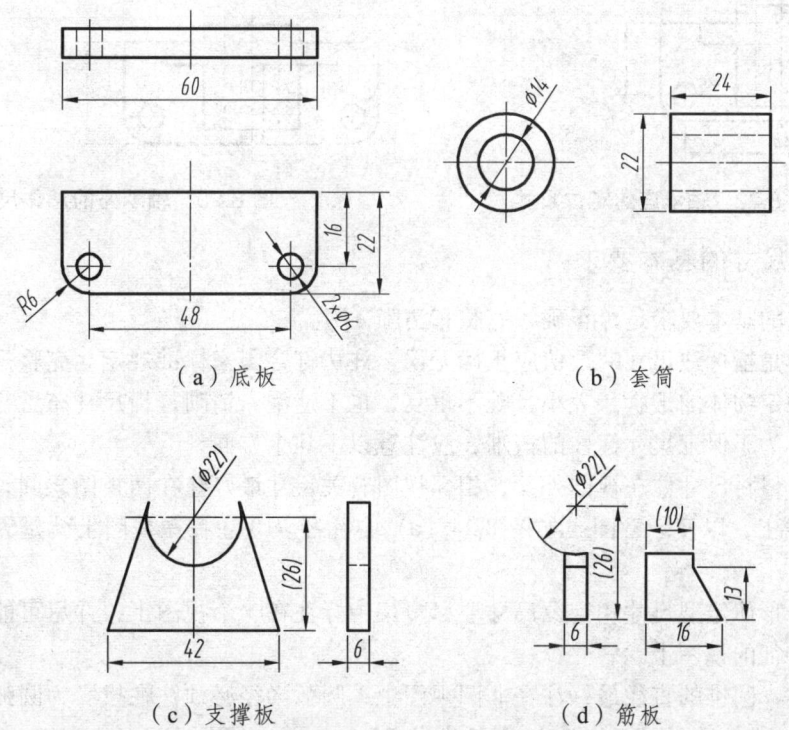

(a) 底板　　　　　　　　　　(b) 套筒

(c) 支撑板　　　　　　　　　(d) 筋板

图 8.21 轴承座各组成部分的定型尺寸

2）定位尺寸

确定组合体各组成部分之间相对位置的尺寸，称为定位尺寸。如图 8.22 所示，俯视图中的 16 和 48 分别是底板上两圆孔长度和宽度方向的定位尺寸，即钻孔的位置。主视图中的 32 是套筒在高度方向的定位尺寸。左视图中的 6 是套筒在宽度方向的定位尺寸。当对称形体处于对称平面上，或形体之间接触或平齐时，其位置可直接确定，不须注出其定位尺寸。需要注意的是：定位尺寸必须从基准直接注出。

3）总体尺寸

确定组合体外形大小的尺寸，即总长、总宽、总高的尺寸，称为总体尺寸。如图 8.23 中底板的定型尺寸 60 也是轴承座的总长尺寸，总宽尺寸由底板的宽度 22 和定位尺寸 6 决定，总高尺寸由套筒直径 ϕ22 及定位尺寸 32 确定。轴承座的总体尺寸就标注全了。此时须注意：组合体的一端或两端为回转体时，为明确回转体的确切位置，常将总体尺寸注到回转体的轴线位置，而不直接注出，以避免重复。

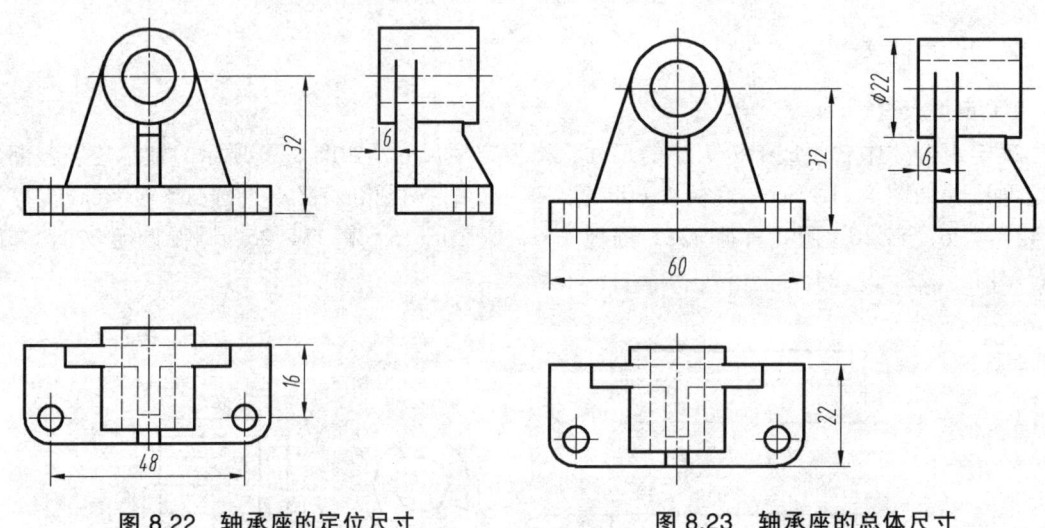

图 8.22　轴承座的定位尺寸　　　　　图 8.23　轴承座的总体尺寸

3. 标注尺寸的基本要求

标注尺寸的基本要求是：正确、完整和清晰。

所谓正确是指标注尺寸的数值应正确无误，注法符合国家标准规定。完整是指标注的尺寸应能完全确定物体的形状和大小，既不重复，也不遗漏。清晰是指尺寸布置应清晰，便于标注和看图。为了保证尺寸标注的清晰，应注意以下几个方面：

（1）应尽量将尺寸注在视图外面，相邻视图有关尺寸最好注在两视图之间，并应尽量避免标注在虚线上，以便于看图。如图 8.24（a）中孔径 ϕ10 注在左视图上就是为避免尺寸注在虚线上。

（2）同一形体定型尺寸和定位尺寸要尽量集中标注在一个视图上，并尽可能标注在反映该形体形状特征的视图上。

（3）圆柱、圆锥的直径最好注在非圆视图上，圆弧半径必须注在投影为圆弧的视图上。如图 8.24（a）中的孔径 ϕ30、ϕ20，圆弧半径 R20。

（4）同方向平行尺寸，应使小尺寸在内，大尺寸在外，间隔均匀，依次向外分布，尽量避免尺寸界限与尺寸线相交,以免影响看图。同一方向串联尺寸,箭头应首尾相连,排在同一直线上。如图 8.24(a)中的 24、16 和 52。

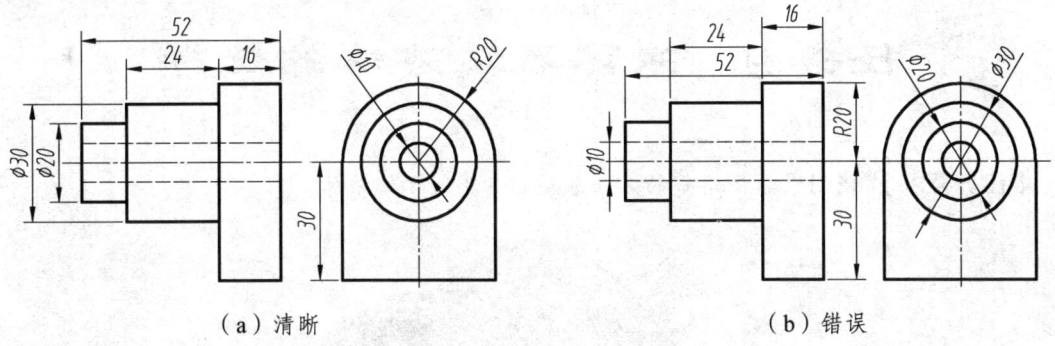

图 8.24 清晰的标注尺寸

4. 标注尺寸的步骤

标注组合体的尺寸时,应首先进行形体分析,选择尺寸基准,然后依次注出定型尺寸、定位尺寸及总体尺寸,最后进行核对、调整,使所标注的尺寸正确、完整、清晰。经过这些步骤后的轴承座尺寸标注如图 8.25 所示。

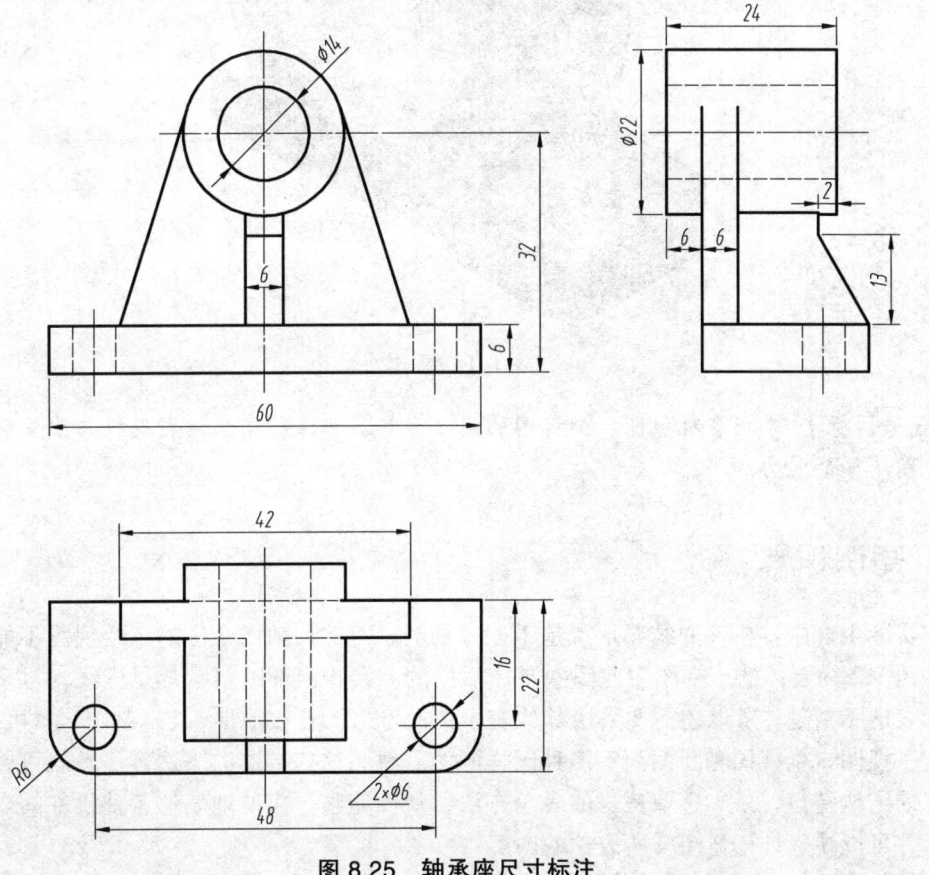

图 8.25 轴承座尺寸标注

任务 9　泵体表达方法的选择

【任务要求】　使用最简便清楚的方法表达图 9.1 所示的泵体。

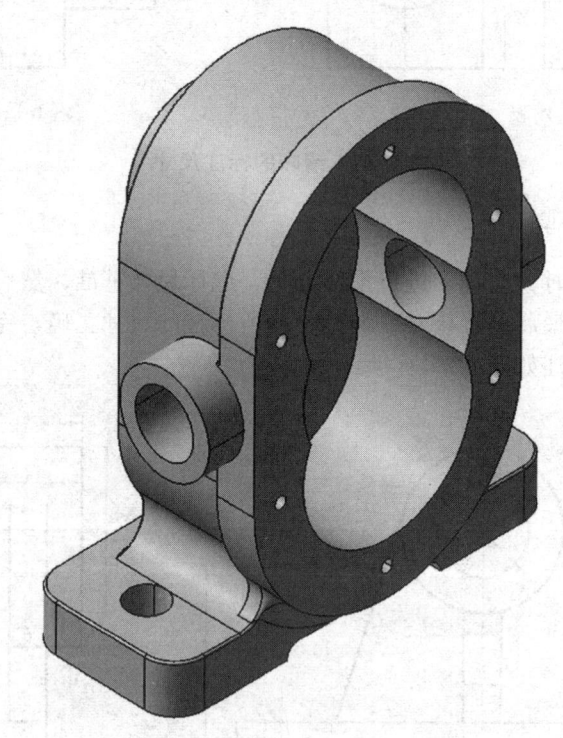

图 9.1　泵　体

【任务目标】　掌握各种视图、剖视图的画法和标注方法；掌握视图选择与配置的要求，培养视图选择的能力。

9.1　知识积累

在实际生产中，机件的结构形状是千差万别的，有的用前面介绍的三个视图不能表达清楚，如图 9.2 为泵体的三视图，此图中泵体后面的凸台和内部的结构都是虚线，过多的虚线使形体表达不清楚，所以还需要采用其他表示法。为此，国家标准《技术制图》、《机械制图》中规定了视图、剖视图和断面图等多种图样画法。熟悉这些基本的表达方法，就可以根据不同机件的结构特点，从中选取适当的表示方法，从而完整、简便地表达各种机件的内外结构形状，并可以快速地读懂图样所表达的内容。

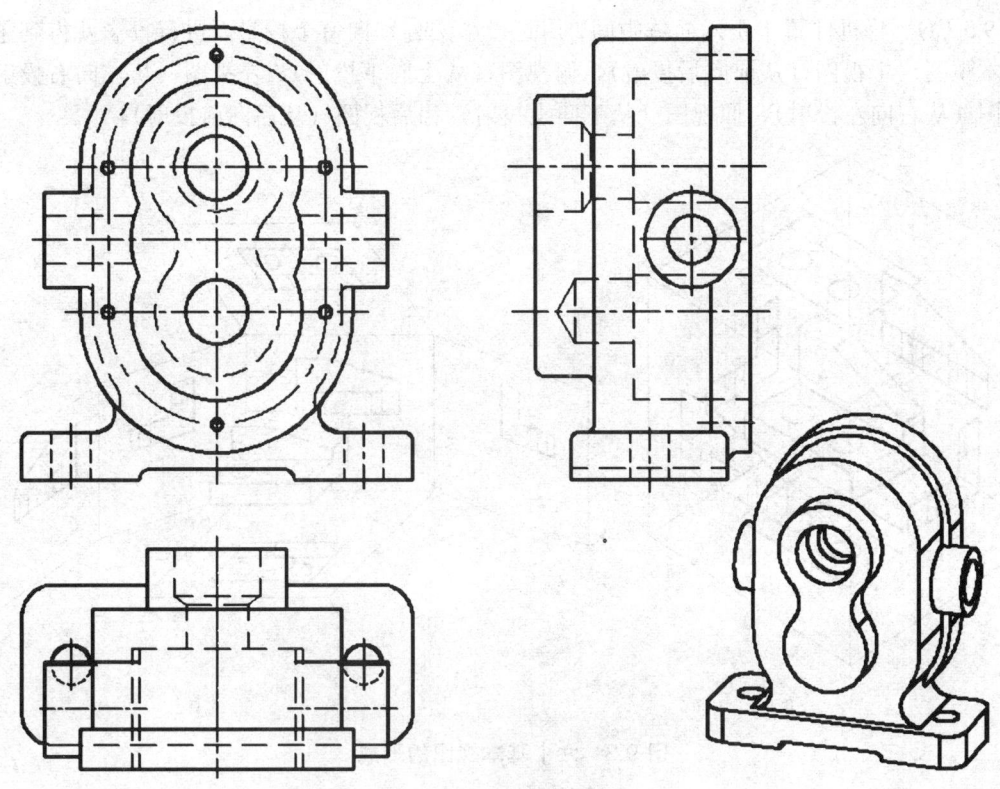

图 9.2 泵体三视图

9.1.1 图样绘制要求与视图选择原则

1. 图样绘制要求

绘制技术图样时,应首先考虑看图方便。根据物体的结构特点,选用适当的表示方法。在完整、清晰地表示物体形状的前提下,力求制图简便。

2. 视图选择原则

表示物体信息量最多的那个视图应作为主视图,通常是物体的工作位置、加工位置或安装位置。当需要其他视图(包括剖视图和断面图)时,应按下述原则选取:

(1) 在明确表示物体的前提下,使视图(包括剖视图和断面图)的数量为最少。
(2) 尽量避免使用虚线表示物体的轮廓及棱线。
(3) 避免不必要的细节重复。

9.1.2 视图

视图通常有基本视图、向视图、局部视图和斜视图,主要用来表达机件的外部结构形状。

1. 基本视图

将机件向基本投影面投射所得的视图,称为基本视图。基本投影面为正六面体的六个面,见图 9.3（a），将机件置于正六面体中间，用正投影法分别向每个投影面进行投影就得到了六个基本视图：主视图（从前向后投射）、俯视图（从上向下投射）、左视图（从左向右投射）、右视图（从右向左投射）、仰视图（从下向上投射）和后视图（从后向前投射）。

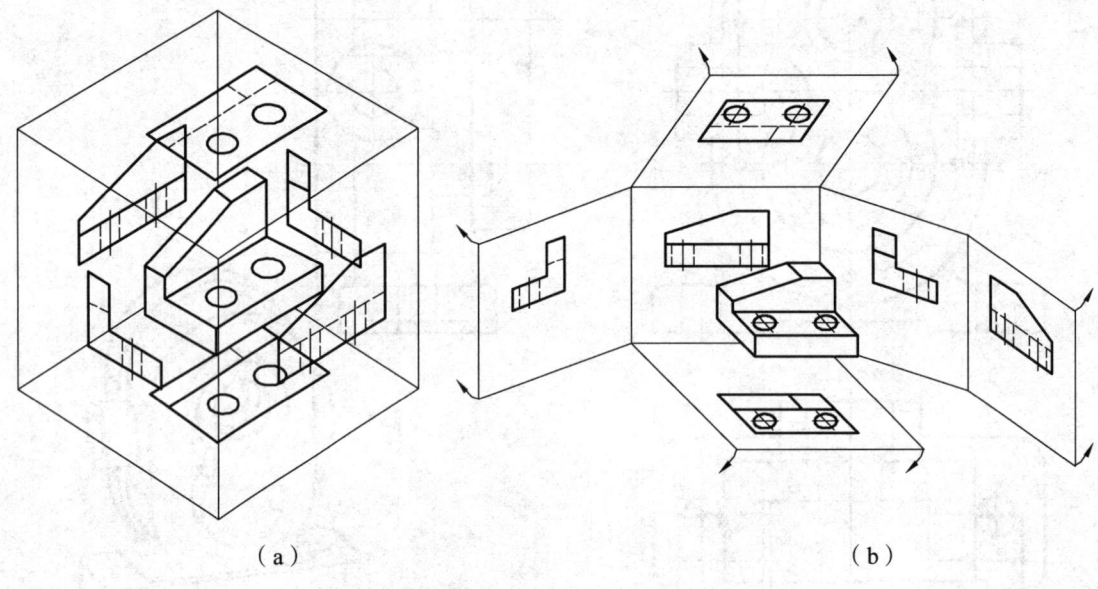

图 9.3　六个基本视图的形成

六个基本投影面的展开方法是：规定正立面不动，其他投影面按图 9.3（b）所示的箭头方向展开至与正立面处于同一平面上。展开后六个基本视图的配置关系如图 9.4 所示，此时一律不注视图名称，它们仍保持"长对正、高平齐、宽相等"的投影关系，即主、俯、仰、后长相等，其中主、俯、仰长对正，主、左、右、后高平齐，俯、左、右、仰宽相等。

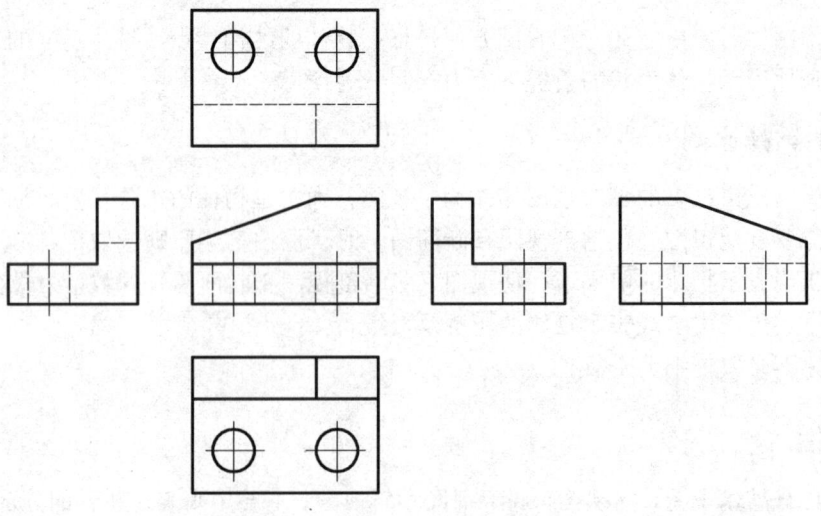

图 9.4　六个基本视图的配置

2. 向视图

向视图是可以自由配置的视图。当基本视图不能按规定的位置配置时，可采用向视图的表达方式。

采用向视图时必须进行标注，方法是：在向视图的上方用大写拉丁字母标注该向视图的名称，在相应视图附近用箭头指明投射方向，并注上相同的字母，如图9.5所示。

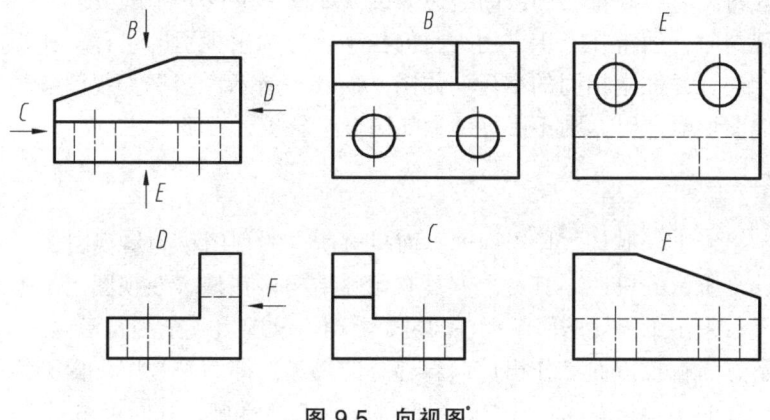

图9.5　向视图

需要注意的是：表示投射方向的箭头应尽量配置在主视图上，后视图的投影方向应在左右两个向视图中任选，这样可避免画错方位。

3. 局部视图

将机件的某一部分向基本投影面投射所得的图形称为局部视图，如图9.6（a）所示的机件，若选用主、俯两个基本视图，其主要形体已表达清楚，但还有左右两个凸台的形状尚未表达清楚，若因此再画两个完整的基本视图（左视图和右视图），则大部分投影重复。如果只画出未表达清楚的那一部分，就要应用局部视图。这样表达机件既清楚又避免了不必要的重复，如图9.6（b）所示。

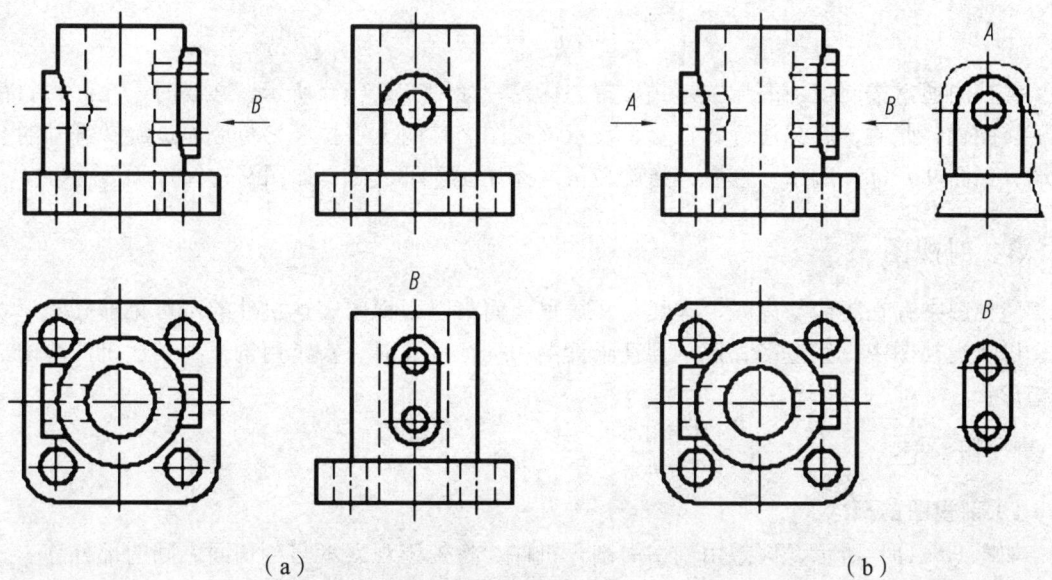

图9.6　局部视图

局部视图既可按基本视图的配置形式配置，如图 9.6（b）中的 A；又可按向视图的配置形式配置，如图 9.6（b）中的 B。

画局部视图时，其断裂边界应以波浪线或双折线表示；当所表示的局部结构是完整的，且外轮廓线又成封闭时，则不必画出断裂边界线，如图 9.6（b）中的 B。

标注局部视图时，通常在其上方用大写的拉丁字母标出视图的名称，在相应视图附近用箭头指明投射方向，并注上相同的字母，如图 9.6（b）所示。当局部视图按基本视图配置，中间又没有其他图形隔开时，则不必标注，如图 9.6 中 A 可省略不注。

4. 斜视图

将机件向不平行于任何基本投影面的平面投射所得的视图称为斜视图。

如图 9.7（a）所示的机件，其右上方具有倾斜结构，在俯、左视图上均不能反映实形，这给作图和看图带来困难，且不便于标注尺寸。此时，可选用一个平行于倾斜部分的投影面，按箭头所示投影方向在投影面上作出该倾斜部分的投影，即为斜视图。由于斜视图常用于表达机件上倾斜部分的实形，因此，机件的其余部分不必全部画出，而可用双折线（或波浪线）断开。

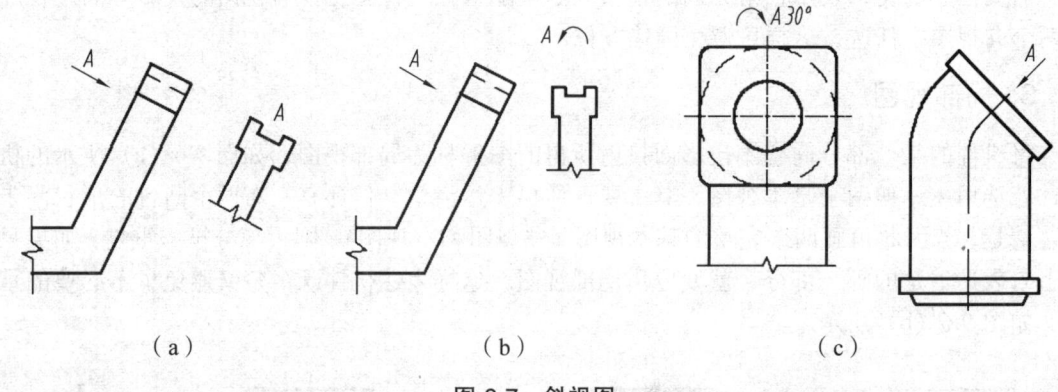

图 9.7 斜视图

斜视图通常按向视图的配置形式配置并标注，如图 9.7（a）所示；必要时，允许将斜视图旋转配置，此时，应标注旋转符号，表示该视图名称的大写拉丁字母应靠近旋转符号的箭头端，如图 9.7（b）所示；也允许将旋转角度标注在字母之后，如图 9.7（c）所示。

9.1.3 剖视图

当视图中存在虚线与虚线、虚线与实线重叠而难以用视图表达机件的不可见部分的形状时，以及当视图中虚线过多，影响到清晰读图和标注尺寸时，常常用剖视来表达机件的内部结构形状。

1. 概　述

1）剖视图的概念

如图 9.8（a）所示，假想用剖切面剖开机件，将处于观察者与剖切面之间的部分移去，而将其余部分向投影面投射所得的图形称为剖视图，简称剖视。图 9.8（b）中的主视图即为按此方法绘制出的机件的剖视图。

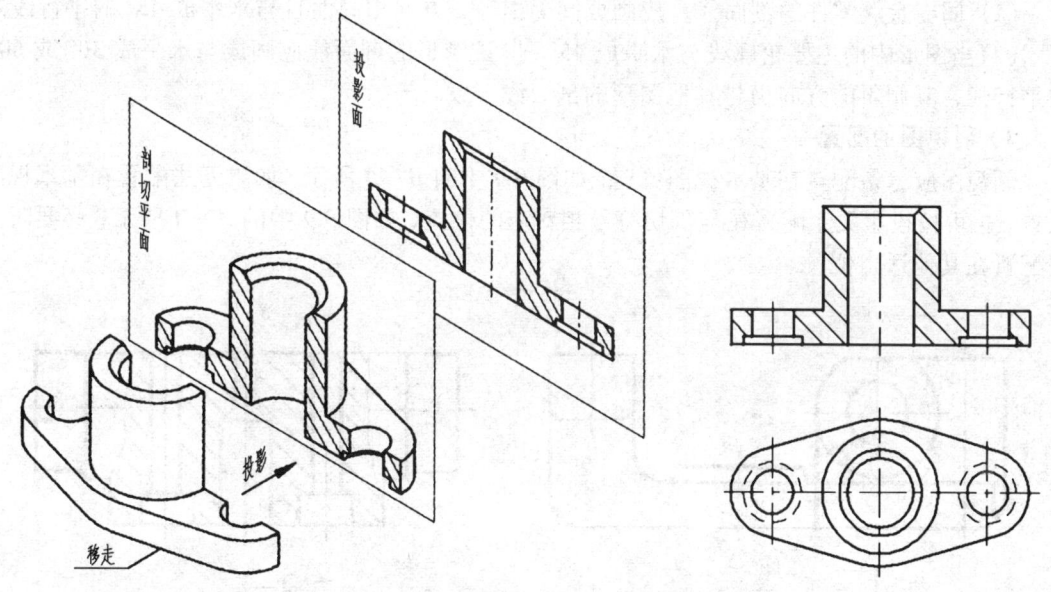

图 9.8 剖视图及其形成过程

2）剖面符号

机件被假想剖开后，剖切面与机件的接触部分称为剖面区域。在此区域要画出剖面符号，以便区分机件的实体部分和空心部分。机件的材料不同，其剖面符号也不同，常见材料的剖面符号见表 9.1。

表 9.1 常见材料的剖面符号

材 料	剖面符号	材 料	剖面符号
金属材料（已有规定剖面符号者除外）		木质胶合板	
线圈绕组元件		基础周围的泥土	
转子、电枢、变压器和电抗器等的叠钢片		混凝土	
非金属材料（已有规定剖面符号者除外）		钢筋混凝土	
型砂、填砂、粉末冶金、砂轮、陶瓷刀片、硬质合金刀片等		砖	
玻璃及供观察用的其他透明材料		格网（筛网、过滤网等）	
木材	纵剖面	液体	
	横剖面		

在绘制剖面符号时,应注意以下两点:

(1) 同一金属零件的剖面线,应画成间隔相等、方向相同而且与水平成 45° 的平行线。

(2) 当图形中的主要轮廓线与水平成 45° 时,该图形的剖面线应画成与水平成 30° 或 60° 的平行线,其倾斜的方向仍与其他图形的剖面线一致。

3)剖视图的配置

剖视图应尽量配置在基本视图位置,如图 9.9 中的 B—B 所示。如果无法配置在基本视图位置,也可按投影关系配置在与剖切符号相对应的位置,如图 9.9 中的 A—A 所示,必要时允许配置在其他适当位置。

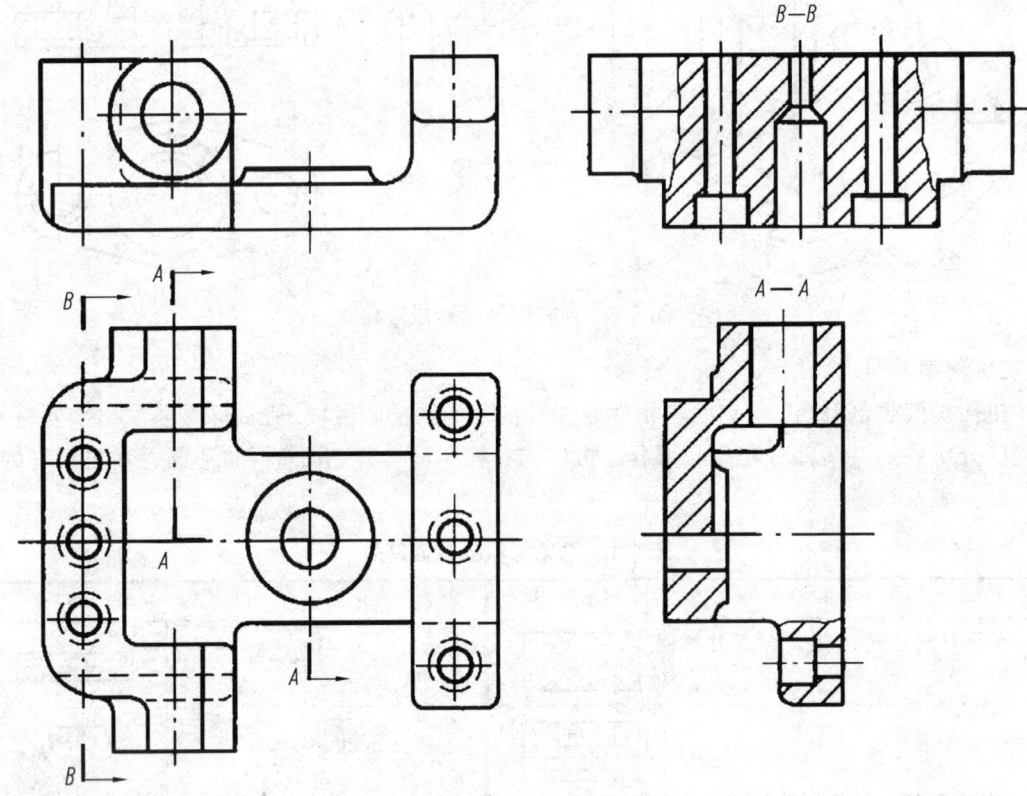

图 9.9 剖视图的配置

4)剖视图的标注

为避免造成看图错误,剖视图一般应进行标注,以指明剖切位置,指示视图间的投影关系。

如图 9.10 所示,剖视图标注的内容包括三个要素:

(1) 剖切线。是指示剖切面位置的线,用细点划线表示。剖切符号之间的剖切线可省略不画。

(2) 剖切符号。是指示剖切面起、迄和转折位置(用粗实线表示)及投射方向(用箭头表示)的符号。

(3) 字母。应注写在剖视图上方,用以表示剖视图名称的大写拉丁字母。为便于看图时的查找,应在剖切符号附近注写相同的字母。

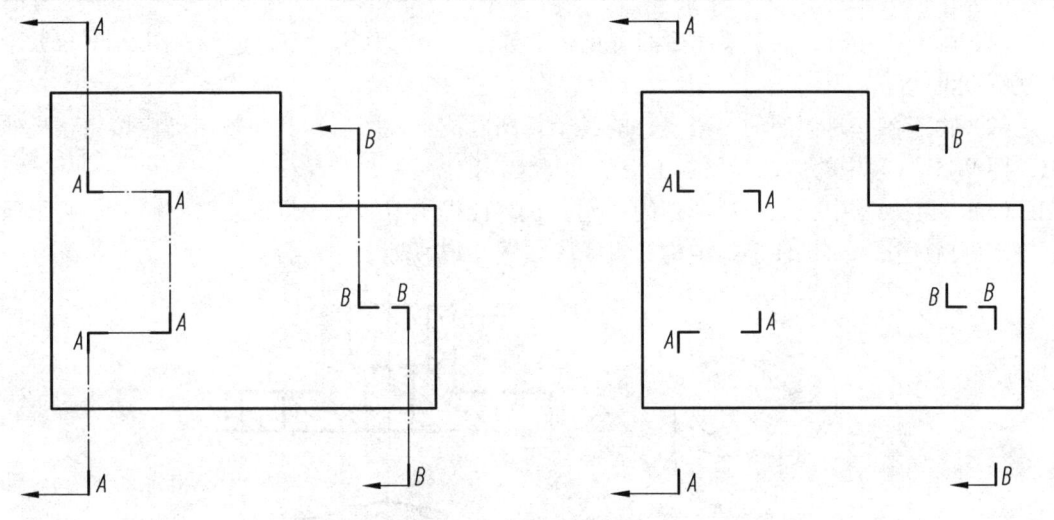

图 9.10 剖视图的标注

标注时，一般应在剖视图的上方标出剖视图的名称"$X—X$"，在相应的视图上用剖切符号表示剖切位置和投射方向，并标注相同的字母，如图 9.9 所示。当剖视图按投影关系配置，中间又无其他图形隔开时，可省略表示投射方向的箭头，如图 9.9 中 $A—A$ 的箭头是可以省略的；当单一剖切平面通过机件的对称或基本对称平面，且剖视按投影关系配置，中间又无图隔开时，可不必标注，如图 9.8（b）中的主视图。

5）剖视图的画法

首先，确定剖切面的位置。一般用平面作为剖切面（也可用柱面）。为了清楚地表达机件内部结构的真实形状，剖切平面通常平行于投影面，并且尽量通过机件的对称平面或内部孔、槽等结构的轴线，如图 9.8（a）所示。

接着，画剖视图。先画剖切平面与机件实体接触部分的投影，即剖面区域的轮廓线，然后再画出剖切区域之后的机件可见部分的投影，如图 9.8（b）中的主视图。

最后，在剖面区域内画出剖面线。

6）画剖视图应注意的问题

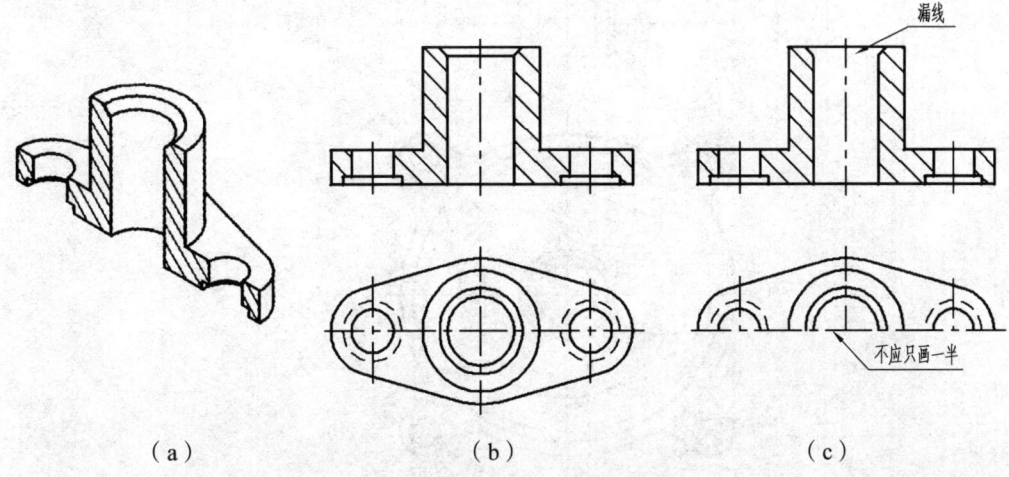

（a）　　　　　　　　（b）　　　　　　　　（c）

图 9.11　画剖视图时应注意的问题（一）

（1）画剖视图时，剖切平面后的可见轮廓线必须全部画出，不得遗漏，图9.11（c）中的主视图就漏线了。

（2）由于剖切是假想的，当机件的某个视图画成剖视图后，其他视图仍应按完整机件画出。图9.11（c）中的俯视图只画了一半，是错误的。

（3）凡剖视图中已经表达清楚的结构，在其他视图中的虚线可以省略不画。但必须保留那些不画就无法表达机件形状结构的虚线，如图9.12所示。

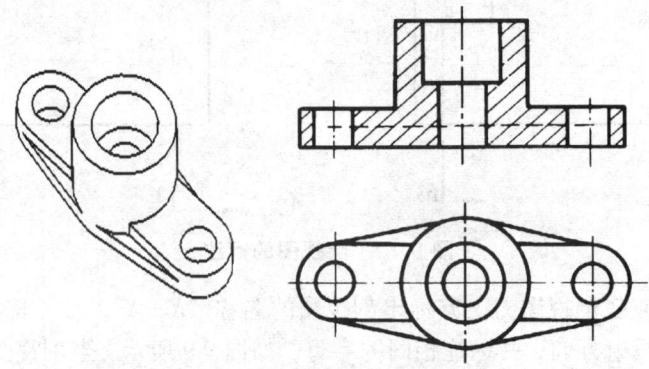

图9.12 画剖视图时应注意的问题（二）

2. 剖切面的分类

根据机件内部结构形状的特点和表达需要，国家标准规定了单一剖切面、几个平行的剖切面和几个相交的剖切面三种剖切面供绘图时选用。

1）单一剖切面

当机件的内部结构位于一个剖切面上时，可选用一个剖切面将机件整体或局部剖开来获得剖视图。单一剖切面可以是平行于基本投影面的平面，如图9.13（a）所示的主视图；也可以是垂直于某一基本投影面的平面，如图9.13（a）所示的A—A。

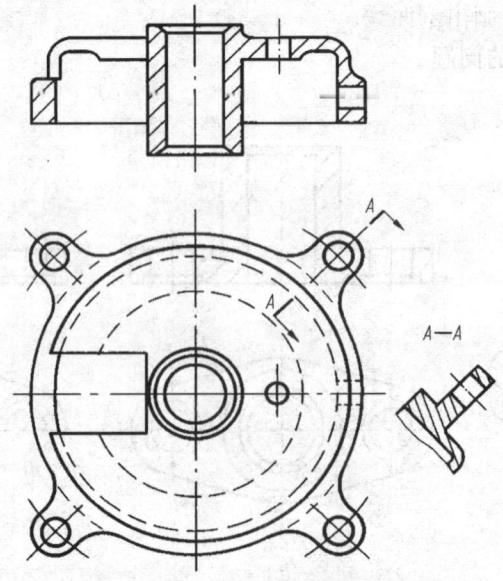

图9.13 单一剖切面获得的剖视图

2）几个平行的剖切面

当机件的内部结构位于几个平行平面上时，可采用几个平行的剖切平面来获得剖视图。如图 9.14 所示，机件上几个孔的轴线不在同一平面内，如果用一个剖切平面剖切，则不能将内部形状全部表达出来。为此，需要采用两个互相平行的剖切平面沿不同位置孔的轴线剖切，这样才可在一个剖视图上把几个孔的形状表达清楚。

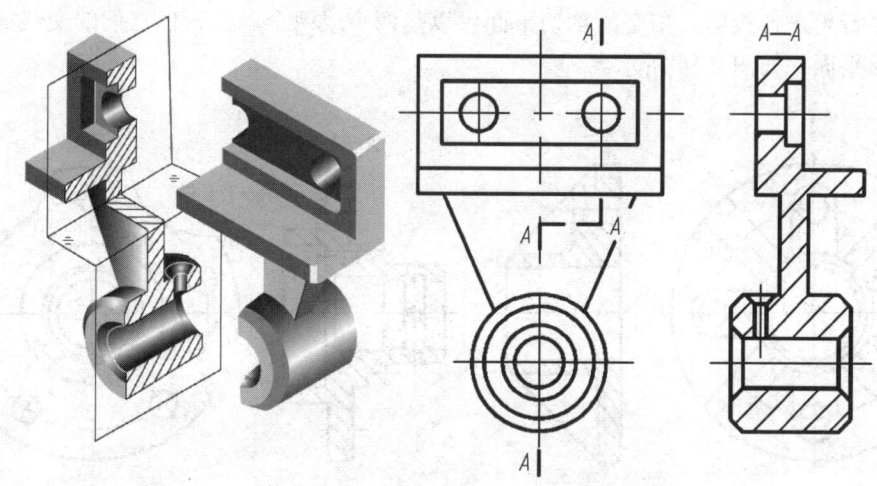

图 9.14　两个平行的剖切平面获得的剖视图

采用几个平行的剖切平面剖开机件所绘制的剖视图，规定要表示在同一图形上，所以不能在剖视图中画出各剖切平面的交线，如图 9.15（a）所示，图中画出了剖切平面的交线，是错误的。

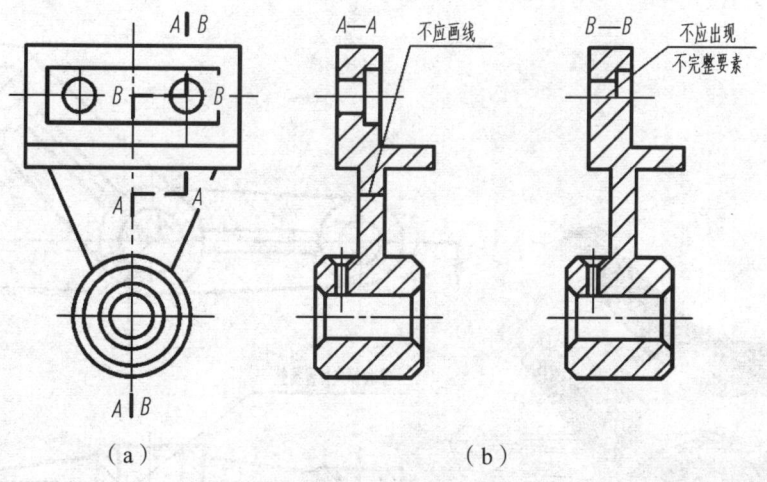

（a）　　　　　　　　　　　（b）

图 9.15　两个平行的剖切平面获得的剖视图注意事项

要正确选择剖切平面的位置，在图形内就不应出现不完整要素。当在图形内出现不完整要素时，应适当调配剖切平面的位置，如图 9.15（b）所示，图中出现了不完整要素，是错误的。

当机件上的两个要素在图形上具有公共对称中心线或轴线时，可以各画一半。此时应以对称中心线或轴线为界,如图9.9的 A—A 所示。

3）几个相交的剖切面

当机件的内部结构用单一剖切面不能表达清楚时,可用几个相交的剖切平面来获得剖视图。用几个相交的剖切平面获得的剖视图应旋转到一个投影平面上。采用这种方法画剖视图时,先假想按剖切位置剖开机件,然后将被剖切平面剖开的结构及其有关部分旋转到与选定的投影面平行再进行投射,相交的剖切平面可以是两个或两个以上,但它们的交线必须垂直于某一投影平面,如图9.16所示。

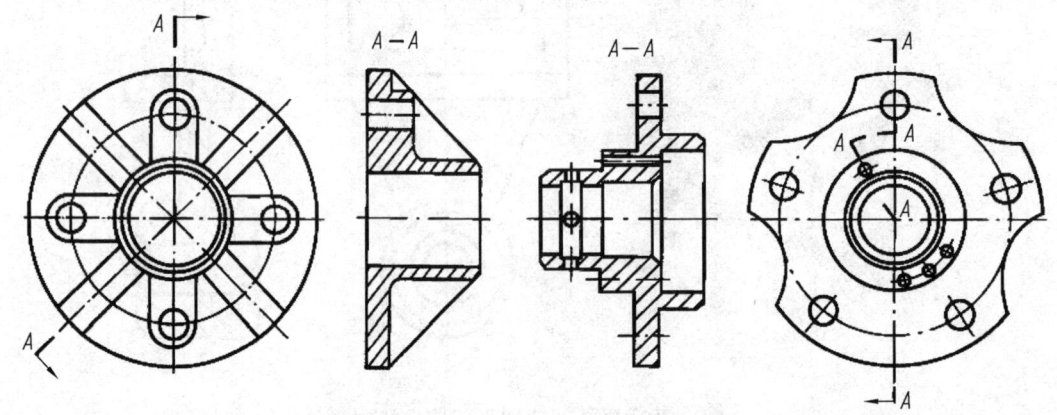

（a）两个剖切平面获得的剖视图　　　（b）三个剖切平面获得的剖视图

图 9.16　旋转绘制的剖视图

在剖切平面后的其他结构,一般仍按原来位置投射,如图9.17中的油孔。

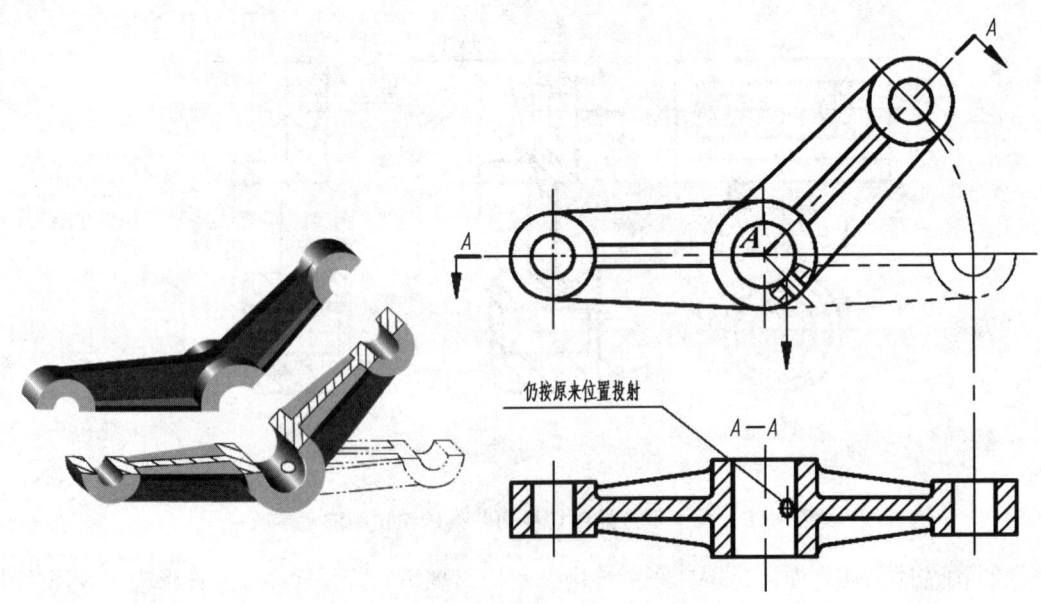

图 9.17　剖切平面后其他结构的处理

当剖切后产生不完整要素时,应将此部分按不剖绘制,如图9.18中的臂。

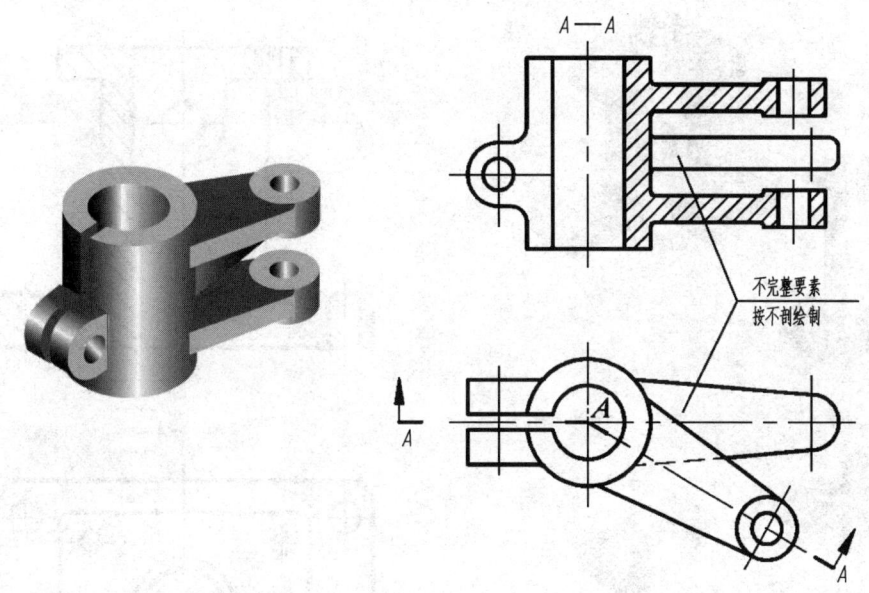

图 9.18　剖切产生的不完整要素的处理

3. 剖视图的种类及其应用

根据剖视图被剖切的范围，可将其分为全剖视图、半剖视图和局部剖视图三种。

1）全剖视图

用剖切面完全地剖开机件所得的剖视图称为全剖视图。如图 9.11～9.13 中的主视图均为全剖视图。全剖视图适用于表达外形比较简单，而内部结构形状比较复杂且不对称的机件。

同一机件可以假想进行多次剖切，画出多个剖视图，如图 9.9 所示。此时须注意，各剖视图的剖面线方向和间隔应完全一致。

在图 9.16（a）的左视图、图 9.17 的俯视图所表示的全剖视图中，由于剖切平面通过机件上的肋板，按国家标准规定，对于机件的肋、轮辐及薄壁等，如按纵向剖切，这些结构都不画剖面符号，而以粗实线将它们与其邻接部分分开，所以主视图中肋板的轮廓范围内不画剖面线。

2）半剖视图

当机件具有对称平面时，向垂直于对称平面的投影面上投射所得的图形，可以对称中心线为界，一半画成剖视图，另一半画成视图，这样的图形称为半剖视图。

半剖视图既表达了机件的内部形状，又保留了外部形状，所以常用于表达内、外形状都比较复杂的对称机件。如图 9.19 所示的支架，其主视图如果采用全剖视图，则使前面的凸台被剖切掉而无法表达出来，还需增加一个主视图，这样一个视图表达外形，一个剖视图表达内部结构，而两个图形的外形又重复了，因为支架的结构左右对称，所以它的主视图就可以采用半剖视图，这样一个图形就可以同时表达机件的内外结构了。

图 9.19 所示支架左右和前后结构都对称，因此其俯视图和左视图也都可画成半剖视图。半剖的左视图请读者自行绘制。

半剖视图中剖视部分的位置通常是：主视图中位于对称线右侧；俯视图中位于对称线下方；左视图中位于对称线右侧。

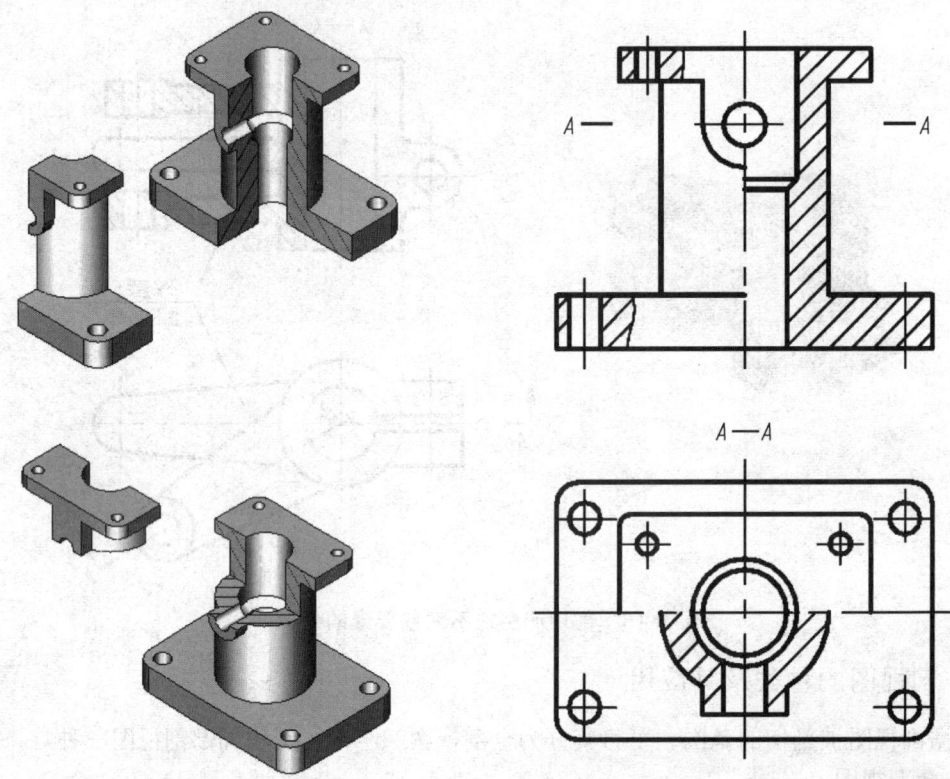

图 9.19 半剖视图

当机件的形状接近对称，且不对称部分已另有图形表达清楚时，也可画成半剖视图，如图 9.20 所示。

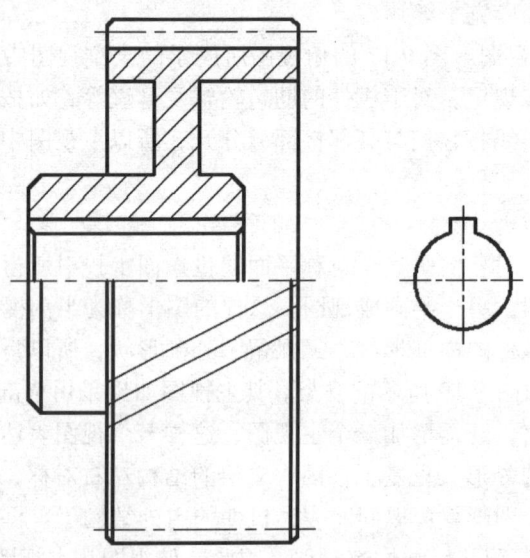

图 9.20 机件接近对称的半剖视图

必须注意，半个剖视图与半个视图的分界线应为细点划线，不得画成粗实线。机件内部形状已在半剖视图中表达清楚的，在另一半表达外形的视图中一般不再画出虚线。

看图时,以半个视图对称想象机件的外部形状,以半个剖视图对称想象机件的内部形状,综合在一起就将机件的内外结构看懂了。

3) 局部剖视图

用剖切面局部地剖切机件所得的剖视图称为局部剖视图。局部剖视图主要用于表达机件的局部内部形状结构或实心机件,如轴、杆、螺钉等上面的孔或槽等,以及对称机件的轮廓线与中心线重合,不宜采用半剖视图时等。局部剖视图的剖切位置和剖切范围可根据需要而定,是一种比较灵活的表达方法,如能运用得当,可使图形表达得简洁而清晰。

如图 9.21 所示的箱体,其顶部圆形凸台上有一孔,底板上有四个安装孔,箱体的前后、左右、上下都不对称。为了兼顾内外结构形状的表达,将主视图画成两个不同剖切位置的局部剖视图。在俯视图上,为了保留顶部的外形,也采用了局部剖视图。

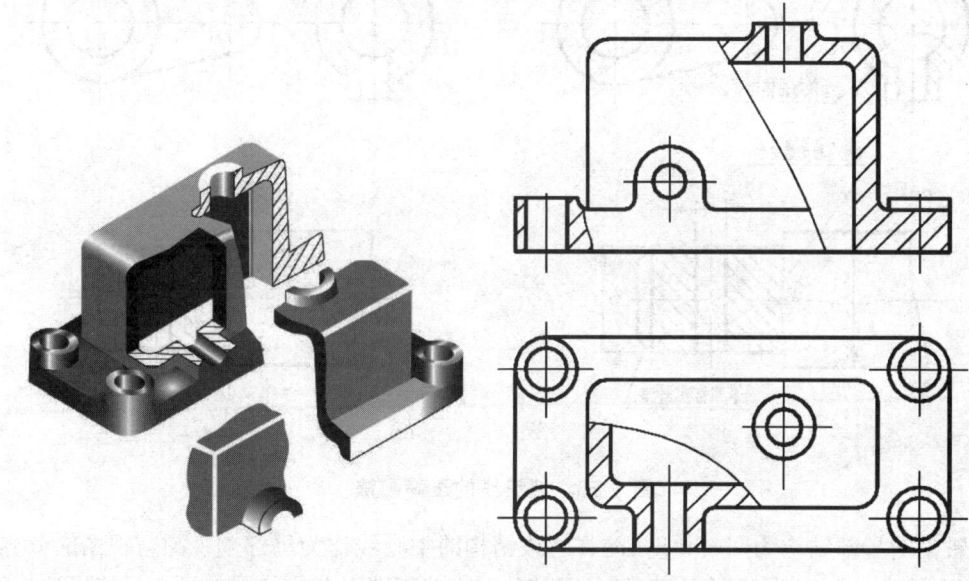

图 9.21 局部剖视图

在绘制局部剖视图时,有两种表示形式,一种是直接在原视图上表示,即用波浪线或中心线作为被剖部分和未剖部分的分界线,如图 9.21 所示;而另一种则是移出原视图表示,必要时,移出原视图的局部剖视图可旋转绘制,如图 9.13 中 A—A 所示。当单一剖切平面的剖切位置明确时,局部剖视图不必标注,如图 9.21 所示。

局部剖视图存在一个被剖部分与未剖部分的分界线,这是局部剖视图与全剖视图的主要区别。这个分界线可用波浪线表示,如图 9.22(a)所示;为了方便计算机绘图,也可采用双折线表示,如图 9.22(b)所示。

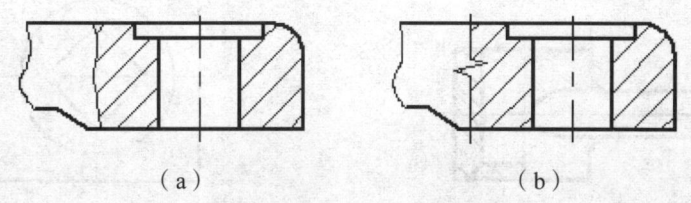

(a)　　　　　　　　(b)

图 9.22 局部剖视图中分界线的表示

波浪线应画在机件的实体上，不能超出实体的轮廓线，也不能画在机件的中空处，如图9.23（a）所示；波浪线不能画在轮廓线的延长线上，也不能用轮廓线代替或与图样上其他图线重合，如图9.23（b）所示。

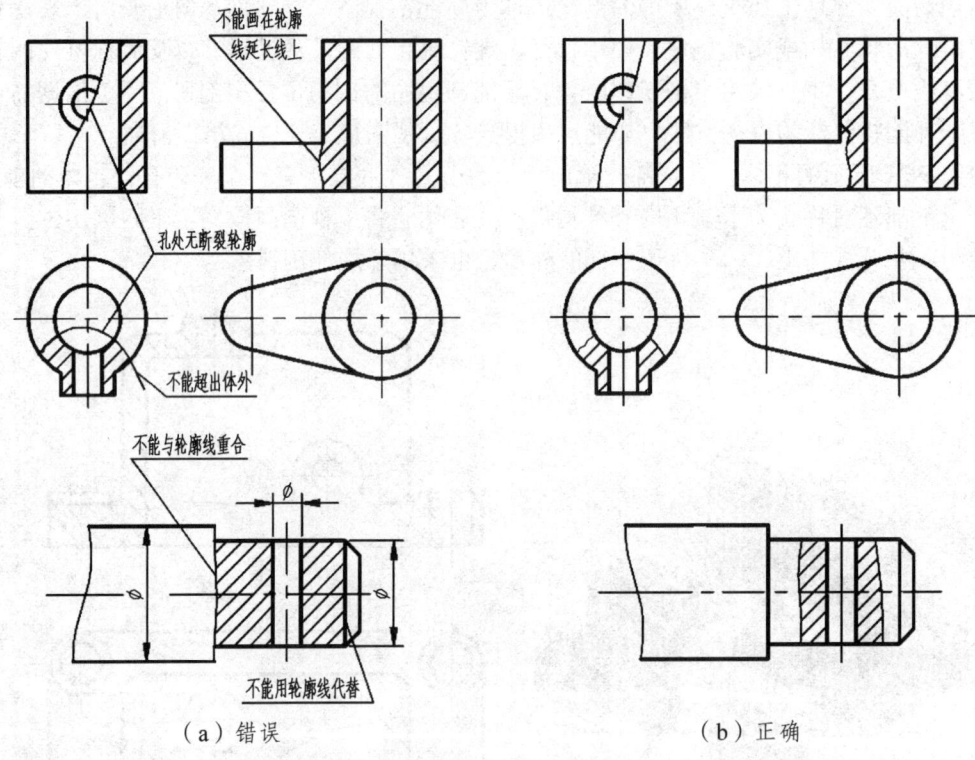

（a）错误　　　　　　　　　　　　　（b）正确

图 9.23　波浪线的正确画法

当被剖的局部结构为回转体时，允许将该结构的中心线作为局部剖视图与视图的分界线，如图9.24所示；当被剖的局部结构不是回转体时，就不能以其中心线为界，只能以波浪线作为分界线，如图9.25所示。

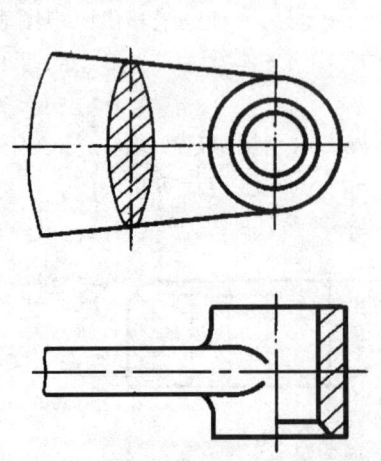 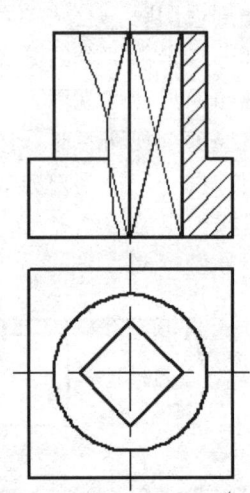

图 9.24　被剖切结构为回转体的局部剖视图　　图 9.25　被剖切结构不是回转体的局部剖视图

9.2 知识运用

9.2.1 泵体的形体与结构分析

1. 形体分析

如图 9.26 所示,泵体是前后对称的零件,由底板、支撑体、腔体、圆管、凸缘和凸台六部分组成。

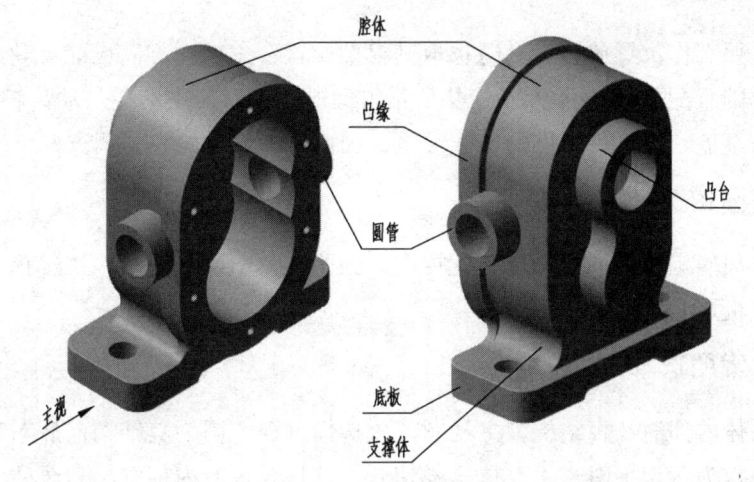

图 9.26 泵体的形体分析

底板位于泵体最下方,为四角倒圆的长方体,在其下方左右贯通切下去一个长方体,然后前后对称切去两个圆柱。

腔体是泵体的主体,为一个薄壁的形体,外形为长圆形柱体(两端是半圆柱,中部是与两端半圆柱相切的长方体),在其中间切去三个圆柱体。

凸缘位于腔体的右方,形状与腔体一致,只是壁厚大于腔体,其上分布六个盲孔。

支撑体用于联接底板和腔体及凸缘,其前后和底板、腔体、凸缘用圆弧相切联接在一起,其左面和腔体左面平齐,其右面和底板右面平齐。

圆管为空心圆柱体,和腔体在上下和左右对称位置前后相贯。

凸台位于腔体左方,为 8 字形柱体,其上切出一个通孔和一个盲孔。

2. 结构分析

从结构上分析,泵体具有包容、支承、安装、密封和管道等结构。

泵体内要放置两个齿轮,因此它具有一个包容部分,由腔体和凸缘中间切去的孔形成。

为使泵体内的两个齿轮相互啮合,并旋转,就必须要有支承的部分,由凸台和支撑体形成。

为使泵体及其内部装配的各零件组成的装配体工作,必须将其固定,因此泵体上还需有安装部分,由底板组成。

为使泵体内的零件能够在设定的环境中工作，通常会用端盖将泵体封闭，因此泵体上还有密封结构，由凸缘上的盲孔组成。

泵体内除了安装有不同零件外，还要有工作介质，因此泵体上还要有由圆管组成的管道结构用于联接。

9.2.2 泵体的表达方案选择

1. 主视图的选择

零件一般按照工作位置放置，有时也取其自然位置。主视图方向应能反映零件支承部分上装的主要零件的装配关系。图 9.26 箭头所指方向既可以看清主动与从动齿轮的装配关系，还能看清泵体与泵盖、螺栓等零件的装配关系，因此选为泵体的主视图方向。

2. 其他视图的选择

主视图的方向确定后，还要选择其他视图。为了看清凸缘与凸台应该选择左视图和右视图；为了看清底板还应增加仰视图。

3. 表达方案的选择

为了看清泵体内部的包容结构，主视图应该选择剖视，因为其结构前后对称，所以选择其前后对称平面作为剖切平面，将泵体全部切开，这样泵体的内部结构和泵体的各组成形体之间的相对位置基本就表达清楚了。

左视图主要表达泵体各组成形体的外部形状及其联接关系，因此选择视图的表达方法。

右视图主要表达泵体内部空腔的形状和凸缘的形状及其联接孔的分布情况，因此表达方法应以视图为主。为了看清管道的内部结构，对其采用了局部剖视图的表达方法。为了避免和左视图外形重复，右视图采用了局部视图的表达方法。

为了既表达清楚泵体底板上安装孔的位置及底板开槽的结构，又避免其他已表达清楚的结构重复表达，仰视图采用局部视图的表达方法。

通过以上分析，泵体的表达方案如图 9.27 所示。

4. 表达方案的比较

应该说，表达方案不一定有唯一的方案。只要把零件表达得正确、完整、清晰和简练即可。因此，选择表达方案时，要比较，也就是从几个方面进行比较，在比较中，选择一个较优的表达方案。如图 9.28 所示，只取泵体自然位置，这也是泵体一个比较好的表达方案。

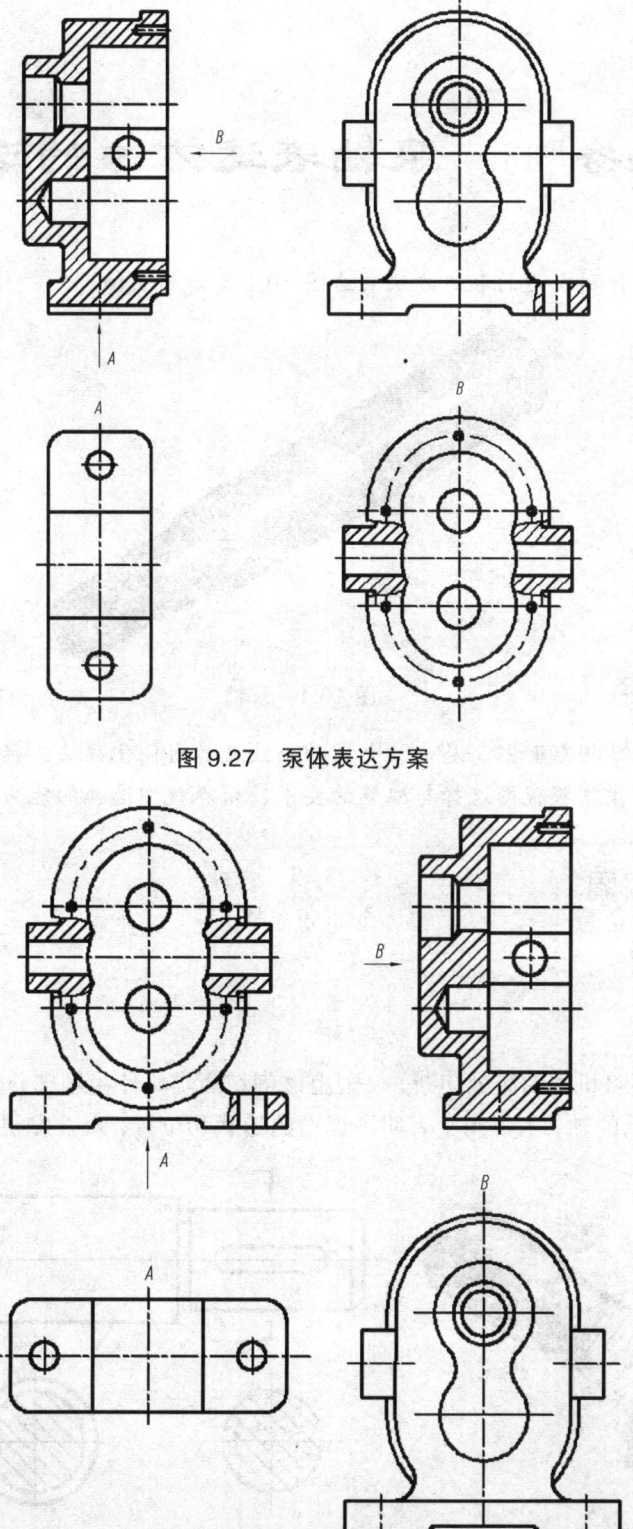

图 9.27　泵体表达方案

图 9.28　泵体表达方案比较

任务 10 泵轴表达方法的选择

【任务要求】 使用合适的表达方法表达图 10.1 所示的泵轴。

图 10.1 泵轴

【任务目标】 掌握断面图、局部放大图的画法及各种简化画法；熟悉零件的各种机械加工工艺结构；进一步掌握视图选择与配置的要求，培养视图选择的能力。

10.1 知识积累

10.1.1 断面图

1. 基本概念

假想用剖切面将机件的某处切断，仅画出该剖切面与机件接触部分的图形，称为断面图。如图 10.2 所示的轴，主视图上表明了键槽的形状和位置，若在左视图中用虚线表示键槽

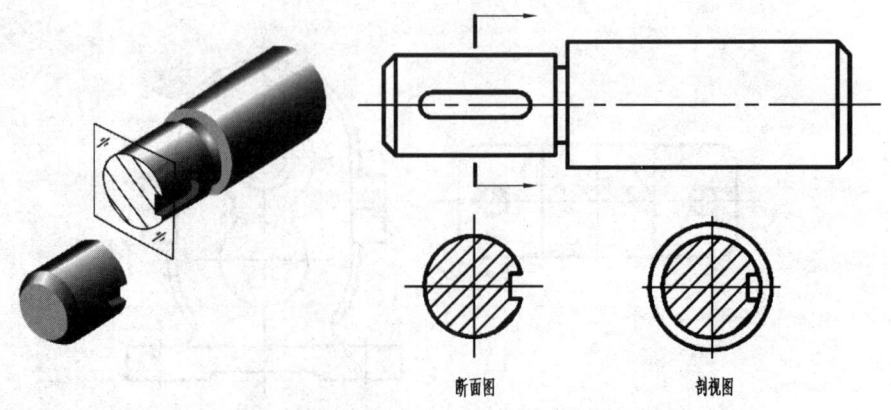

图 10.2 断面图的形成及其与剖视图的区别

的深度,则图形很不清楚。为了得到具有键槽的这段轴的断面的清晰形状,假想在键槽处用一个垂直于轴线的剖切平面将轴切断,画出断面图来表达就比绘制其剖视图表达得更加简洁清楚。

断面图与剖视图的区别在于:断面图仅画被剖切后断面的形状,而剖视图除画出断面的形状外,还要画出位于剖切平面后的形状。

2. 断面图的种类

断面图分移出断面图和重合断面图两种,如图10.3所示。

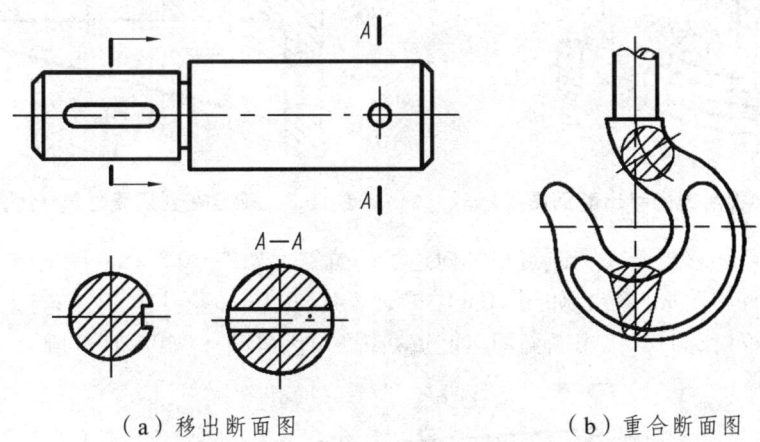

图 10.3 断面图的种类

1)移出断面图

如图 10.3(a)所示,画在视图外的断面图,称为移出断面图。移出断面图的轮廓线用粗实线绘制。

由两个或多个相交的剖切平面剖切机件所得到的移出断面图一般应断开绘制,如图 10.4 所示。

当剖切平面通过回转面形成的孔或凹坑的轴线时,这些结构应按剖视绘制,如图 10.5 所示。

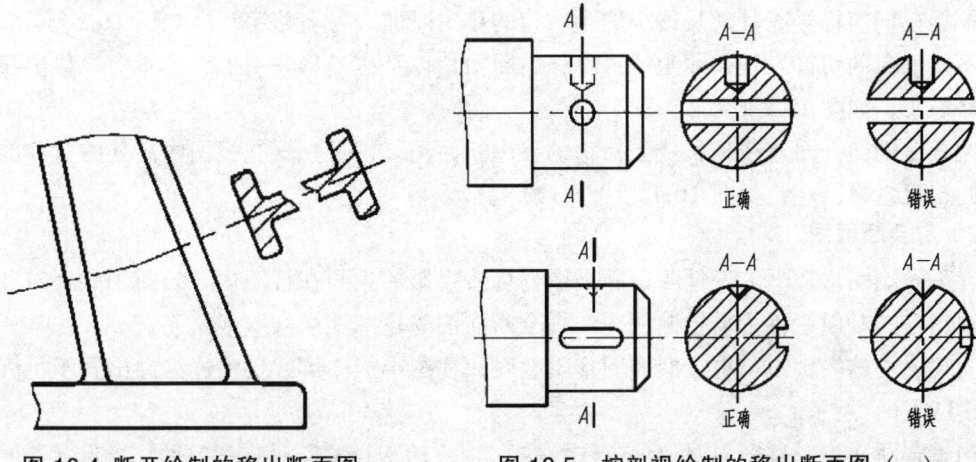

图 10.4 断开绘制的移出断面图　　图 10.5 按剖视绘制的移出断面图(一)

当剖切平面通过非圆孔或槽，会导致出现完全分开的两个断面时，则这些结构应按剖视绘制，如图 10.6 所示。

移出断面图应尽量配置在剖切符号或剖切平面迹线的延长线上。剖切平面迹线是剖切平面与投影面的交线，用细点划线表示，如图 10.7 所示。

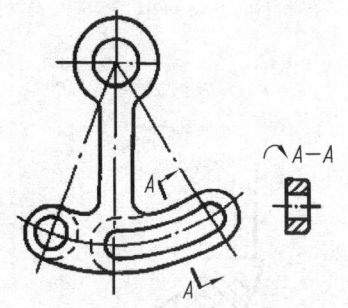
图 10.6 按剖视绘制的移出断面图（二）

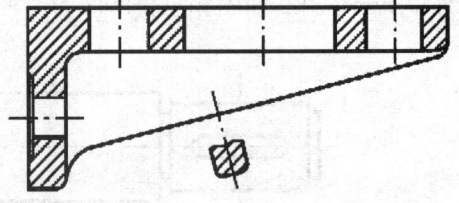
图 10.7 配置在剖切线延长线上的移出断面图

必要时也可将移出断面图配置在其他适当的位置，如图 10.3（a）中的 $A—A$。在不致引起误解时，允许将图形旋转，如图 10.6 中的 $A—A$。

当断面图形对称时，移出断面图可配置在视图的中断处，如图 10.8 所示。

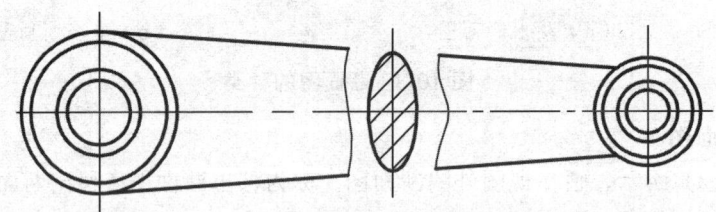
图 10.8 配置在视图中断处的移出断面图

移出断面图一般应用剖切符号表示剖切位置，用箭头表示投影方向并注上字母，在断面图的上方用同样的字母标出相应的名称"×—×"，如图 10.3（a）中的 $A—A$。

配置在剖切符号或其延长线上的不对称的移出断面，可省略字母，如图 10.2 所示。

不配置在剖切符号延长线上的对称移出断面，以及按投影关系配置的不对称移出断面，可省略箭头，如图 10.5 所示。

配置在剖切平面迹线延长线上对称的移出断面图，以及配置在视图中断处的对称的移出断面图，可省略标注，如图 10.4、10.7、10.8 所示。

2）重合断面图

在不影响图形清晰的条件下，断面图也可按投影关系画在视图内。如图 10.9（a）所示，画在视图内的断面图称为重合断面图。重合断面图的轮廓线用细实线绘制。

当视图中的轮廓线与重合断面图形重叠时，视图中的轮廓线仍需连续画出，不可间断，如图 10.9（b）所示。

当重合断面为对称图形时，可省略标注，如图 10.9（a）所示支架的肋；当重合断面为不对称图形时，不必标注字母，但仍要标注剖切符号和箭头，如图 10.9（b）所示。

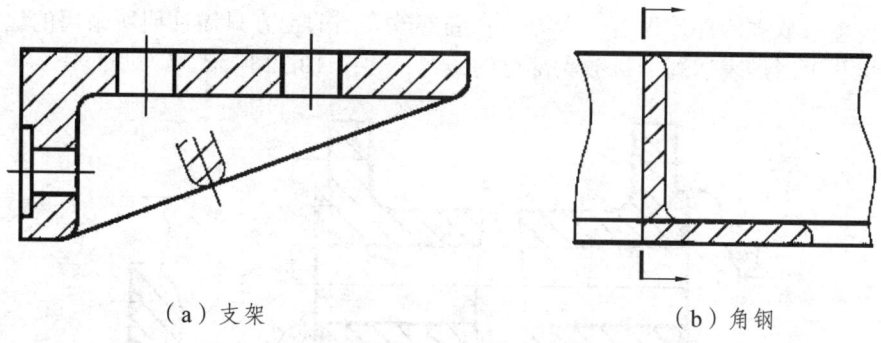

图 10.9 重合断面图

10.1.2 其他表达方法

为使制图简便、看图清晰，除了前面所介绍的表达方法外，还可以采用局部放大图、规定画法和简化画法表示机件。

1. 局部放大图

如图 10.10 所示，当机件上某些细小结构用原图比例表达不清楚或不便于标注尺寸时，可将这些结构用大于原图形所采用的比例单独画出。这种将机件的部分结构用大于原图形所采用的比例画出的图形，称为局部放大图。局部放大图可画成视图、剖视图和断面图，它与被放大部分的表达方法无关。若局部放大图为剖视图或断面图时，其剖面符号的间距不可放大，仍与原图一致。

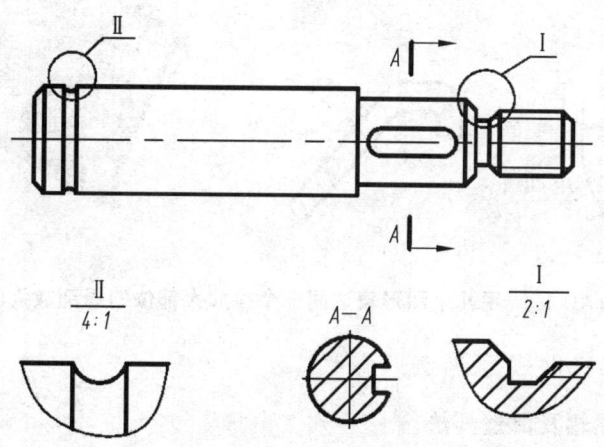

图 10.10 局部放大图

局部放大图应尽量配置在被放大部位的附近，并应用细实线圈出被放大的部位，如图 10.10 所示。

当同一机件上有几个被放大的部位时，必须用大写罗马数字依次标明被放大的部位，并在局部放大图的上方标出相应的罗马数字和所采用的比例，如图 10.10 所示。

对于同一机件上不同部位的放大图，当图形相同或对称时，只需画出一个，如图 10.11 所示。

当机件上被放大的部位仅有一个时，在局部放大图的上方只需注明所采用的比例即可。必要时可用几个图形表达同一被放大部位的结构，如图10.12所示。

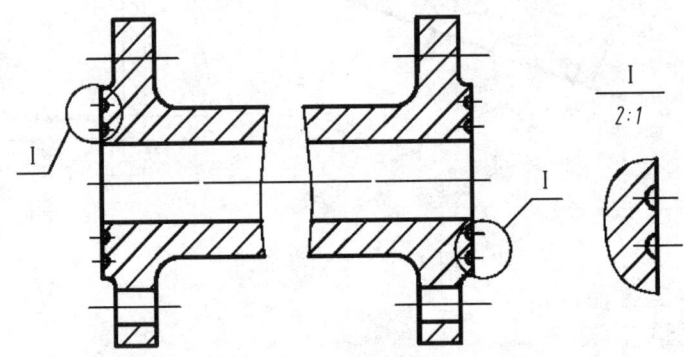

图10.11 被放大部位图形相同的局部放大图

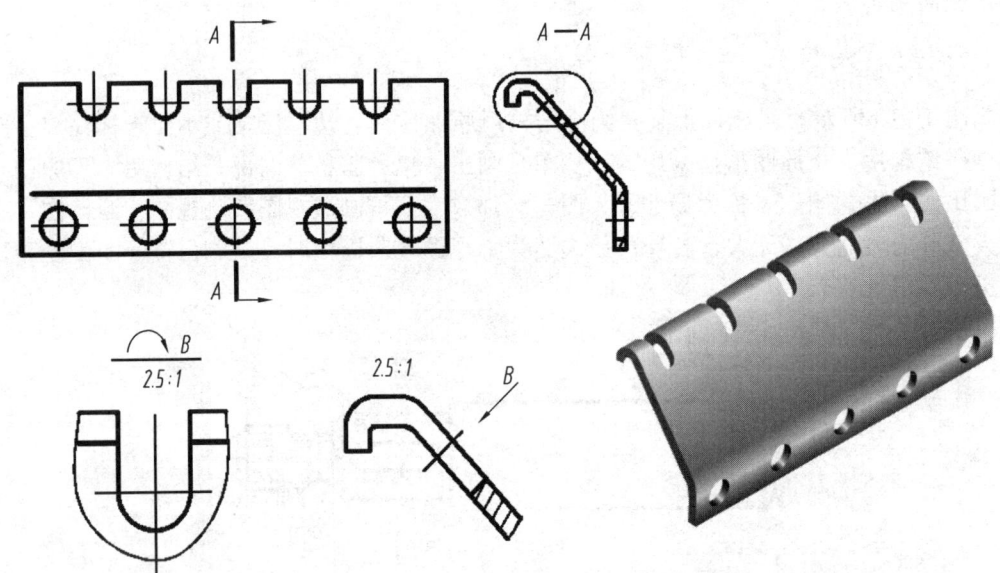

图10.12 用几个图形表达同一个被放大部位的局部放大图

2. 简化画法和其他规定画法

1）机件的肋、轮辐及薄壁画法

对于机件的肋、轮辐及薄壁，如按纵向剖切，这些结构都不画剖面符号，而用粗实线将它与其邻接部分分开。当机件回转体上均匀分布的肋、轮辐、孔等结构不处于剖切平面上时，可将这些结构旋转到剖切平面上画出，如图10.13所示。

2）相同结构的画法

当机件上有按规律分布的相同结构要素（如齿、槽、孔等）时，允许只画出其中一个或几个完整结构，其余的可用细实线连接或仅画出它们的中心位置，如图10.14所示。

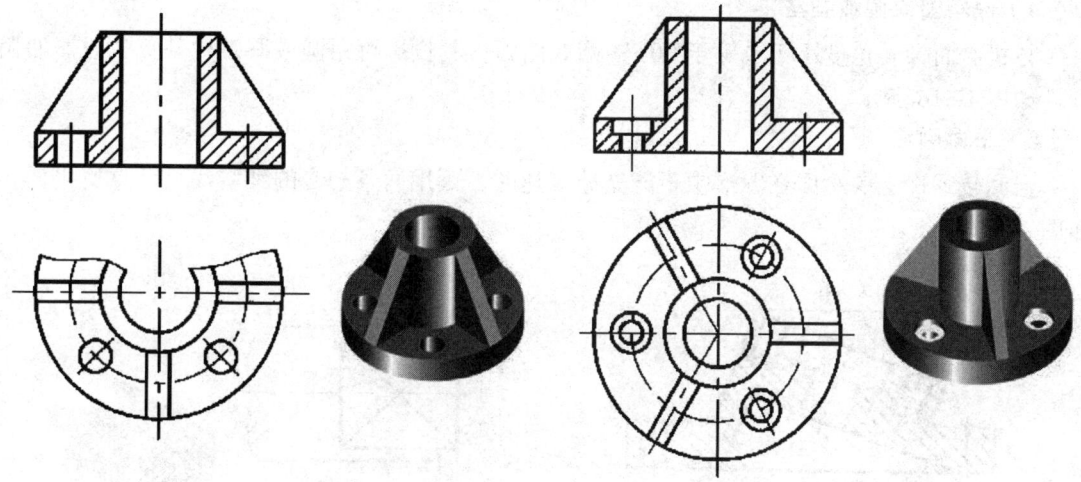

图 10.13　机件上肋、轮辐及薄壁的简化画法

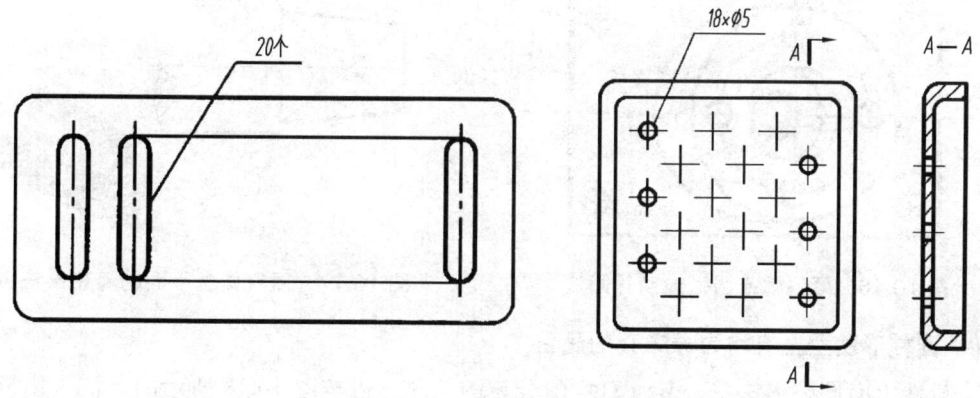

图 10.14　相同结构的简化画法

3）对称机件的画法

在不致引起误解时，对称机件的视图可只画一半或 1/4，并在对称中心线的两端画出两条与其垂直的平行细线，如图 10.15 所示。

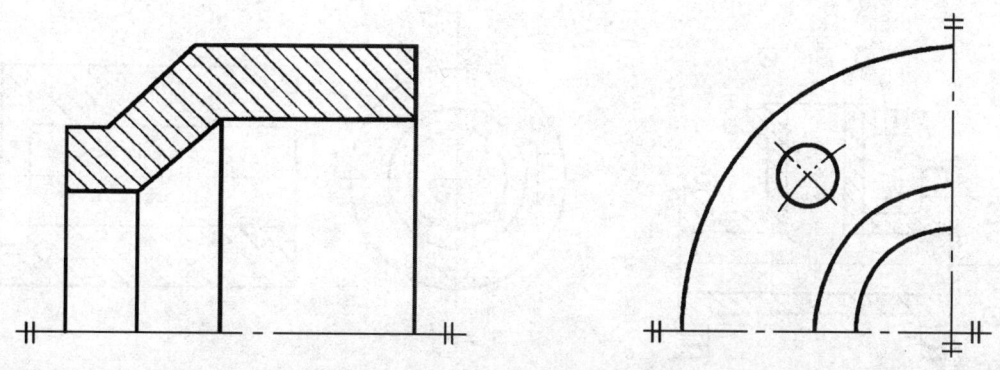

图 10.15　对称机件的简化画法

4）倾斜圆或圆弧画法

与投影面倾斜角度小于或等于30°的圆或圆弧，其投影可用圆或圆弧代替真实投影的椭圆，如图10.16所示。

5）平面画法

当回转零件上的平面在图形中不能充分表达时，可用两条相交的细实线表示这些平面，如图10.17所示。

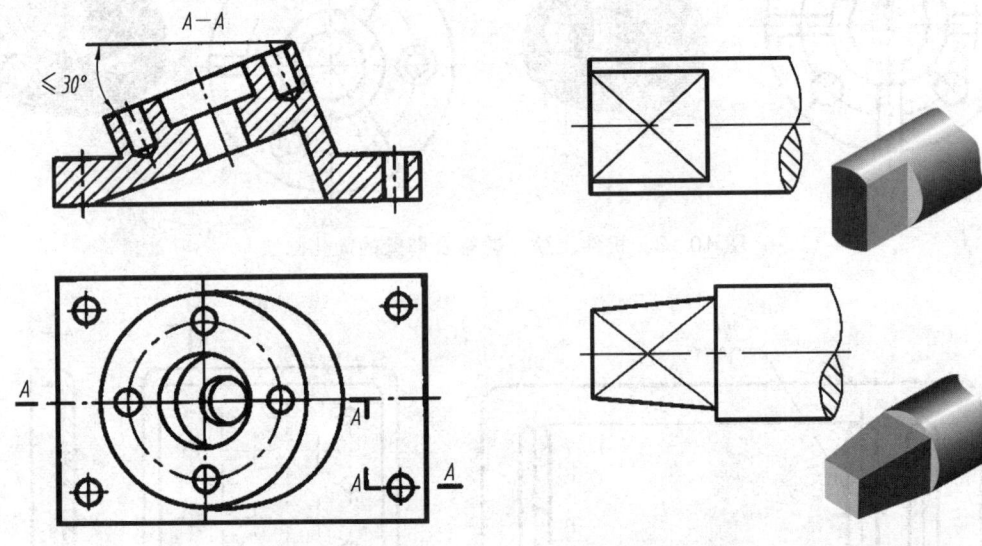

图10.16 倾斜圆或圆弧的简化画法　　　图10.17 回转体上平面的简化画法

6）圆柱形法兰上有均匀分布孔的画法

当机件上有圆柱形法兰，其上有均匀分布的孔时，可按图10.18所示的方法（由机件外向该法兰端面方向投影）表示。

7）剖切平面前面结构的画法

当需要表示位于剖切平面之前的结构时，可将其按假想投影的轮廓线即双点划线画出，如图10.19所示。

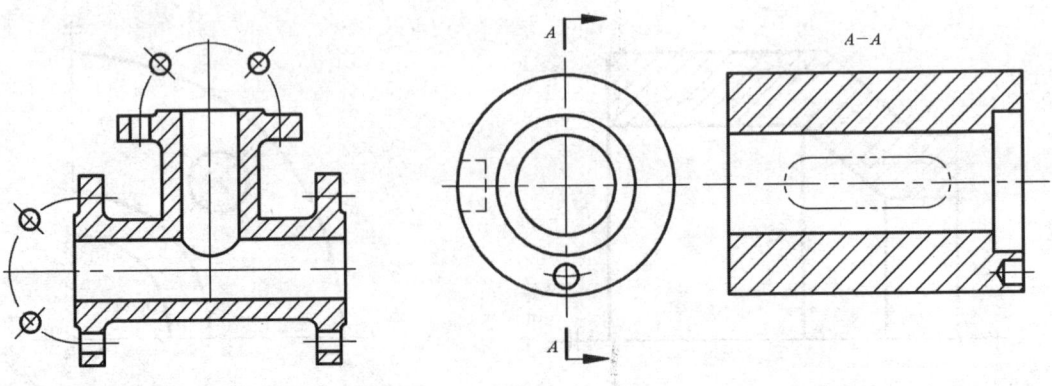

图10.18 圆柱形法兰上均布孔的画法　　　图10.19 剖切平面前面结构的画法

8）机件上对称结构的局部视图的画法

机件上对称结构的局部视图，如键槽、方孔等可按图10.20所示方法表示。

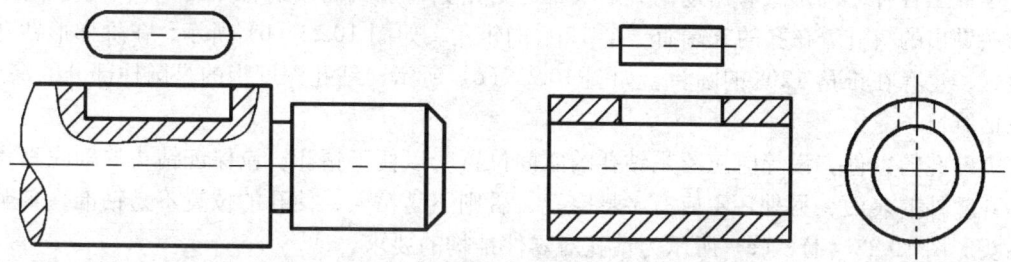

图10.20　机件上对称结构的局部视图的画法

9）较长件画法

较长的机件（如轴、杆、型材或连杆等）沿长度方向的形状一致或按一定规律变化时，允许断开后缩短绘制，但标注尺寸时仍标注其实际尺寸，如图10.21所示。

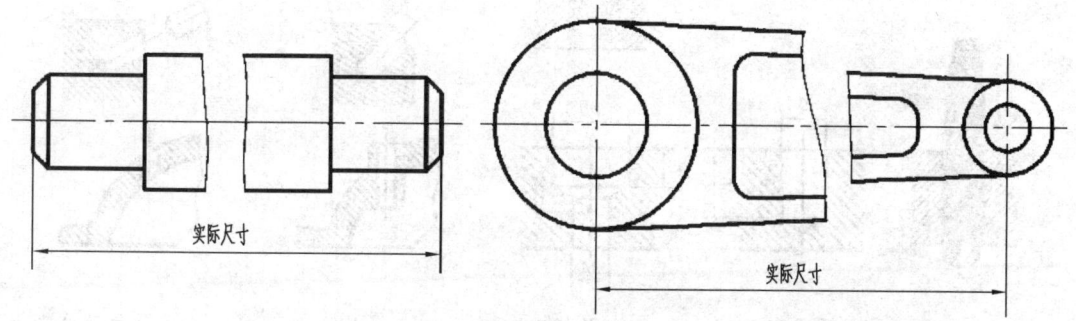

图10.21　较长机件的简化画法

10.1.3　机械加工工艺结构

在确定零件的结构形状时需要考虑零件是否便于加工制造和装配，通常把零件上为满足加工制造、装配和测量等工艺而设计的结构称为零件的工艺结构。

1. 倒角和倒圆

为了去除零件的毛刺、锐边、便于装配、保护装配面和防止划伤人手，一般在轴或孔的端部加工成倒角，如图10.22（a）～（d）所示；为了避免因应力集中而产生裂纹，轴肩处往往加工成圆角的过渡形式，称为倒圆，如图10.22（e）所示。

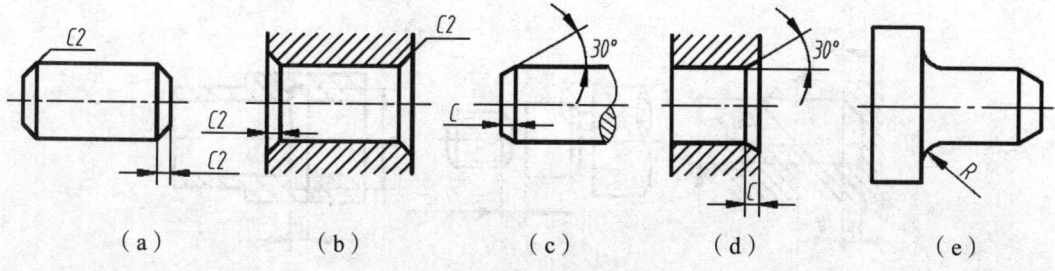

（a）　　　　（b）　　　　（c）　　　　（d）　　　　（e）

图10.22　倒角和倒圆

2. 钻孔结构

零件上各种不同形式和用途的孔,大部分是用钻头加工而成的,如图 10.23(a)所示。用钻头钻出的盲孔,在孔的末端有一个 120°的锥角,如图 10.23(b)所示;在阶梯形钻孔的过渡处,也存在锥角 120°的圆台,如图 10.23(c)所示。钻孔深度指的是圆柱部分的深度,不包括锥坑。

需钻孔的零件,设计时应留足钻孔的空间位置,以便于钻孔;应保证钻头的轴线垂直于被钻孔零件的表面;另外还不应有半悬空孔,否则不易钻入,使孔的位置不易钻准,甚至折断钻头。图 10.23(d)、(e)所示为钻孔对零件结构的要求。

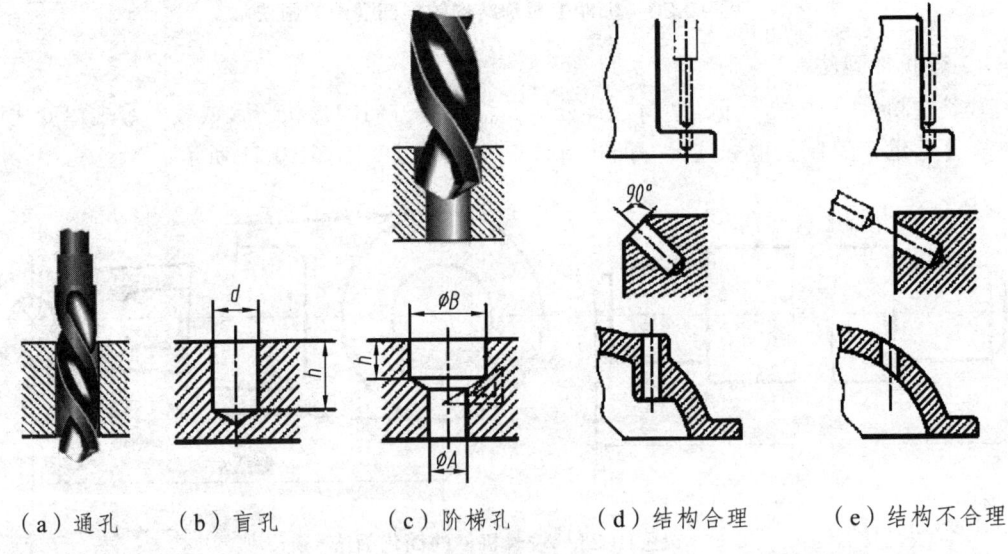

(a)通孔　　(b)盲孔　　(c)阶梯孔　　(d)结构合理　　(e)结构不合理

图 10.23　钻孔结构

3. 退刀槽和砂轮越程槽

在切削加工中,特别是在车螺纹和磨削时,为了便于退出刀具以及在装配时与相邻零件保证靠紧,常在零件的待加工面的台肩处预先加工出退刀槽或砂轮越程槽,如图 10.24 所示。

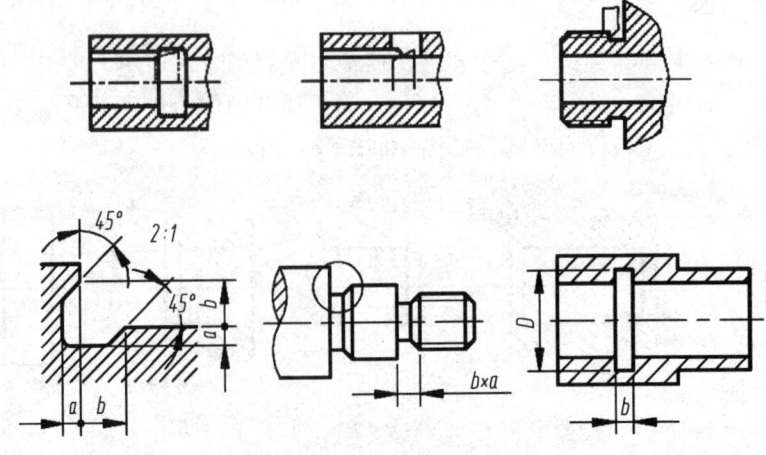

图 10.24　退刀槽和砂轮越程槽

4. 凸台和凹坑

零件上与其他零件的接触面，一般都需要加工。为了减少加工面积，并保证零件表面之间有良好的接触，常常在铸件上设计出凸台、凹坑。图 10.25（a）、(b) 所示是螺栓联接的支承面，做成凸台或凹坑的形式；图 10.25（d）、(e) 所示是为了减少加工面积，做成凹槽的结构；而图 10.25（c）、(f) 所示则是不合理的结构。

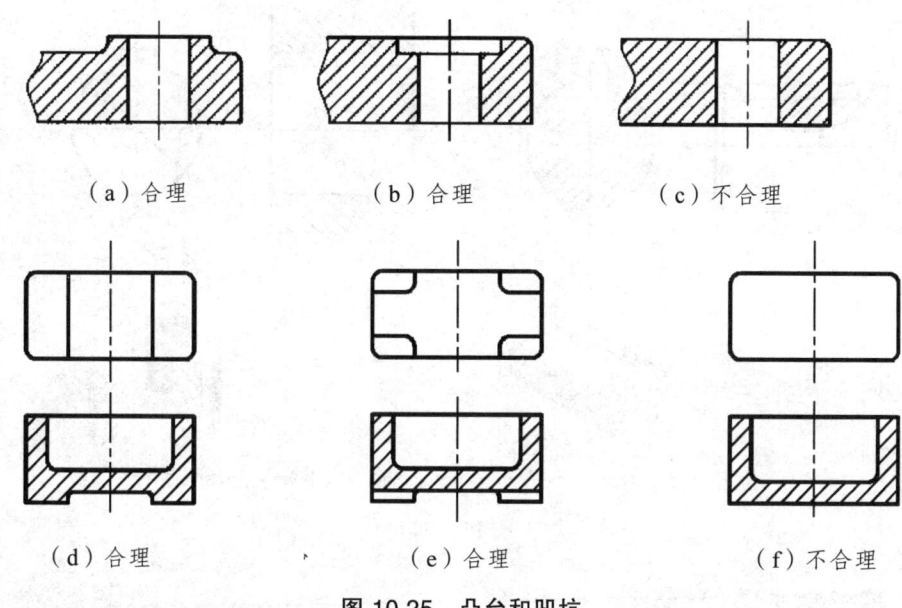

图 10.25 凸台和凹坑

5. 螺纹

两零件常用螺纹联接在一起，螺纹的画法如图 10.26 所示。

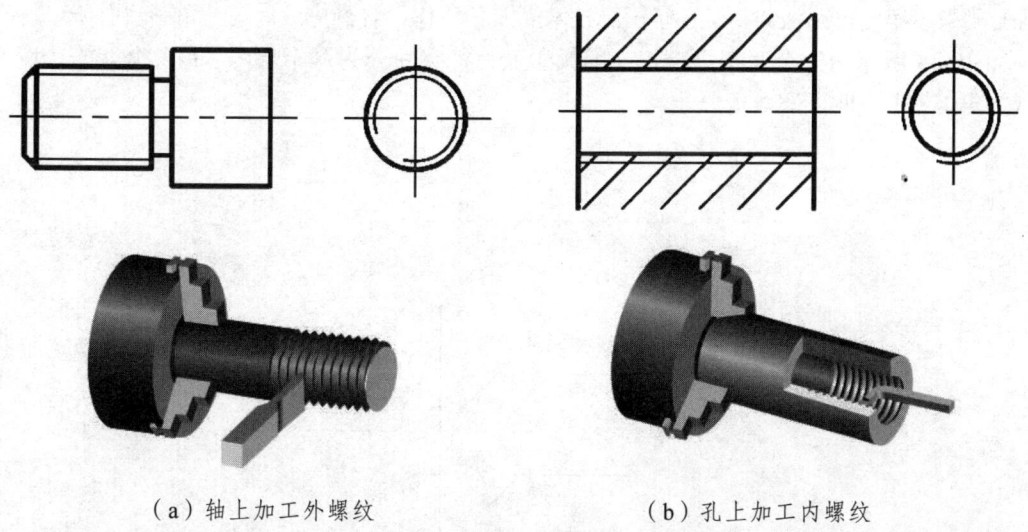

（a）轴上加工外螺纹　　　　　（b）孔上加工内螺纹

图 10.26 螺纹

6. 键槽

轴和轮类零件常带有键槽，通过键可以传递动力和运动。键槽的画法如图 10.27 所示。键槽的宽度 b、轴上的槽深 t 和轮毂上的槽深 t_1 可根据轴的直径 d 查表确定，键的长度 L 应小于或等于轮毂的长度 B。

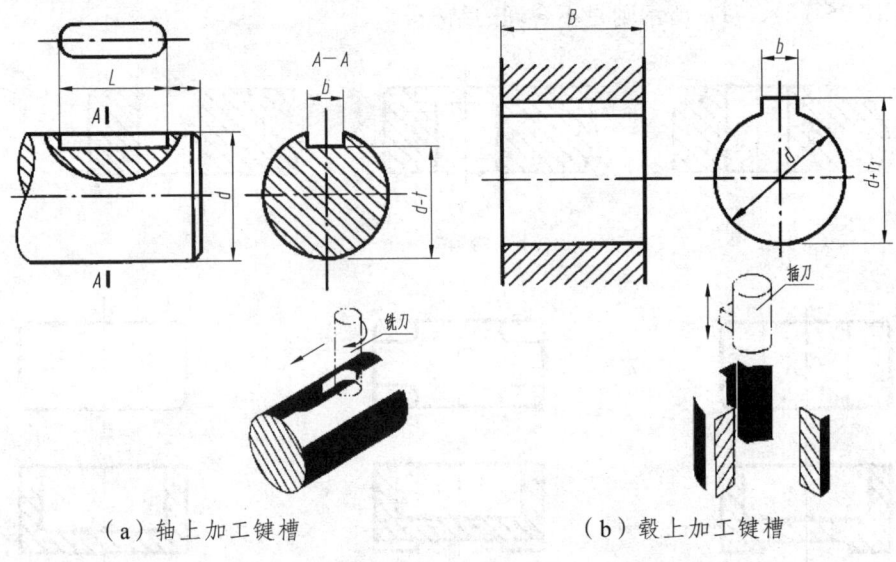

（a）轴上加工键槽　　　　（b）毂上加工键槽

图 10.27　键槽

10.1.4　第三角画法简介

我国国家标准《技术制图》规定："技术图样应采用正投影法绘制，并优先采用第一角画法。必要时（如按合同规定等）允许使用第三角画法。"

世界上多数国家（如中、俄、德、英、法等）都是采用第一角画法，但有些国家（如美、日、加等）则采用第三角画法。为了便于国际技术交流和协作，我们应该对第三角画法有所了解。

图 10.28 所示为三个互相垂直相交的投影面，将空间分为八个部分，每部分为一个分角，依次为第Ⅰ、Ⅱ、Ⅲ、…、Ⅷ分角。

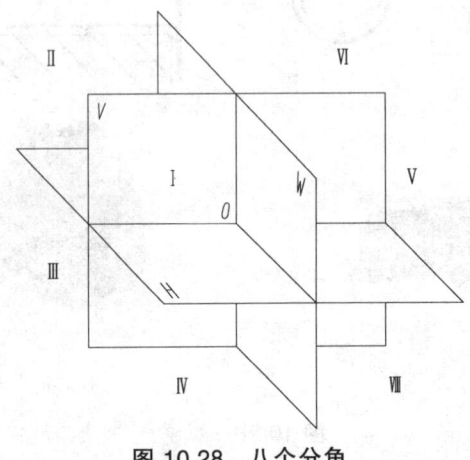

图 10.28　八个分角

第一角画法是将物体放在第Ⅰ分角内（H 面之上、V 面之前、W 面之左），使物体处于观察者与投影面之间，即保持"视线—物体—投影面"的位置关系，然后用正投影法获得视图的方法。

第三角画法是将物体放在第Ⅲ分角内（H 面之下、V 面之后、W 面之左），使物体处于"视线—投影面—物体"的位置关系（假想投影面是透明的），然后用正投影法获得视图的方法。第三角画法投影面展开后的六个基本视图的名称及其配置如图 10.29 所示。

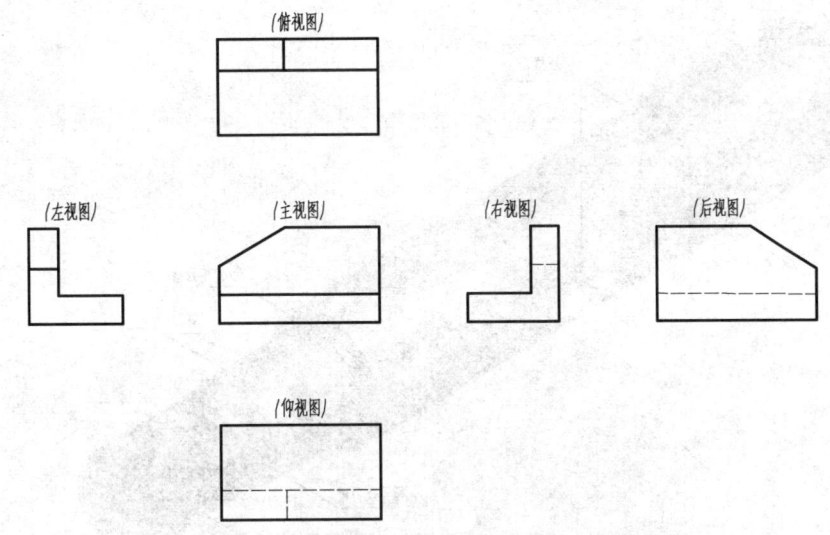

图 10.29　第三角画法 6 个基本视图的名称及配置

第一角画法和第三角画法的标识符号如图 10.30 所示。标识符号一般画在图样的标题栏内或其附近，当采用第一角画法时，可省略标识符号。

（a）第一角　　　　　　　　　　　　　（b）第三角

图 10.30　第一角与第三角的识别符号

10.2　知识运用

10.2.1　泵轴的形体与结构分析

1. 形体分析

图 10.1 所示泵轴是由左、中、右三段不同直径和长度的圆柱体同轴叠加在一起，然后切去三个圆柱体、一个两端倒圆的长方体形成的。

2. 结构分析

从结构上分析，泵轴具有支承和联接等结构，如图 10.31 所示。

泵轴的左端轴颈主要用于支撑轴及其上安装的齿轮等零件，为一段较长、最粗的圆柱体，为了其上安装各零件的定位，有错开 90° 的两个圆柱销孔。

为使轴旋转与传动齿轮孔联接进行动力传递，中间的轴颈上加工出键槽。

为将齿轮与轴沿轴向压紧，轴的右端加工有螺纹。为使螺纹联接不松脱，其上加工有开口销孔。

为了装配方便及轴向定位，泵轴上还有砂轮越程槽、螺纹退刀槽及倒角等工艺结构。

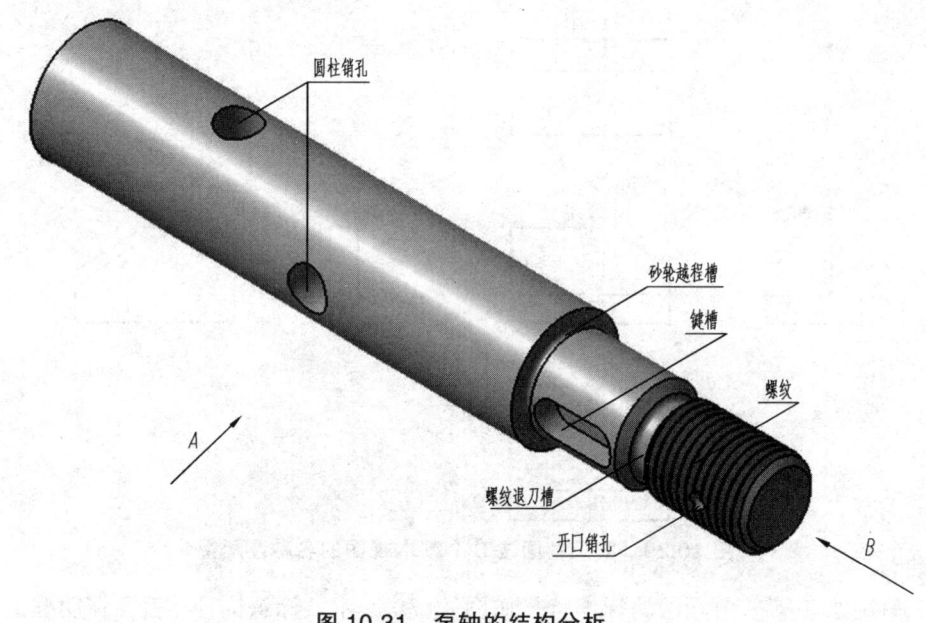

图 10.31　泵轴的结构分析

10.2.2　泵轴表达方案选择

1. 主视图的选择

主视图的投射方向应该能够反映出零件的形状特征。反映零件的形状特征是指在该零件的主视图上应该较清楚和较多地表达出该零件的结构形状，以及各结构形状之间的相互位置关系。图 10.31 中箭头 A 所指的投影方向，能较多地反映出零件的结构形状，而箭头 B 所指的投影方向，反映出的零件结构形状较少。

零件在制造过程中，特别是在机械加工时，要把它固定和夹紧在一定位置上进行加工。在选择主视图时，应该尽量与零件的加工位置一致。因此泵轴主视图的位置应该按加工位置画出，即将泵轴的轴线水平放置。

2. 其他视图的选择

主视图的方向和位置确定后，还要选择其他视图。由于泵轴基本上是回转体，因此如果加上一系列直径尺寸，一个基本视图就能表达它的主要形状。

3. 表达方案的选择

为了清晰地表达轴上的销孔、键槽，可采用移出断面图。对轴上最左端的销孔，在主视图上做局部剖视即可。这样，既表达了它们的形状，也便于以后标注尺寸。对于轴上的砂轮越程槽和螺纹退刀槽等局部细小结构，采用局部放大图来表达。

通过以上分析，泵轴的表达方案如图 10.32 所示。

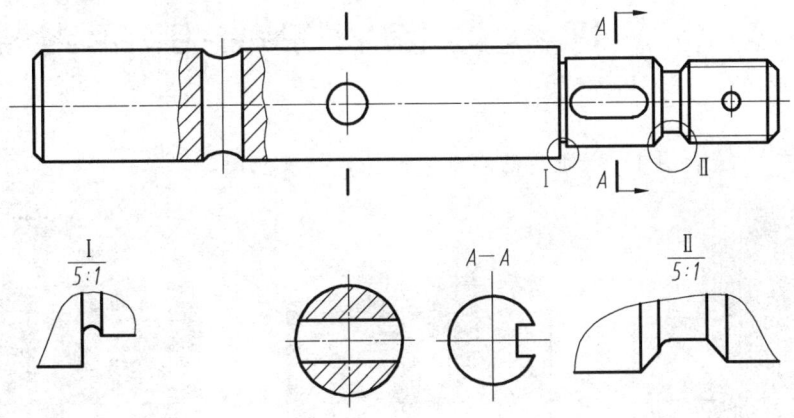

图 10.32　泵轴的表达方案

10.2.3　选择表达方案的方法步骤

1. 对零件进行分析

为了正确、清晰地选择表达方案，首先要对零件进行形体分析，再进行结构分析（包括零件的装配位置及功用），最后进行工艺分析。

2. 选择主视图

在上述分析的基础上，确定主视图。选择时，在确定主视图的投影方向后，根据零件的特点，应该尽量符合工作位置或加工位置。

3. 确定视图数量和选择表达方法

在主视图确定后，根据零件的外部结构形状与内部结构形状的复杂程度和零件的结构形状特点来确定视图数量和选择表达方法。在选择时，要处理好以下三个问题：

1）内部与外部结构形状的表达问题

为了表达零件的内、外部结构形状，当零件的某一方向有对称平面时，可采用半剖视图表达；当无对称平面且外部结构形状简单时，可采用全剖视图表达；当零件无对称平面，而外部结构形状与内部结构形状都很复杂，且投影并不重叠时，可采用局部剖视；当投影重叠时，需分别表达。

2）集中与分散的表达问题

对于局部视图、斜视图和一些局部剖视图等分散表达的图形，若处于同一个方向时，可以适当地集中和结合起来，优先采用基本视图。当在一个方向仅有一部分结构没有表达清楚时，可采用一个分散图形表达，这样更加清晰和简便。

3）是否用虚线表达的问题

在一般情况下，为了便于看图和标注尺寸，不用虚线表达。如果零件上的某部分结构的大小已经确定，仅形状没有表达完全，且不会造成看图困难时，可用虚线表达。

任务 11　螺纹紧固件联接图的绘制

【任务要求】　绘制图 11.11 所示的螺纹紧固件联接装配图。

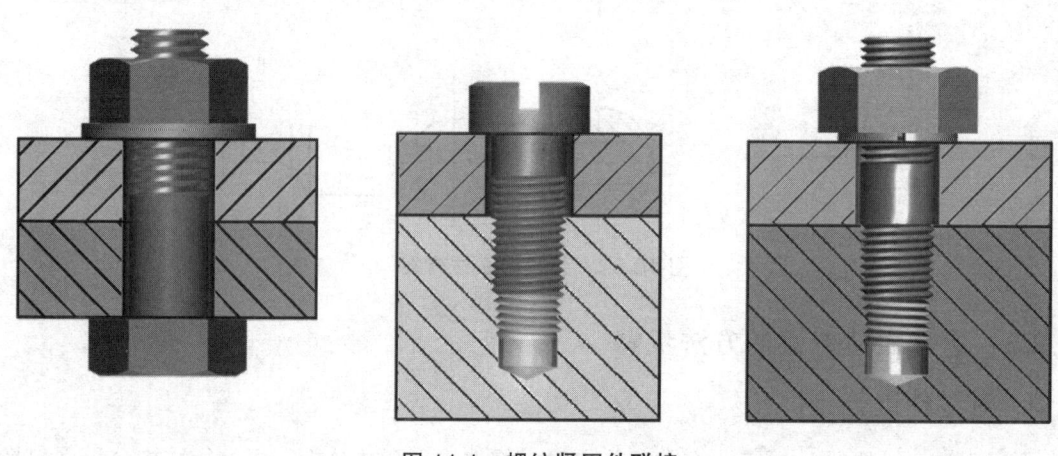

图 11.1　螺纹紧固件联接

【任务目标】　掌握螺纹的规定画法和标注方法；掌握常用螺纹紧固件的近似画法和装配画法，培养查阅标准的能力。

11.1　知识积累

在机器或部件的安装、装配中，广泛使用螺纹紧固件或其他联接件紧固与联接。这些大量使用的机件通常由专门工厂成批或大量生产。为满足互换性的要求，可将其结构和尺寸全部实行标准化，这些零件称为标准件，如螺栓、螺母、螺钉、垫圈、键、销等；还可将零件的结构和参数实行部分标准化，称为常用件，如齿轮和蜗轮、蜗杆及弹簧等；还可将标准化的零件装配成部件，组成标准部件，如轴承等。

为便于绘图和读图，对标准和常用机件的形状和结构，不必按其真实投影绘制，而是按照国家标准规定的画法、代号和标记方法进行绘图和标注。至于它们的详细结构和尺寸，可以根据标准件的代号和标记，查阅相应的国家标准或机械零件手册得出。

11.1.1　螺纹

1. 螺纹的形成

螺纹是在圆柱或圆锥表面上，沿着螺旋线所形成的具有规定牙型的连续凸起和沟槽。在圆柱或圆锥外表面上形成的螺纹称为外螺纹，在圆柱或圆锥内表面上形成的螺纹称为内螺纹。

形成螺纹的加工方法很多，图 11.2（a）所示为在车床上车削螺纹。图 11.2（b）和（c）

为内螺纹的加工顺序和一种加工方法。

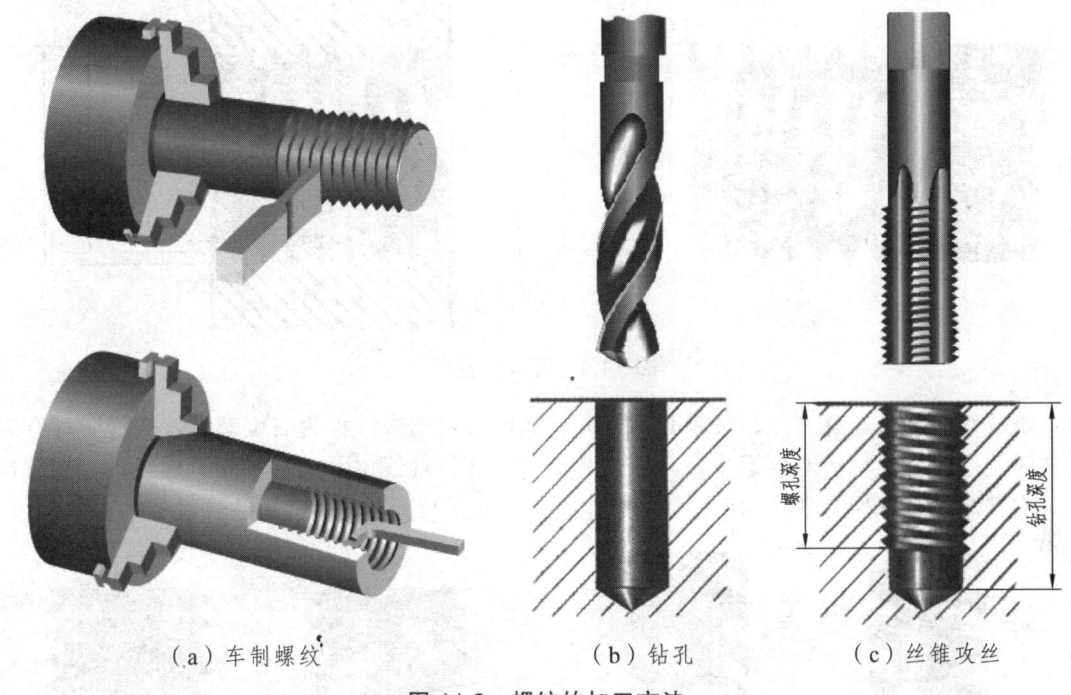

(a) 车制螺纹　　　(b) 钻孔　　　(c) 丝锥攻丝

图 11.2　螺纹的加工方法

2. 螺纹的要素

螺纹的牙型、直径、线数、螺距、旋向等称为螺纹的要素，内外螺纹配对使用时，上述要素必须一致。

沿螺纹轴线剖切时，螺纹牙齿轮廓的剖面形状称为牙型，如图 11.3 所示，螺纹的牙型有三角形、梯形、锯齿形等。不同的螺纹牙型，有不同的用途。

(a) 三角形　　　(b) 梯形　　　(c) 锯齿形

图 11.3　断面图的种类

与外螺纹牙顶或内螺纹牙底相重合的假想圆柱面的直径称为大径（内、外螺纹分别用 D、d 表示），也称为螺纹的公称直径；与外螺纹牙底或内螺纹牙顶相重合的假想圆柱面的直径称为小径（内、外螺纹分别用 D_1、d_1 表示）；在大径与小径之间，其母线通过牙型沟槽宽度和凸起宽度相等的假想圆柱面的直径称为中径（内、外螺纹分别用 D_2、d_2 表示），如图 11.4 所示。

螺纹有单线和多线之分，沿一条螺旋线形成的螺纹为单线螺纹；沿轴向等距分布的两条或两条以上的螺旋线所形成的螺纹为多线螺纹，如图 11.5 所示。线数用 n 表示。

如图 11.5 所示，相邻两牙在中径线上对应两点之间的轴向距离称为螺距，用 P 表示。同一螺旋线上相邻两牙在中径线上对应两点之间的轴向距离称为导程，用 P_h 表示。导程与螺距的关系为：$P_h = P \times n$。

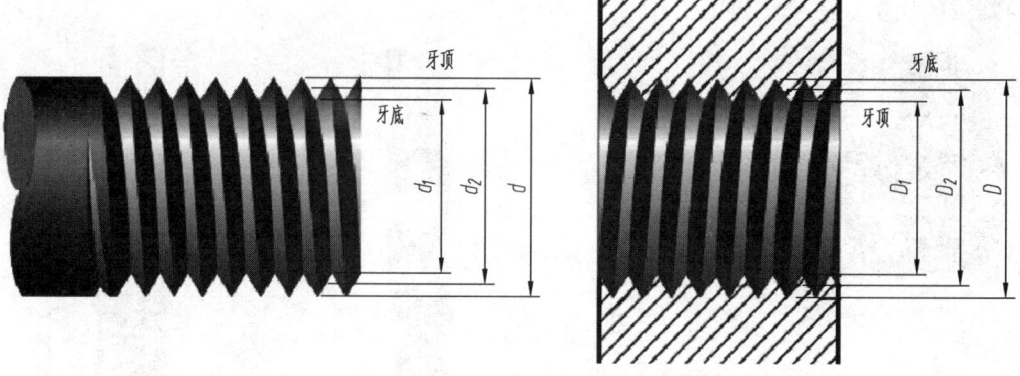

图 11.4　螺纹的直径

螺纹有右旋和左旋之分，按顺时针方向旋转时旋进的螺纹称为右旋螺纹，按逆时针方向旋转时旋进的螺纹称为左旋螺纹。判别的方法是将螺杆轴线铅垂放置，面对螺纹，若螺纹自左向右升起，则为右旋螺纹，反之则为左旋螺纹，如图 11.6 所示。常用的螺纹多为右旋螺纹。

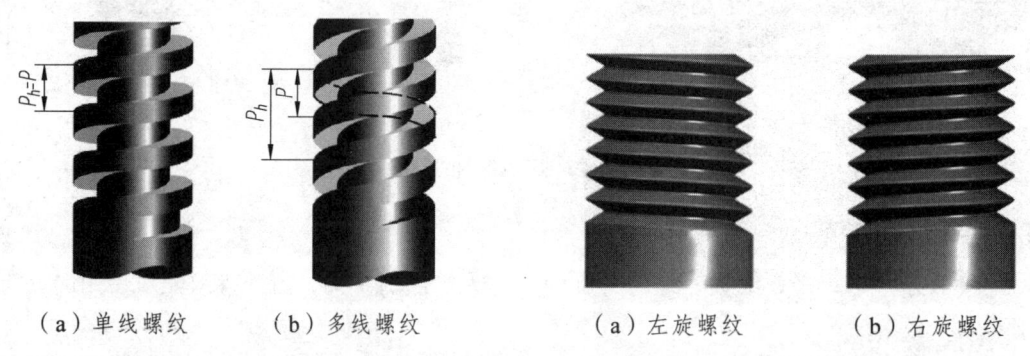

（a）单线螺纹　　　（b）多线螺纹　　　　　　（a）左旋螺纹　　　（b）右旋螺纹

图 11.5　螺纹的线数、导程和螺距　　　　图 11.6　螺纹的旋向

在螺纹诸要素中，牙型、大径和螺距是决定螺纹结构规格最基本的要素，称为螺纹三要素。凡螺纹三要素符合国家标准的，称为标准螺纹。而牙型符合标准、直径或螺距不符合标准的，称为特殊螺纹；牙型不符合标准的，称为非标准螺纹。

3. 螺纹的结构

为了便于装配和防止螺纹起始圈损坏，常在螺纹的起始处加工成一定的形式，如倒角、倒圆等，如图 11.7 所示。

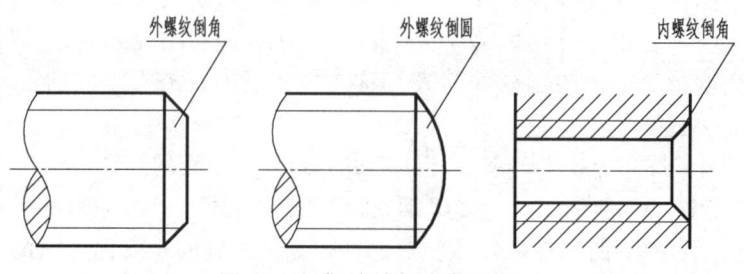

图 11.7　螺纹的倒角与倒圆

车削螺纹时，刀具接近螺纹末尾处要逐渐离开工件，因此螺纹收尾部分的牙型是不完整的，螺纹的这一段牙型不完整的收尾部分称为螺尾，如图 11.8（a）所示。为了避免产生螺尾，可以预先在螺纹末尾处加工出退刀槽，然后再车削螺纹，如图 11.8（b）所示。

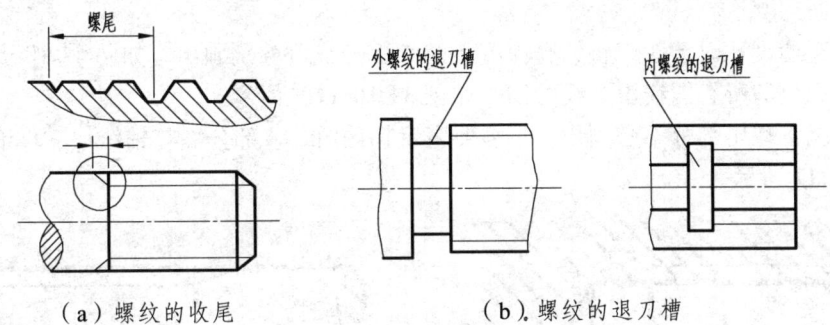

（a）螺纹的收尾　　　　　　　　　（b）螺纹的退刀槽

图 11.8　螺纹的收尾与退刀槽

4. 螺纹的规定画法

国家标准《机械制图》GB/T 4459.1-1995 规定了螺纹和螺纹紧固件的画法。

1）单个螺纹的画法

螺纹牙顶圆的投影用粗实线表示；牙底圆的投影用细实线表示，并画入螺杆的倒角或倒圆部分；有效螺纹的终止界线（简称螺纹终止线）用粗实线表示，如图 11.9 和图 11.10（a）主视图所示。

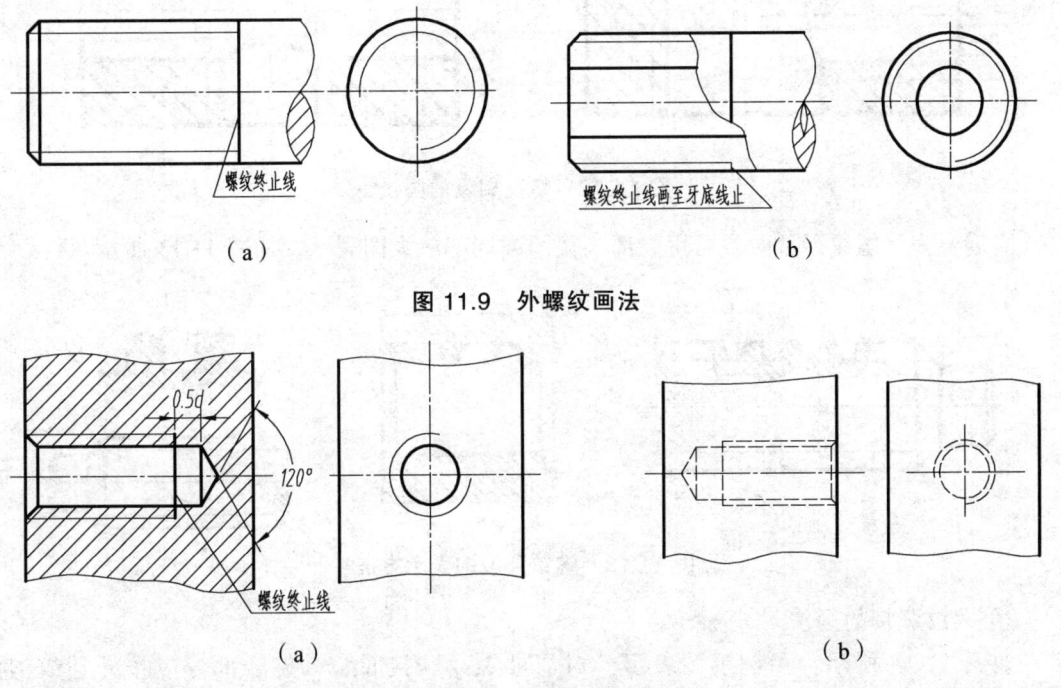

图 11.9　外螺纹画法

图 11.10　内螺纹画法

在垂直于螺纹轴线的投影面的视图中，表示牙底圆的细实线只画约 3/4 圈（空出的约 1/4

圈的位置不作规定），此时，螺杆或螺孔上的倒角投影不应画出，如图 11.9 和图 11.10（a）左视图所示。

无论是外螺纹还是内螺纹，在剖视图和断面图中，剖面线都应画到粗实线，如图 11.9（b）及图 11.10（a）所示。

绘制不穿通螺孔时一般应将钻孔深度与螺纹部分深度分别画出，如图 11.10（a）所示。

不可见螺纹的所有图线用虚线绘制，如图 11.10（b）所示。

一般情况下螺尾部分不必画出，当需要表示螺尾时，该部分用与轴线成 30°的细实线画出，如图 11.11 所示。

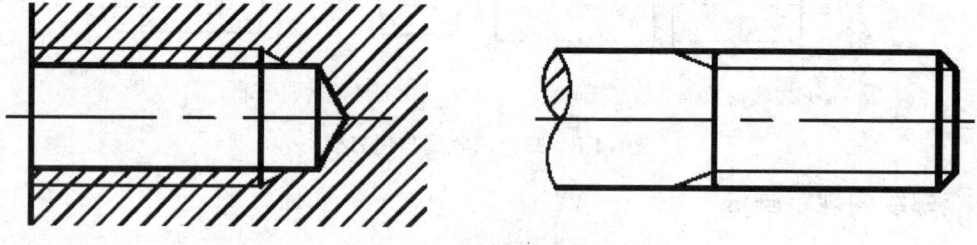

图 11.11　螺尾的表示法

当两螺孔相贯或螺孔与光孔相贯时，按图 11.12 所示绘制。

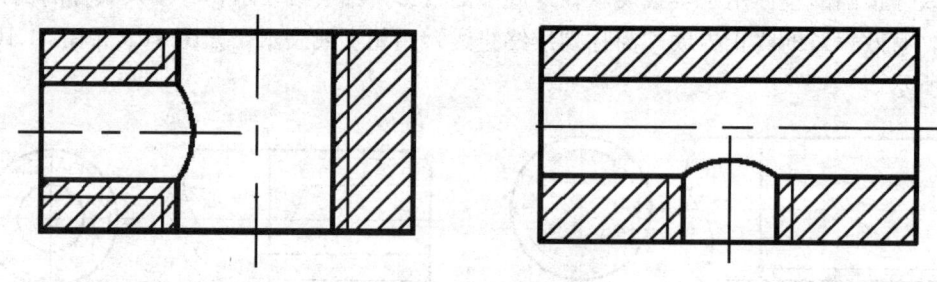

图 11.12　螺孔相贯的画法

当需要表示螺纹牙型时，可用局部剖视图或局部放大图表示，如图 11.13 所示。

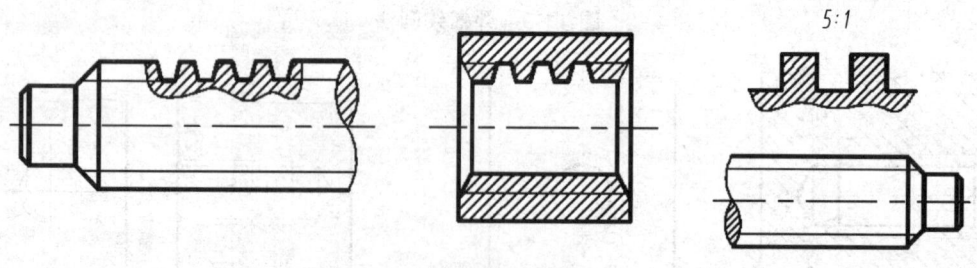

图 11.13　螺纹牙型的表示方法

2）螺纹联接的画法

如图 11.14 所示，用剖视图表示一对内外螺纹联接时，其旋合部分应按外螺纹的画法绘制，其余部分仍按各自的画法表示。由于只有螺纹要素相同的内外螺纹方可联接，因此绘图时需注意：表示内、外螺纹大、小径的粗细实线必须分别对齐，且与倒角大小无关。

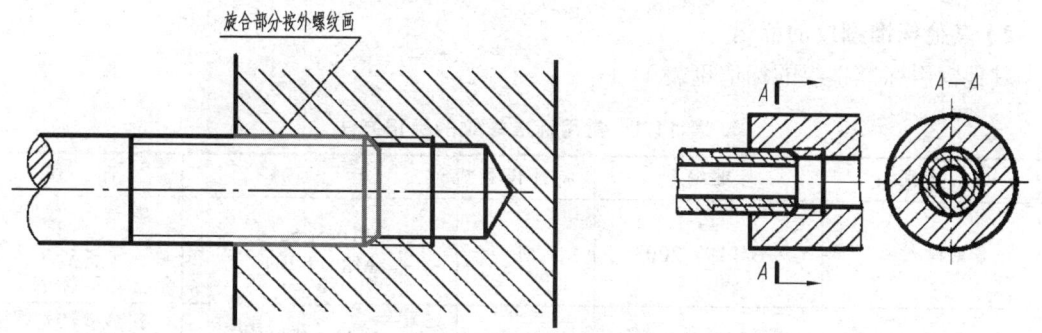

图 11.14　螺纹联接的剖视画法

5. 螺纹的分类

通常螺纹按用途进行分类，可分为四类：紧固联接用螺纹，简称紧固螺纹，如普通螺纹；传动用螺纹，简称传动螺纹，如梯形螺纹；管用螺纹，简称管螺纹，如55°密封管螺纹；专门用途螺纹，简称专用螺纹，如自攻螺钉用螺纹。其中以普通螺纹应用最广。

6. 螺纹的标记

由于螺纹采用了规定的方法表示，使得螺纹的牙型及各部分的尺寸和精度要求无法一一标注在图形上。为此，国家标准规定了用螺纹标记的方法表示螺纹的设计要求。

1）普通螺纹的标记

普通螺纹的完整标记由螺纹特征代号、尺寸代号、公差带代号、旋合长度代号和旋向代号组成。

普通螺纹的特征代号用"M"表示。

多线螺纹的尺寸代号为"公称直径×P_h 导程 P 螺距"；单线螺纹的尺寸代号为"公称直径×螺距"，此时不必注写"P_h"和"P"字样。同一公称直径的普通螺纹，其螺距分为一种粗牙的以及一种或一种以上细牙的。由于细牙螺纹的螺距比粗牙螺纹的螺距小，所以细牙螺纹多用于细小的精密零件和薄壁零件上。粗牙普通螺纹不注螺距。例如："M24"表示公称直径为 24 mm 的粗牙普通螺纹；"M20×1.5"表示公称直径为 24 mm、螺距为 1.5 mm 的细牙普通螺纹。

普通螺纹的公差带代号（大写字母为内螺纹，小写字母为外螺纹）由中径公差带代号和顶径公差带代号组成；当中径与顶径公差带代号相同时，只注写一个公差带代号

普通螺纹的旋合长度分长、中、短三组，分别用代号 L、N、S 表示。当螺纹为中等旋合长度时，代号 N 不标注。当特殊需要时，也可注明旋合长度的数值，如：M20×1.5-5g6g-40。

旋向代号中，右旋螺纹不注旋向，左旋用"LH"注出。

标记时，在尺寸代号、螺纹公差带代号、旋合长度代号、旋向代号之间，用"-"隔开。

例如，某双线左旋普通螺纹，大径为 16，中径公差带为 5g，顶径公差带为 6 g，长旋合长度，其标记为：M16×Ph3P1.5—5g6g—L—LH。某单线右旋普通螺纹，公称直径为 8 mm，细牙，螺距为 1 mm，中径和顶径公差带均为 6H，其标记为：M8×1；当该螺纹为粗牙时，则标记为 M8。

2）其他标准螺纹的标记

其他常用标准螺纹的标记见表 11.1。

表 11.1 常用标准螺纹的标记方法

螺纹类别		标准编号	特征代号	标记示例	附 注
普通螺纹		GB/T197-2003	M	M10-5g6g-S M8×1-LH	普通螺纹粗牙不注螺距；中等旋合长度不标 N
梯形螺纹		GB/T5796.4-1986	Tr	Tr40×7-7H Tr40×14（P7）LH-7e	多线螺纹螺距和导程都可参照此格式标注
锯齿形螺纹		GB/T13576-1992	B	B40×7-7a B40×14（P7）LH-8c-L	
非螺纹密封的管螺纹		GB/T7307-2001	G	$G1\frac{1}{2}$ A G1/2-LH	外螺纹公差等级分 A 级和 B 级两种；内螺纹公差等级只有一种
用螺纹密封的管螺纹	圆锥外螺纹	GB/T7306.1-7306.2-2001	R	R1/2-LH	内外螺纹均只有一种公差带，故省略不注
	圆锥内螺纹		Rc	$Rc1\frac{1}{2}$	
	圆柱内螺纹		Rp	Rp1/2	

7. 螺纹的图样标注

公称直径以 mm 为单位的螺纹，其标记应直接注在大径的尺寸线上或其引出线上，如图 11.15 所示；管螺纹，其标记一律注在引出线上，引出线应由大径处引出或由对称中心处引出，如图 11.16 所示。

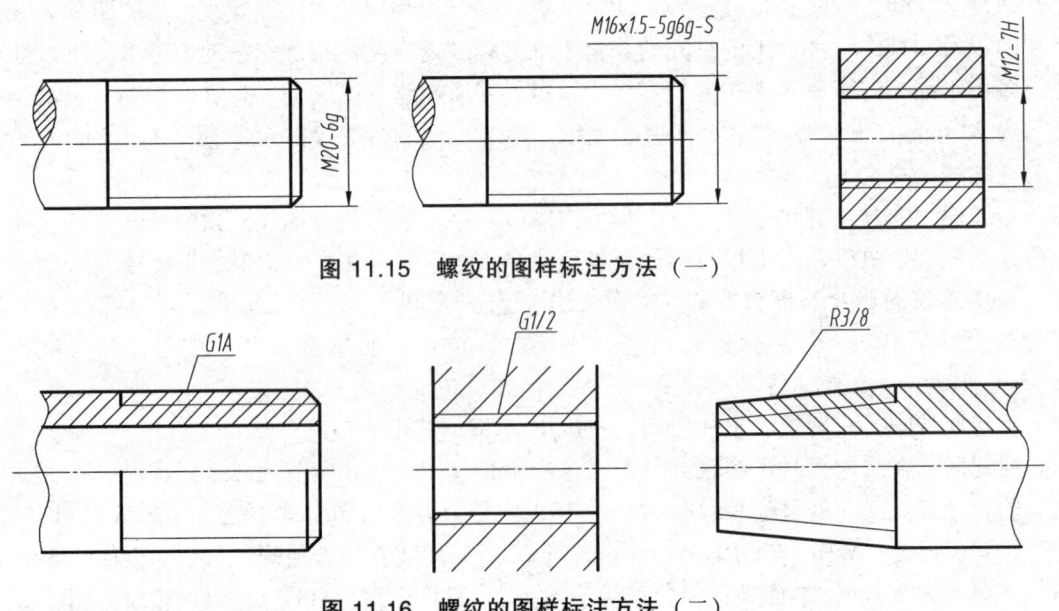

图 11.15 螺纹的图样标注方法（一）

图 11.16 螺纹的图样标注方法（二）

11.1.2 常用的螺纹紧固件

螺纹紧固件是利用螺纹的联接作用，来联接和紧固一些零部件。常用的螺纹紧固件有螺栓、螺柱、螺钉、螺母和垫圈等，如图 11.17 所示。

图 11.17 常用的螺纹紧固件

1. 螺纹紧固件的标记

螺纹紧固件的结构和尺寸均已标准化，使用时按规定标记选用即可。常用螺纹紧固件的视图、主要尺寸及规定标记示例见表 11.2。

表 11.2 常用螺纹紧固件的标记示例

名称	图例	规定标记示例
六角头螺栓	M12, 50	螺栓 GB/T5782-2000　M12×50
双头螺柱	M12, 50	螺柱 GB/T898-1988 M12×50
开槽盘头螺钉	M10, 45	螺钉 GB/T67-2000 M10×45
I 型六角螺母	M16	螺母 GB/T6170-2000 M16

续表 11.2

名称	图例	规定标记示例
I型六角开槽螺母		螺母 GB/T6178-1986 M16
平垫圈		垫圈 GB/T97.1-2002 16-140HV
弹簧垫圈		垫圈 GB/T93-1987 20

2. 常用螺纹紧固件的近似画法

单个螺纹紧固件的各部分尺寸可根据公称直径查有关标准得出。为提高画图速度，除公称长度外可将螺纹紧固件各部分的尺寸由公称直径 d（或 D）进行比例折算，得出各部分尺寸后按近似画法画出。常用的螺纹紧固件的近似画法如图11.18所示。

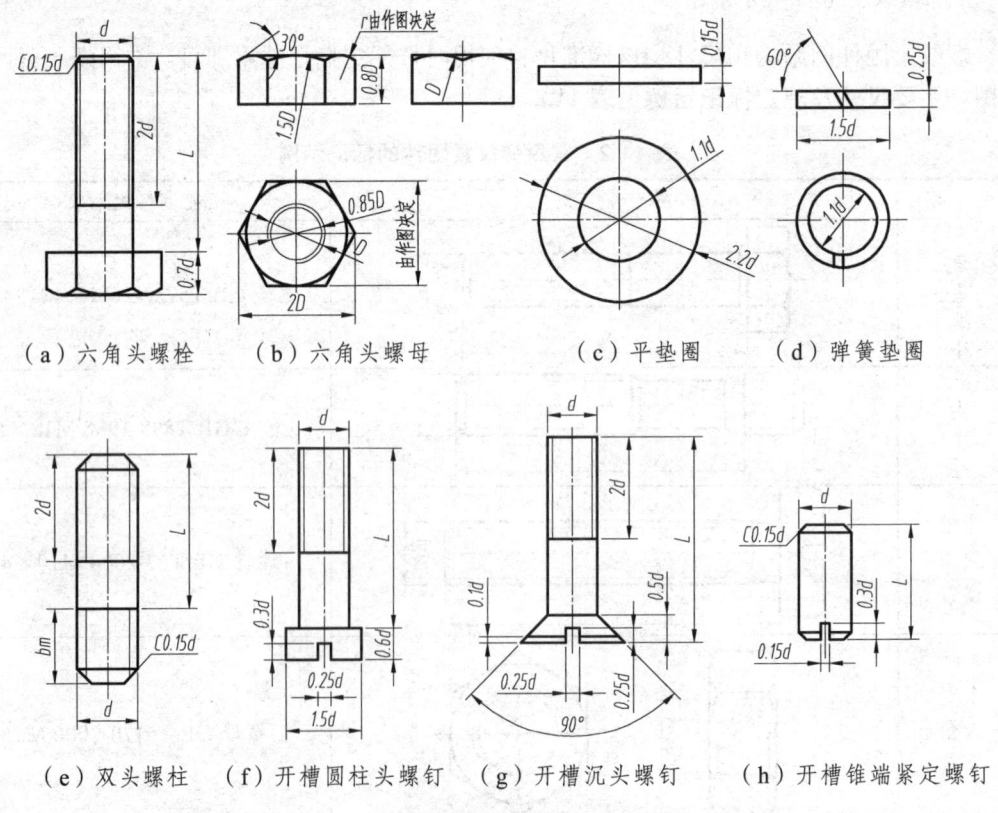

图 11.18 常用的螺纹紧固件的近似画法

11.1.3 螺纹紧固件联接装配图的规定画法

螺纹紧固件联接装配图是表达机器或部件的联接方式的图样。为了使看图者能够顺利地读懂装配图反映的各零件间的结合情况，国家标准规定绘制装配图时应遵守以下规定：

(1) 两零件的接触表面画一条线，非接触表面画两条线。

(2) 在剖视图中，相邻两零件的剖面线方向应相反，或者方向一致、间隔不等。

(3) 对于螺纹紧固件和实心零件（如螺钉、螺栓、螺母、垫圈、键、销、球及轴等），当剖切平面通过它们的轴线时，则这些零件均按不剖绘制。

螺纹紧固件的工艺结构（如倒角、退刀槽、缩颈、凸肩等）均可省略不画。

11.2 知识运用

11.2.1 螺栓联接图的绘制

螺栓联接由螺栓、螺母、平垫圈（或弹簧垫圈）等组成，用于联接两个不太厚并能钻成通孔的零件。

1. 螺栓的公称长度的确定

螺栓的公称长度 l，应查阅垫圈、螺母的表格得出 h、m，再加上被联接零件的厚度等，经计算后选定。从图 11.19（a）可知螺栓长度：

$$l = \delta_1 + \delta_2 + h + m + a$$

其中 a 是螺栓伸出螺母的长度，一般可取 $0.3d$ 左右（d 是螺栓的螺纹规格，即公称直径）。上式计算得出数值后，应从相应的螺栓标准所规定的长度系列中，选取合适的 l 值。

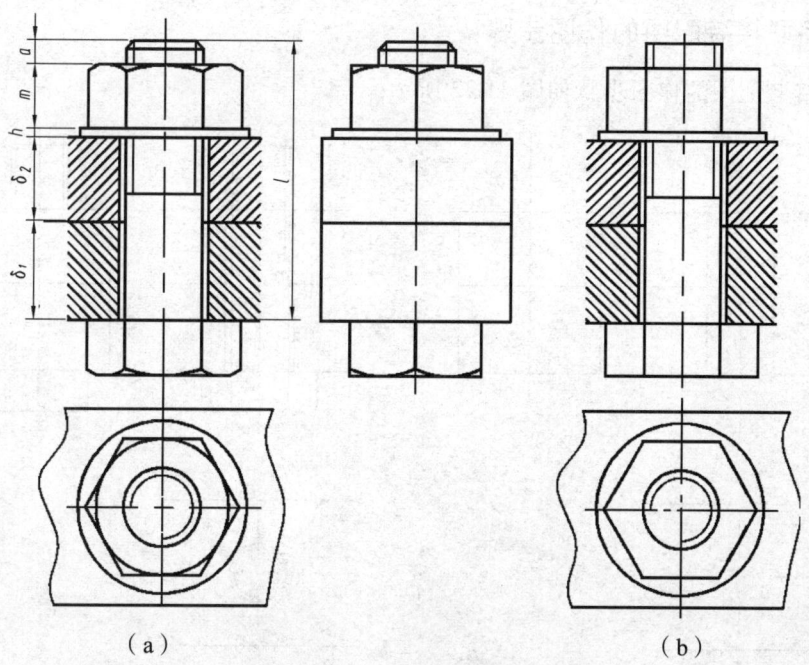

图 11.19 螺栓联接的画法

2. 螺栓联接的画法

螺栓联接是将螺栓穿入被联接的两零件上的通孔中，再套上弹簧垫圈，然后拧紧螺母，如图 11.20 所示。螺栓联接是一种可拆卸的紧固方式。

联接前的情况如图 11.21 所示，被联接的两块板上钻有直径比螺栓大径略大的孔（孔径 $\approx 1.1d$，设计时可查手册选用）。联接时，先将螺栓伸进这两个孔中，一般以螺栓的头部抵住被联接板的下端面；然后，在螺栓上部套上平垫圈，以增加支承面积和防止损伤零件的表面；最后用螺母拧紧。联接后的图形如图 11.19（a）所示。

螺栓联接装配图画法可以采用图 11.19（b）所示的简化画法，其中，螺栓头部和螺母的倒角都省略不画。在生产实际中，装配图中常采用这种画法。

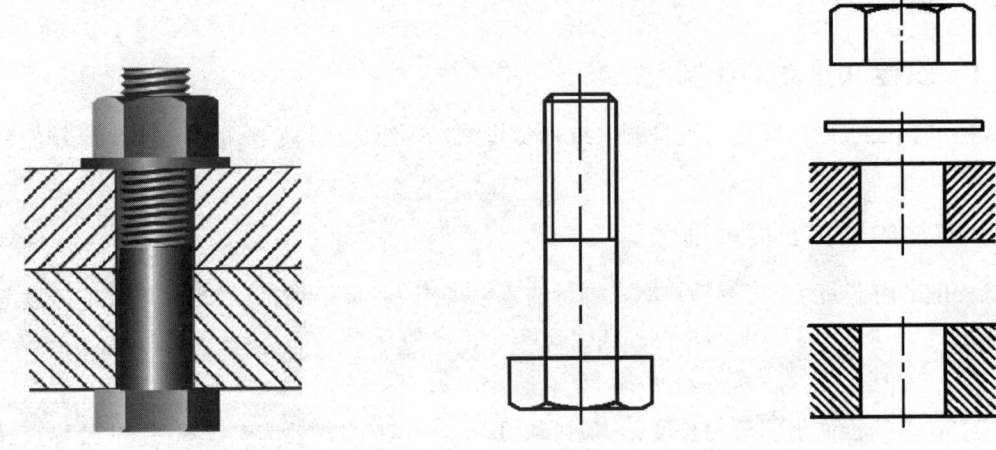

图 11.20　螺栓联接的示意图　　　　图 11.21　螺栓联接前的情况

3. 螺栓联接装配图的作图步骤

螺栓联接装配图的作图步骤如图 11.22 所示。

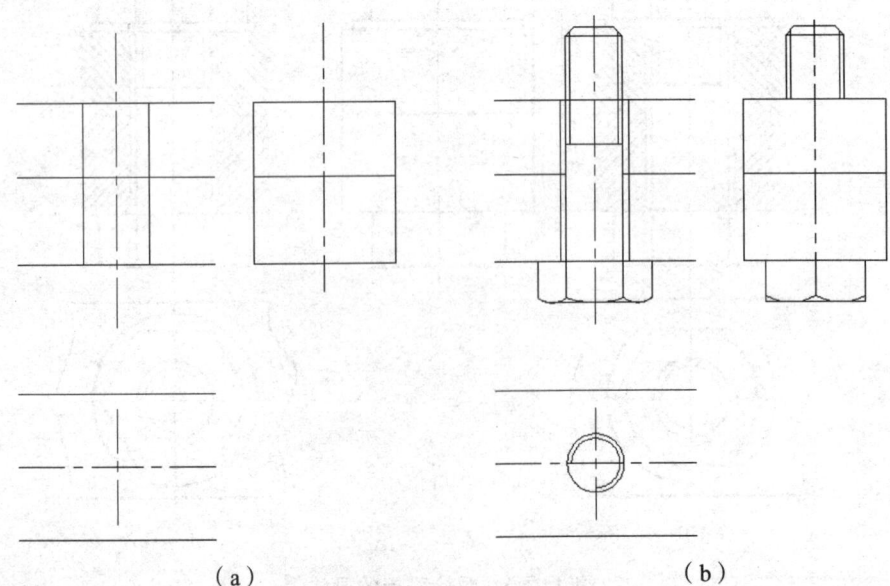

(a)　　　　　　　　　　(b)

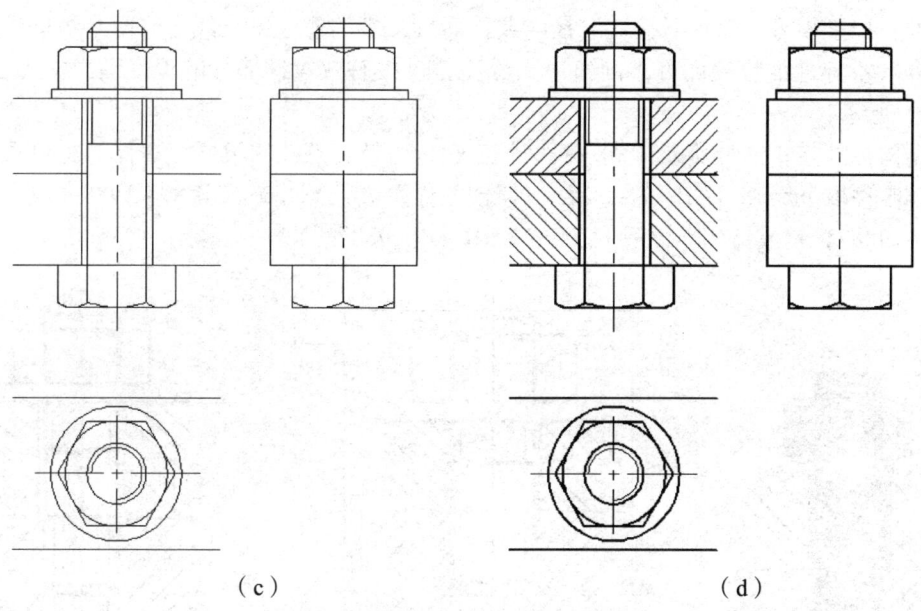

（c）　　　　　　　　　　　　　　（d）

图 11.22　螺栓联接装配图的作图步骤

（1）布图，绘制作图基准线和两个被联接件，如图 11.22（a）所示。

（2）绘制螺栓，绘图时螺栓的轴线和钻孔的轴线重合，如图 11.22（b）所示。

（3）绘制垫圈和螺母，绘图时垫圈和螺母的轴线也和钻孔的轴线重合，如图 11.22（c）所示。

（4）检查，擦去多余的作图辅助线，绘制剖面线，描深，完成图形绘制，如图 11.22（d）所示。

11.2.2　螺柱联接图的绘制

螺柱联接由螺柱、螺母、弹簧垫圈等组成，当被联接的两个零件中有一个较厚不易钻成通孔时，可制成螺孔，采用螺柱联接，如图 11.23（a）所示。

1. 螺柱的有效长度的确定

双头螺柱的有效长度 l，应查阅垫圈、螺母的表格得出 h、m，再加上被联接零件的厚度等，经计算后选定。从图 11.23（b）可知螺柱长度：

$$l = \delta + h + m + a$$

其中 a 是螺柱伸出螺母的长度，一般可取 $0.3d$ 左右（d 是螺柱的公称直径）。上式计算得出 l 值后，仍应从双头螺柱标准中所规定的长度系列里，选取合适的 l 值。

2. 螺柱联接的画法

双头螺柱的两端均有螺纹，其中一端全部旋入较厚零件的螺孔中，称为旋入端；另一端称为紧固端。

联接前的情况如图 11.24 所示，先在较薄的零件上钻孔（孔径≈$1.1d$），并在较厚的零件上制出螺孔。联接时，先将螺柱旋入端穿入较薄的零件的通孔中，然后完全旋入螺孔中，再套上垫圈，拧紧螺母，完成联接。联接时要注意旋入端的螺纹终止线应与两个被联接零件接触面平齐。不穿通的螺纹孔可不画出钻孔深度，仅按有效螺纹部分的深度画出，如图 11.23 (b)、(c) 所示。

根据国标规定，螺柱旋入端 b_m 有四种长度，是由带有螺孔的被联接零件的材料决定的：钢和青铜零件取 $b_m=d$（GB 897-1988）；铸铁零件取 $b_m=1.25d$（GB 898-1988）或 $b_m=1.5d$（GB 899-1988）；铝或铸铝零件取 $b_m=2d$（GB 900-1988）。

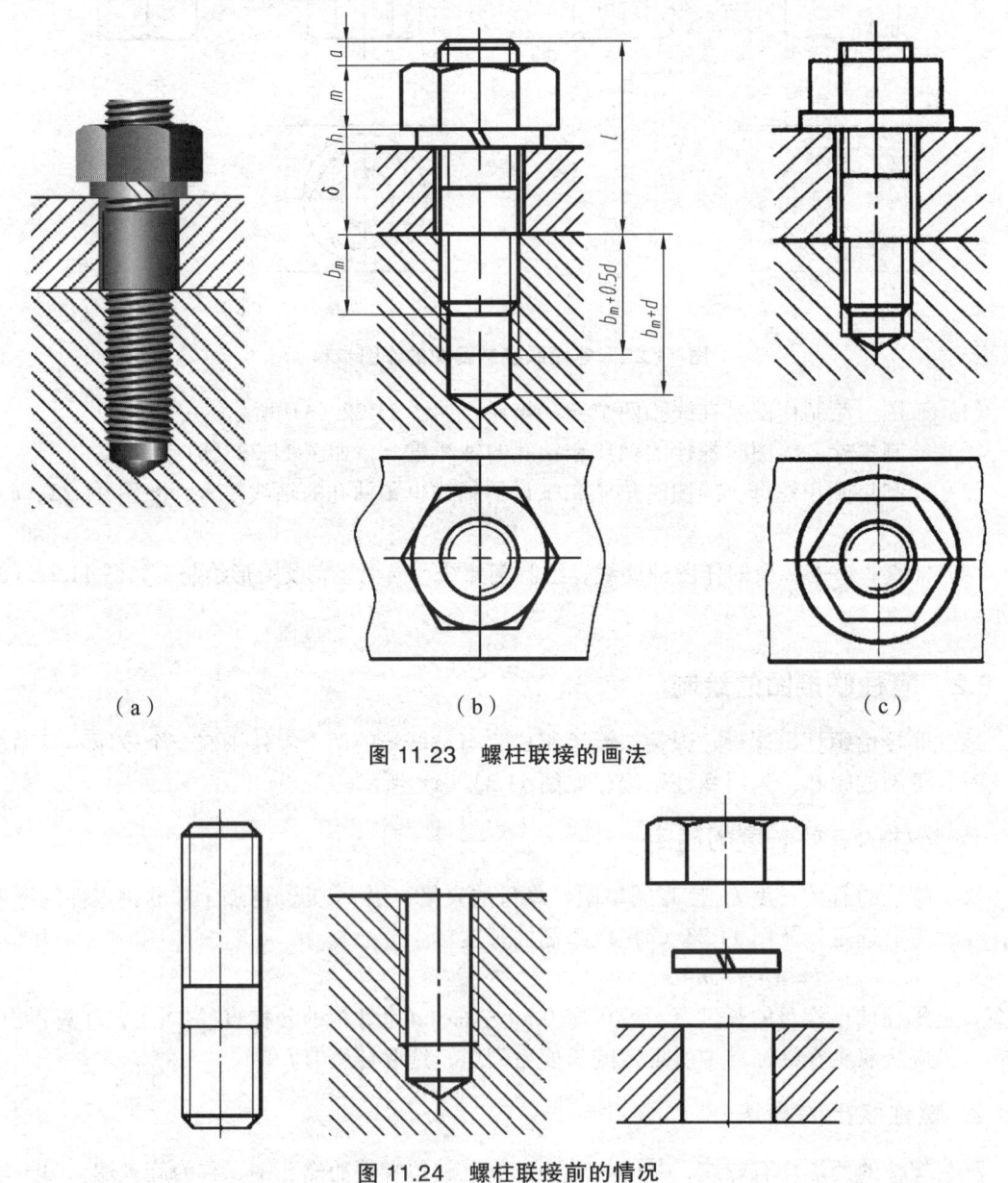

(a)　　　　　　　(b)　　　　　　　(c)

图 11.23　螺柱联接的画法

图 11.24　螺柱联接前的情况

11.2.3　螺钉联接图的绘制

螺钉按用途可分为联接螺钉和紧定螺钉两类，前者用来联接零件，后者用来固定零件。

1. 联接螺钉

联接螺钉一般用在不经常拆卸且受力不大的地方。图 11.25 表示用螺钉联接两零件的情况，其中一件开有通孔，通孔的直径应比螺钉的大径 d 稍大（孔径≈1.1d），以便装配；另外一件加工出螺孔。联接时，将螺钉穿过通孔旋入螺孔拧紧即可，为保证联接可靠，螺钉的螺纹终止线应在螺孔顶面以上。对于不穿通的螺孔，可以不画出钻孔深度，仅按螺纹深度画出。

绘图时，螺钉头部的一字槽在端视图中应画成与水平线成 45° 角的两条线，如图 11.25（b）所示。对于较小尺寸的螺钉（槽宽小于 2 mm 时），其槽部可用一条粗实线代替，如图 11.25（c）所示。

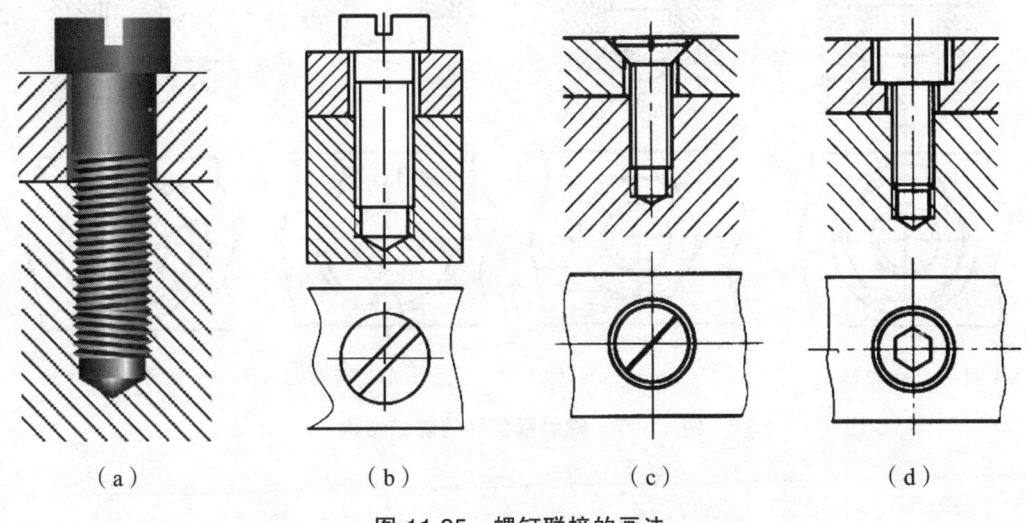

图 11.25 螺钉联接的画法

2. 紧定螺钉

紧定螺钉用来固定两个零件的相对位置，使它们不产生相对运动。如图 11.26 所示，用一个开槽锥端紧定螺钉旋入轮毂的螺孔，使螺钉端部的 90° 锥顶角与轴上 90° 的锥坑压紧，从而固定了轴和齿轮的相对位置。

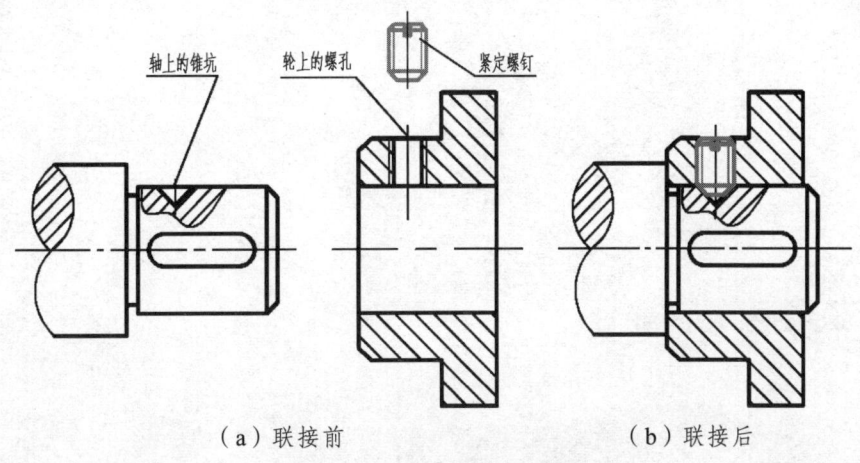

图 11.26 紧定螺钉联接的画法

11.2.4 螺纹紧固件的防松结构

机器运转时，由于受到振动或冲击，螺纹紧固件可能发生松动，这不仅妨碍机器正常工作，有时甚至会造成严重事故，因此需用防松装置。螺纹紧固件的常用防松结构如图 11.27 所示。

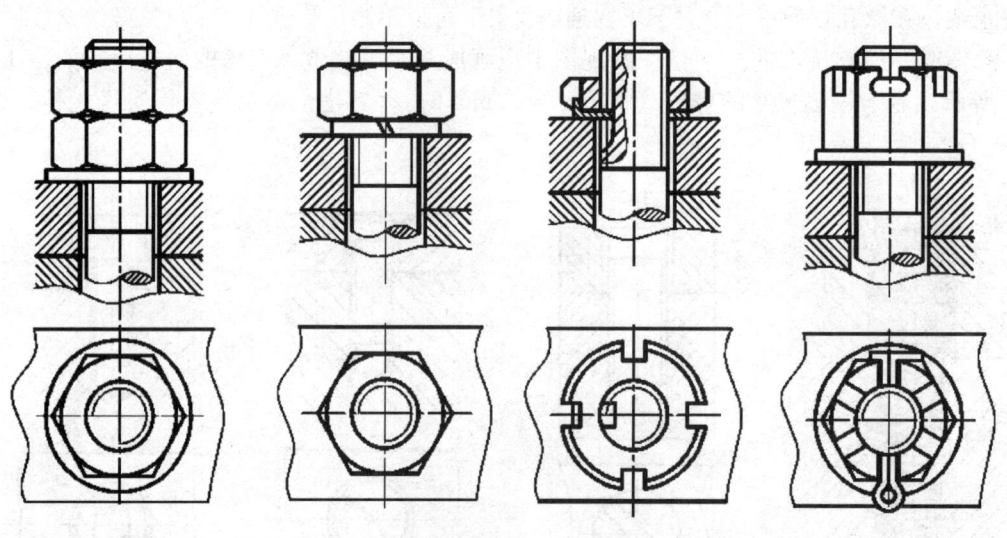

（a）用两个螺母防松　（b）用弹簧垫圈防松　（c）用止退垫圈防松　（d）用开口销防松

图 11.27　螺纹紧固件的防松结构

任务 12　圆柱齿轮啮合图的绘制

【任务要求】 绘制图 12.1 所示的直齿圆柱齿轮啮合图。

图 12.1　直齿圆柱齿轮啮合

【任务目标】 掌握齿轮的规定画法；掌握齿轮啮合的装配画法。

12.1　知识积累

齿轮是广泛用于机械传动的零件，不仅可以用来传递动力，还能用来改变转速和回转方向。齿轮的结构中只有轮齿部分采用标准结构，因此它属于标准常用件。

根据两轴线的相对位置不同，可将齿轮分为三种类型，即圆柱齿轮、锥齿轮和蜗杆与蜗轮，如图 12.2 所示。圆柱齿轮通常用于平行两轴之间的传动；锥齿轮用于相交两轴之间的传动；蜗杆与蜗轮则用于交叉两轴之间的传动。

（a）圆柱齿轮　　　　　　（b）锥齿轮　　　　　　（c）蜗杆与蜗轮

图 12.2　常见的齿轮传动

齿轮的轮齿有直齿、斜齿、人字齿或弧形齿，齿轮轮齿的齿廓曲线可以制成渐开线、摆线或圆弧，其中渐开线齿廓应用最广。

12.1.1 标准直齿渐开线圆柱齿轮各部分名称和参数

1. 直齿圆柱齿轮各部分名称

标准直齿渐开线圆柱齿轮各部分的名称如图 12.3 所示。

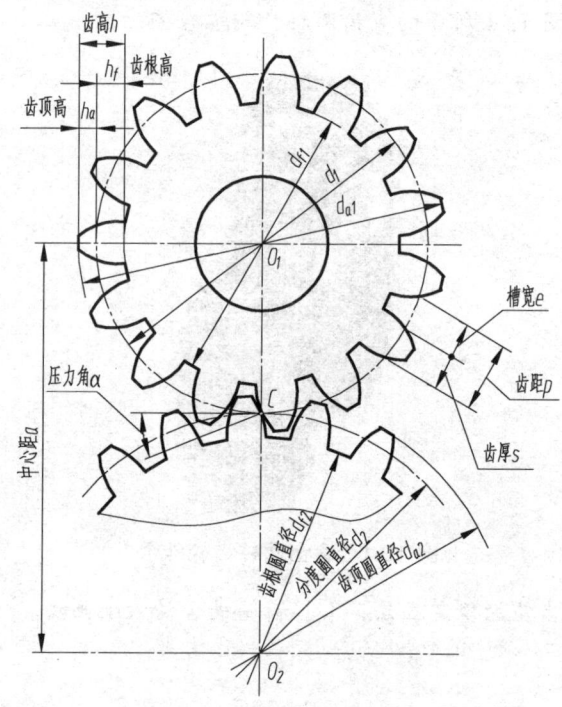

图 12.3 齿轮各部分名称代号

1）齿顶圆、齿根圆、分度圆

垂直于齿轮轴线的平面称为端平面。包围齿轮轮齿顶部的圆柱面与端平面的交线称为齿顶圆，用 d_a 表示；包围齿轮轮齿根部的圆柱面与端平面的交线称为齿根圆，用 d_f 表示；在齿顶圆和齿根圆之间取一个设计和制造时作为计算齿轮各部分几何尺寸的基准圆，称为分度圆，用 d 表示。

2）齿厚、槽宽、齿距

在分度圆上，齿轮单个齿廓凸起部分的弧长称为齿厚，用 s 表示；相邻两个齿廓之间凹下部分在分度圆上的弧长称为槽宽，用 e 表示；相邻两个轮齿同侧齿廓对应点之间在分度圆上的弧长称为齿距，用 p 表示。

3）齿高、齿顶高、齿根高

齿顶圆与齿根圆之间的径向距离称为齿高，用 h 表示；齿顶圆与分度圆之间的径向距离称为齿顶高，用 h_a 表示；分度圆与齿根圆之间的径向距离称为齿根高，用 h_f 表示。

4）齿宽

齿轮沿着平行轴线方向的长度称为齿宽，用 b 表示。

5）中心距

两啮合齿轮轴线之间的距离称为中心距，用 a 表示。

2. 标准直齿圆柱齿轮的基本参数

齿形角、齿数和模数是标准直齿圆柱齿轮的基本参数。

如图 12.3 所示，两个互相啮合轮齿齿廓在啮合点 P 点的公法线（即齿廓的受力方向）与两分度圆的公切线(即瞬时运动方向)之间所夹的锐角称为齿形角，又称为压力角，我国标准压力角为 20°。

齿轮上轮齿的个数称为齿数，用 z 表示，标准齿轮的齿数不少于 17 个齿。

齿距与 π 的比值称为模数，用 m 表示，单位是 mm。模数是设计制造齿轮的重要参数，它代表了轮齿的大小。为便于设计和加工，国家规定了统一的标准模数系列，见表 12.1。

表 12.1　标准模数系列(摘自 GB/T1357-97)

第一系列	1	1.25	1.5	2.5	3	4	5	6	8	10	12	16	20	25	32	40	50
第二系列		1.75	2.25	2.75	3.5	4.5	5.5	7	9	14	18	22	28	36	45		

3. 齿轮各部分的尺寸关系

当齿轮的基本参数确定后，就可根据模数和齿数计算出其他的基本尺寸，计算公式见表 12.2。

表 12.2　标准渐开线直齿圆柱齿轮基本尺寸计算公式

名称	代号	公式	名称	代号	公式
齿顶高	h_a	$h_a = m$	齿顶圆直径	d_a	$d_a = m(z+2)$
齿根高	h_f	$h_f = 1.25m$	齿根圆直径	d_f	$d_f = m(z-2.5)$
齿高	h	$h = 2.25m$	中心距	a	$a = (d_1 + d_2)/2$ $= m(z_1 + z_2)/2$
分度圆直径	d	$d = mz$			

12.1.2　单个圆柱齿轮的规定画法

一般用两个视图表示单个齿轮，轮齿部分按规定画法绘制，如图 12.4、12.5 所示。

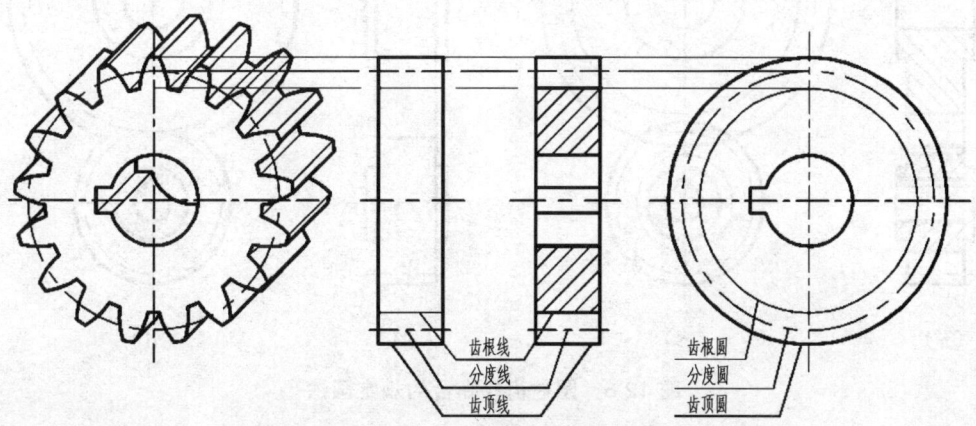

图 12.4　单个圆柱齿轮的规定画法（直齿）

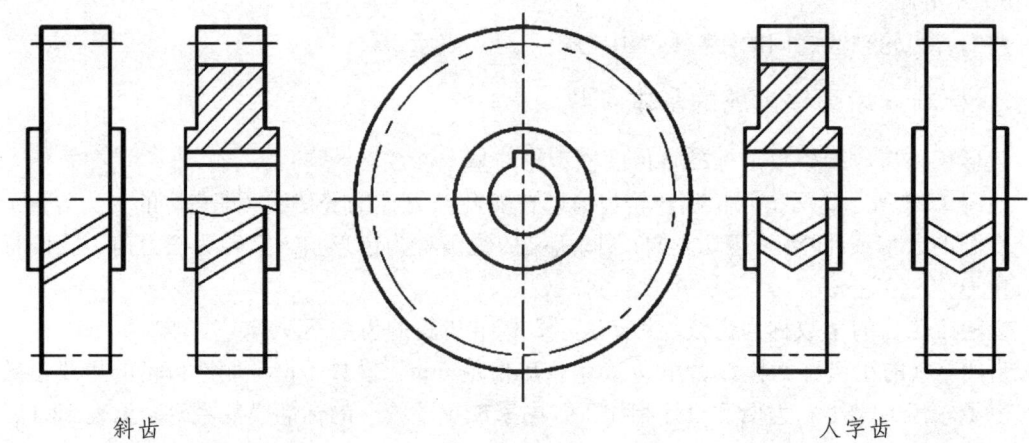

图 12.5　单个圆柱齿轮的规定画法（斜齿、人字齿）

齿顶圆和齿顶线用粗实线绘制。
分度圆和分度线用细点划线绘制。
齿根圆和齿根线用细实线绘制，也可省略不画；在剖视图中，齿根线用粗实线绘制。
在剖视图中，当剖切平面通过齿轮的轴线时，轮齿一律按不剖处理。
当需要表示齿线的特征时，可用三条与齿线方向一致的细实线表示，直齿则不需表示。
轮齿外的部分按投影关系正常绘制。

12.1.3　圆柱齿轮啮合的规定画法

两齿轮的啮合画法，关键是啮合区的规定画法，其他部分仍按单个齿轮的规定画法绘制。啮合区的规定画法如图 12.6 所示。

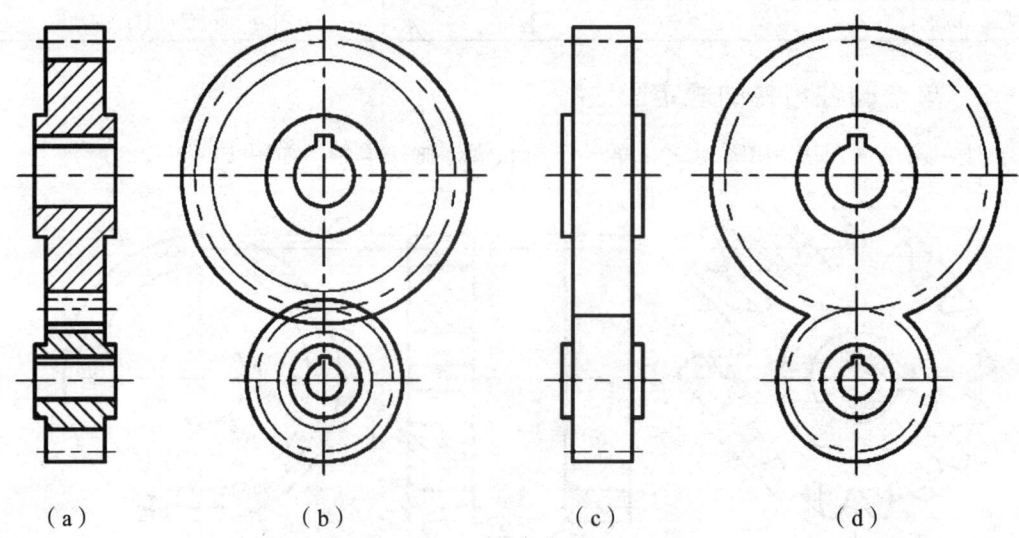

（a）　　　　（b）　　　　（c）　　　　（d）

图 12.6　圆柱齿轮啮合的规定画法

在平行于齿轮轴线的非圆投影的剖视图中，当剖切平面通过两啮合齿轮的轴线时，将一个齿轮的齿顶线用粗实线绘制,另一个齿轮的轮齿被遮挡的齿顶线用虚线绘制;两轮分度线重合,画细点划线;齿根线画粗实线。如图 12.6(a)所示。

在垂直于齿轮轴线投影为圆的视图中,两齿轮的分度圆相切,用细点划线绘出。啮合区内的齿顶圆均用粗实线绘制,如图 12.6(b)所示;也可以省略不画,如图 12.6(d)所示。

在平行于齿轮轴线的投影平面的外形视图中,啮合区的齿顶线和齿根线不必画出,节线画成粗实线,如图 12.6(c)所示。

12.1.4 键联接

为了使齿轮、带轮等零件和轴一起同步转动,通常在轮孔和轴上分别切制出键槽,用键将轴及轮联接起来进行传动,如图 12.7 所示。

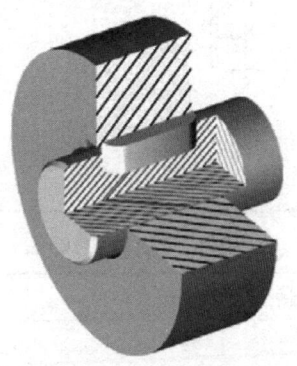

图 12.7 键联接

1. 键的种类和标记

键的种类很多,常用的有普通平键、半圆键和钩头楔键等,如图 12.8 所示。其中普通平键应用最广,分为圆头普通平键(A 型)、方头普通平键(B 型)和单圆头普通平键(C 型)三种形式。键是标准件,其结构形式和尺寸都可在有关的标准中查出,参见附表。表 12.3 列出了常用键的形式和规定标记。

(a)普通平键　　　　　　　(b)半圆键　　(c)钩头楔键

图 12.8 常用的键

2. 键联接的画法

键联接的画法如表 12.4 所示。

表 12.3 常用键的形式和标记示例

名 称	图 例	标 记 示 例
普通平键	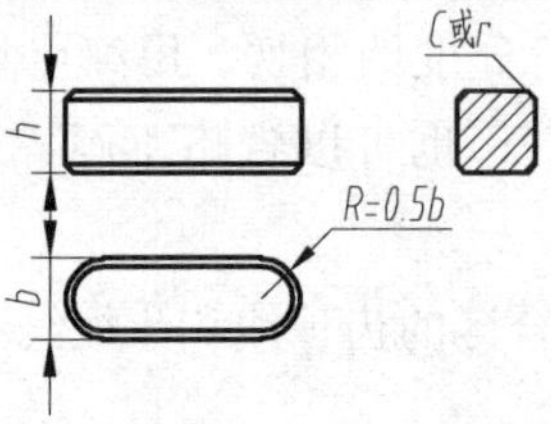	$b=18$、$h=11$、$L=100$ 的 A 型圆头普通平键的标记： 键 18×100　GB1096—79 $b=18$、$h=11$、$L=100$ 的 B 型方头普通平键的标记： 键 B　18×100　GB1096—79
半圆键	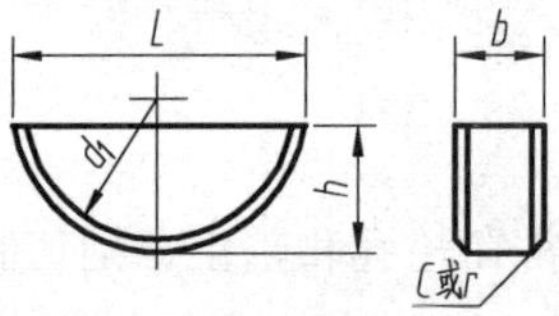	$b=6$、$h=11$、$d_1=25$、$L=24.5$ 的半圆键的标记： 键 6×25　GB1099—79
钩头楔键	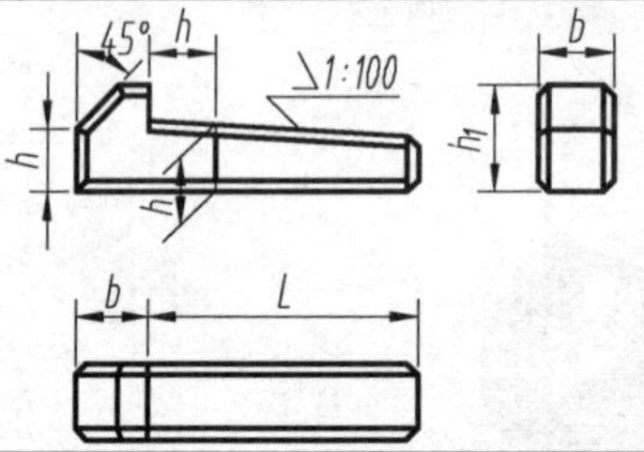	$b=18$、$h=11$、$L=100$ 的钩头楔键的标记： 键 18×100　GB1565—79

表 12.4 键联接的画法

名 称	联 接 的 画 法	说 明
普通平键	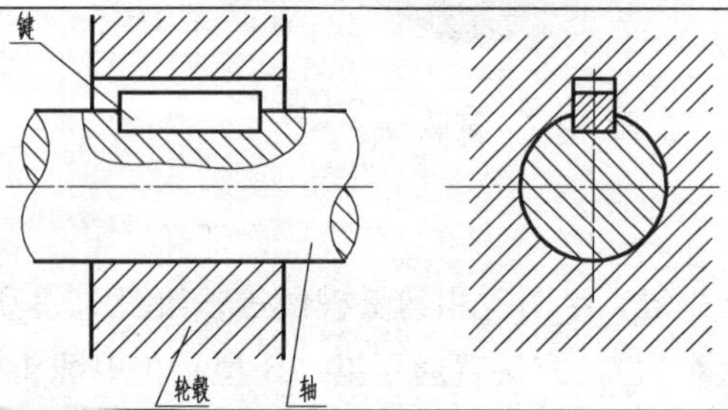	键的工作面是两个侧面，绘图时，侧面接触画一条线；顶面为非接触面，应留有一定间隙，画两条线；倒角或倒圆可省略不画
半圆键	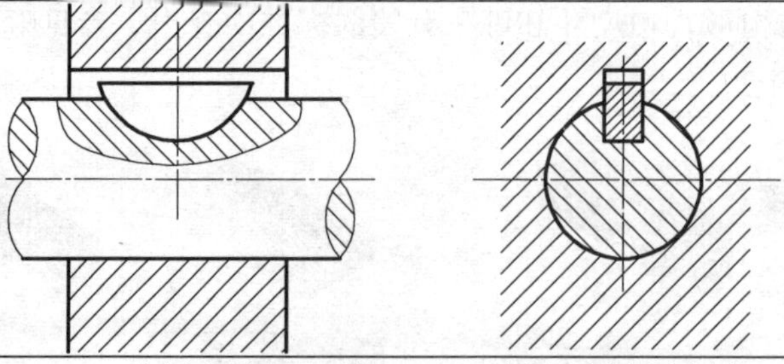	同上
钩头楔键	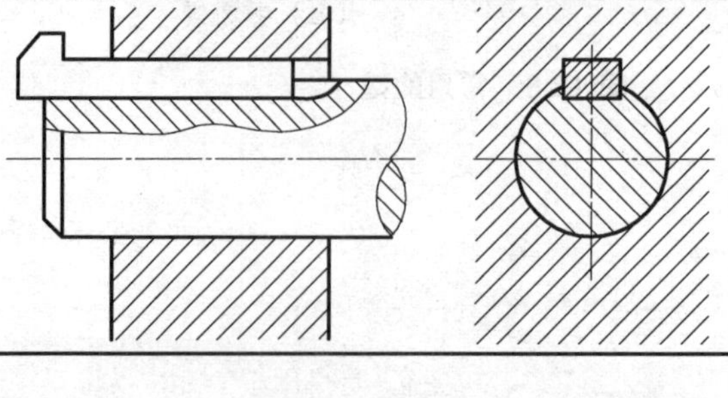	键与槽在顶面、底面、侧面同时接触，均无间隙

12.2 知识运用

12.2.1 齿轮的结构

齿轮的结构如图12.9所示。

齿轮由轴来支撑，为和轴配合联接，其上需加工出轴孔和键槽；为了保证齿轮与轴的联接强度，一般还需制出轮毂。

图 12.9　齿轮的结构

直径较大的齿轮，为了减轻齿轮的自重，其上还有轮缘，在轮毂和轮缘之间加工出辐板，根据具体尺寸还需在辐板上加工出若干均布的小孔。

12.2.2 齿轮啮合图的绘制过程

齿轮啮合图的绘制过程如图12.10所示。

（a）布图，绘制定位基准线

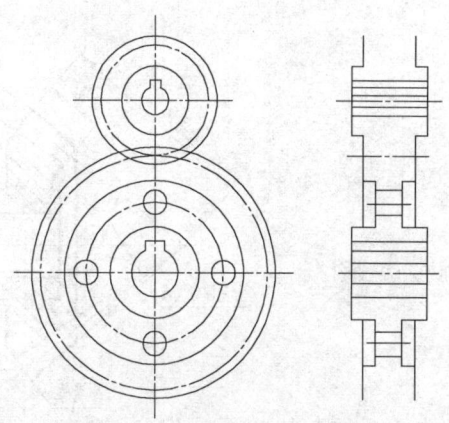

（b）绘制两个齿轮轮齿外的结构

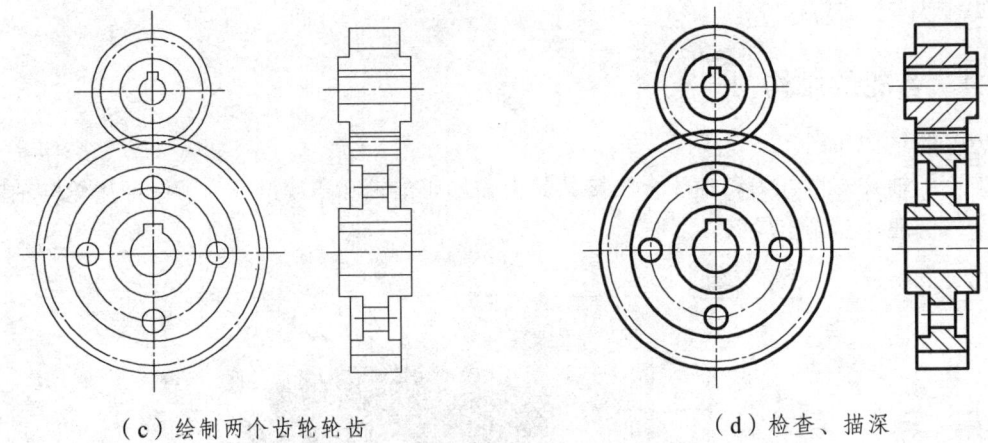

（c）绘制两个齿轮轮齿　　　　　　（d）检查、描深

图 12.10　齿轮啮合图的绘制步骤

12.3　知识拓展

12.3.1　直齿锥齿轮简介

锥齿轮的轮齿分布在圆锥面上，所以轮齿一端大，另一端小，其厚度和高度都沿着齿宽的方向逐渐的变化，即直径和模数是变化的。为了计算和制造方便，国家标准规定锥齿轮大端的模数为标准模数。锥齿轮上其他尺寸都是根据大端模数来计算的，如分度圆直径 d、齿顶圆直径 d_a，齿根圆直径 d_f 等。与分度圆锥相垂直的一个圆锥称为背锥，齿顶高和齿根高是从背锥上量取的。直齿锥齿轮各部分名称如图 12.11 所示。

单个锥齿轮的规定画法如图 12.11 所示，主视图通常画成剖视图，轮齿仍按不剖绘制。在左视图中规定：表示大端和小端的齿顶圆用粗实线绘出；表示大端的分度圆用细点划线绘出；大、小端齿根圆和小端分度圆均不绘出。除轮齿按上述规定画法外，齿轮其他部分按投影关系绘制。

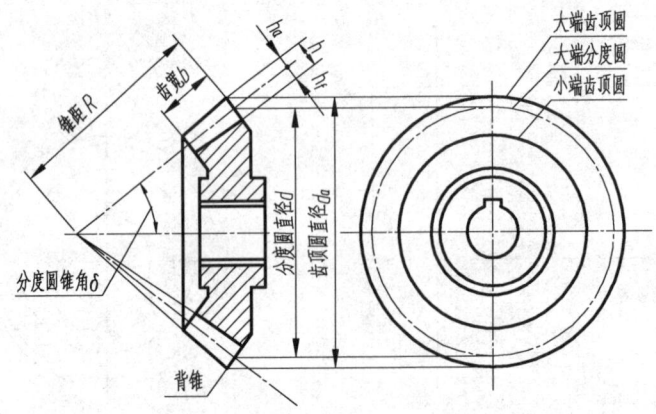

图 12.11　直齿锥齿轮各部分名称、代号及画法

锥齿轮的啮合画法如图 12.12 所示，啮合区的画法与直齿圆柱齿轮相同。

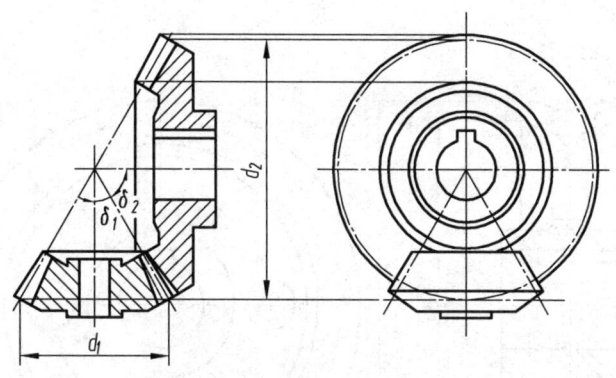

图 12.12　锥齿轮的啮合画法

12.3.2　蜗杆和蜗轮简介

蜗杆和蜗轮用于空间垂直交叉两轴间动力的传动，通常蜗杆为主动件，蜗轮为从动件。蜗杆的齿数（z_1）称为头数，相当于螺杆上螺纹的线数。蜗杆常用单头或双头，在传动时，蜗杆旋转一圈，蜗轮只转过一个齿或两个齿。因此，用蜗轮蜗杆传动，可得到较大的传动比（$i=z_2/z_1$，z_2 为蜗轮的齿数）。而且，蜗轮蜗杆结构相对紧凑，所以被广泛用于传动比大的机械传动中。蜗轮蜗杆传动的主要缺点是效率低。

蜗轮和蜗杆的轮齿是螺旋形的，蜗轮的齿顶面和齿根面常制成圆环面。啮合的蜗轮和蜗杆，必须有相同的模数和齿形角。国家标准规定，在通过蜗杆轴线并垂直于蜗轮轴线的主平面内，蜗杆和蜗轮的模数、齿形角为标准值。

蜗杆各部分的名称代号和规定画法如图 12.13 所示，其画法与圆柱齿轮基本相同，为了表达蜗杆上的牙型，一般采用局部剖视图或局部放大图。

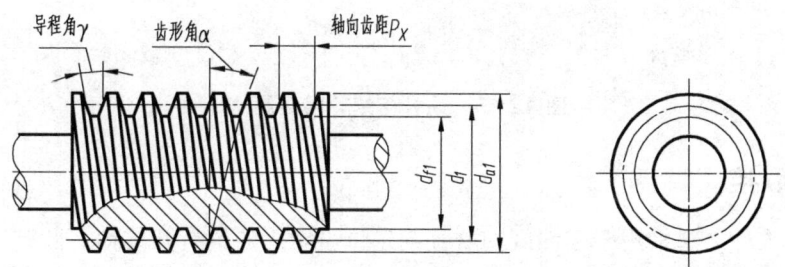

图 12.13　蜗杆的名称代号及画法

图 12.14 为蜗轮各部分的名称代号和规定画法。在蜗轮投影为圆的视图中，只画出分度圆和最外圆，不画齿顶圆和齿根圆。剖视图上轮齿的画法与圆柱齿轮相同。

蜗杆和蜗轮的啮合画法如图 12.15 所示。外形视图的画法见（a）图，在蜗杆投影为圆的视图上，啮合区只画蜗杆；在蜗轮投影为圆的视图上，蜗杆和蜗轮各按规定画法绘制，在啮合区内蜗轮分度圆与蜗杆分度线相切。剖视的画法见（b）图，在蜗轮投影为非圆的视图上取全剖视图，当剖切平面通过蜗轮或蜗杆的轴线时，在蜗杆投影为圆的视图上，蜗杆的齿顶用粗实线绘制，在蜗杆投影为非圆的视图上，齿顶线画至与蜗轮齿顶圆相交而止。

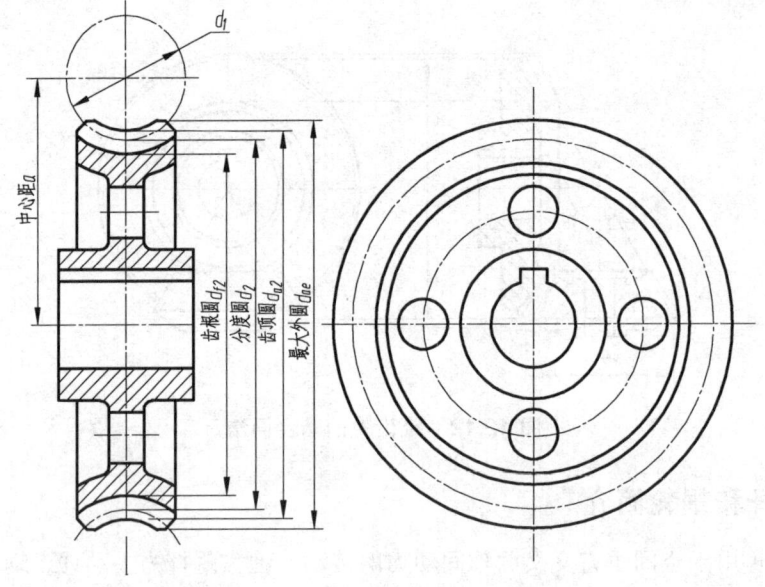

图 12.14　蜗轮的名称代号及画法

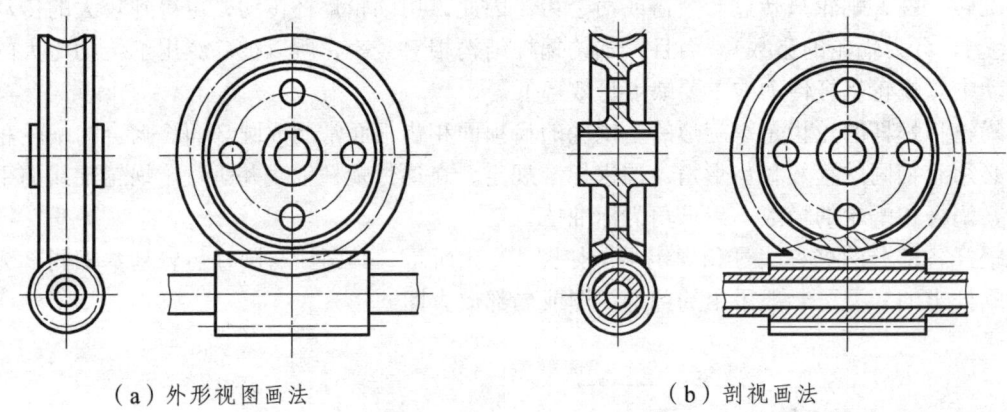

（a）外形视图画法　　　　　　　　（b）剖视画法

图 12.15　蜗杆与蜗轮啮合画法

12.3.3　销联接

销也是标准件，通常用于零件间的联接或定位。常用的销有圆柱销、圆锥销和开口销，如图 12.16 所示。开口销用在带孔螺栓和带槽螺母上，将其插入槽形螺母的槽口和带孔螺栓的孔，并将销的尾部叉开，以防止螺母与螺栓松脱。

（a）圆柱销　　　　　　（b）圆锥销　　　　　　（c）开口销

图 12.16　常用的销

圆柱销、圆锥销和开口销的型式、标记和联接画法如表 12.5 所示。

表 12.5　销的型式、标记和联接画法

名　称	图例及标记示例	联　接　画　法
圆柱销	标记示例： 销　GB/T119.1-2000　A$d\times L$	
圆锥销	标记示例： 销　GB/T117-2000　A$d\times L$	
开口销	标记示例： 销　GB/T 91-2000　$d\times L$	

任务 13　识读零件图

【任务要求】　识读图 13.1 所示的齿轮轴零件图。

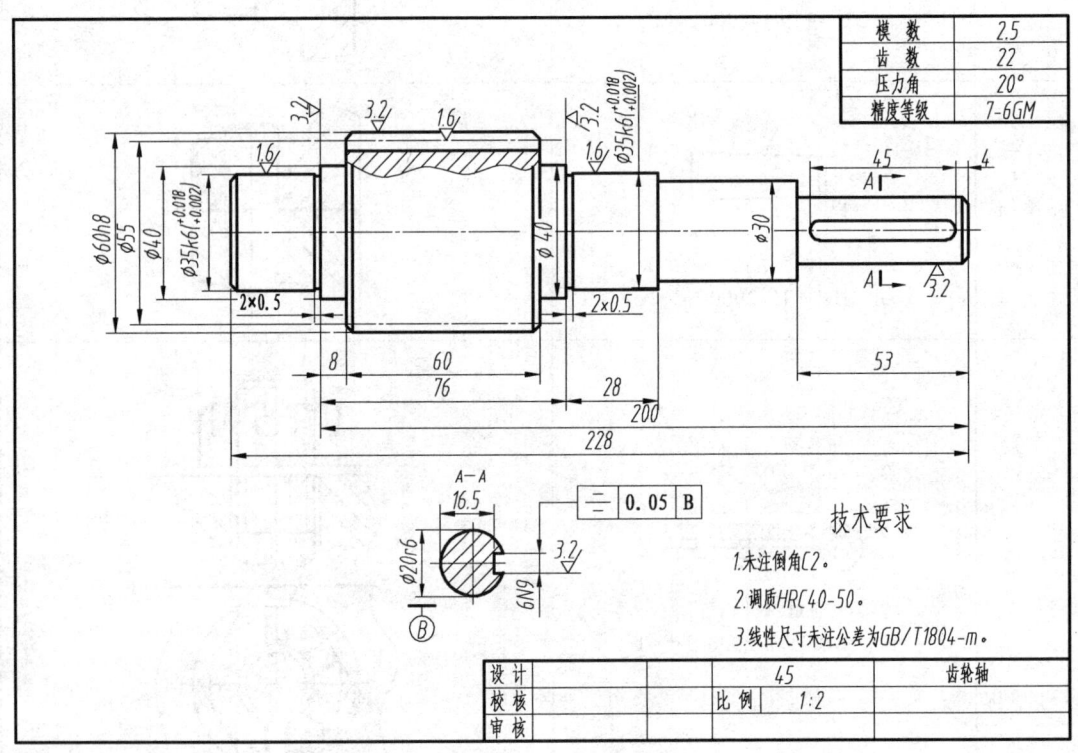

图 13.1　齿轮轴零件图

【任务目标】　了解零件图上尺寸标注的合理性、极限与配合、形状和位置公差、表面粗糙度等内容，掌握识读零件图的方法。

13.1　知识积累

零件是组成机器的基本单元。任何机器或部件都是由若干个零件按一定的技术要求装配而成的，而零件又是根据零件图加工出来的。零件图是表达零件的结构形状、尺寸大小及技术要求的图样；是设计部门提供给生产部门的重要技术文件之一，是生产中进行加工制造和测量检验零件质量的主要依据。

13.1.1　零件图的内容

如图 13.1 所示，一张完整的零件图应该包括以下四项内容：

(1) 一组视图。综合运用视图、剖视图和断面图等各种表达方法，正确、完整、清晰、简便地表达零件的形状结构。

(2) 完整的尺寸。用一组完整、正确、清晰、合理的尺寸来决定零件的形状大小。

(3) 技术要求。用国家标准中规定的符号、数字、字母和文字等说明零件在制造、检验、安装时应达到的各项技术要求。

(4) 标题栏。用于填出零件的名称、材料、数量、重量，绘图的比例及制图、审核人的姓名和日期等。

13.1.2 零件表达方案的选择

为把零件的内、外形状和结构完整、正确、清晰地表达出来，合理选择零件的图样表达方案，对于读图和绘图都是至关重要的。

1. 主视图的选择

主视图是表达零件的最重要的一个视图，选择得恰当与否，不仅关系到看图是否方便，同时直接影响所需其他视图的数目及配置。选择主视图时，应考虑以下几个原则：

1) 形状特征原则

与画组合体视图一样，首先应该在形体分析的基础上，选择能够比较充分地反映零件形状特征的投射方向作主视图。图 13.2（a）就能很好地反映出零件的结构形状和相对位置关系。

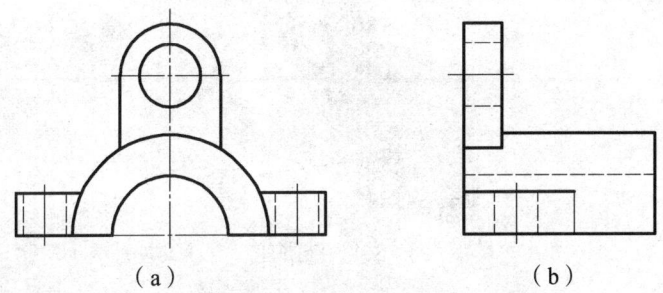

图 13.2 按形状特征原则选择主视图

2) 工作位置原则

零件的工作位置，是指零件在机器工作时所处的位置。选择主视图与工作位置一致，有利于和装配图对照，便于进行机器的装配。图 13.3 所示的轴承座的主视图就是按工作位置原则绘出的。

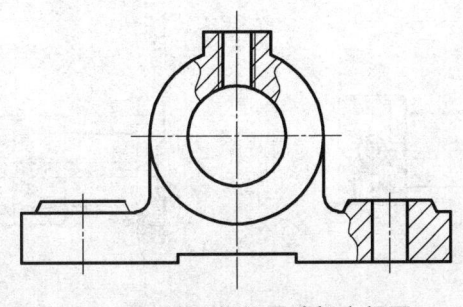

图 13.3 按工作位置选择主视图

3）加工位置原则

零件的加工位置，是指零件在机床上加工时主要的装夹位置。这样选择主视图，目的是为了在加工零件时，图物可以直接对照，有利于工人操作和测量尺寸。如图 13.1 所示的齿轮轴，其主视图就是依照它的加工位置按轴线水平放置画出的。

以上是零件主视图的选择原则，在运用时，在保证表达清楚结构形状特征的前提下，应优先考虑加工位置原则，其次考虑工作位置原则。

2．其他视图的选择

主视图选定之后，要分析还有哪些形状结构没有表达清楚，考虑选择其他适当的视图，将主视图没有表达清楚的零件结构表达清楚。

其他视图的选择原则是：在充分表达出零件内、外结构形状的前提下，尽可能使其他视图的数量最少；画图时，应充分运用剖视图、断面图等各种表达方法，尽量避免使用虚线。通过比较，选择最佳的表达方案。

如图 13.4 所示的踏脚座，上部的轴承和左面的安装板通过中间的 T 形肋联接。图 13.5 为其两种表达方案。两种表达方案都采用了主、俯两个基本视图，主视图按形状特征和工作位置画出，清楚地反映了组成该零件的轴承、安装板和肋板三部分的形状和相对位置。

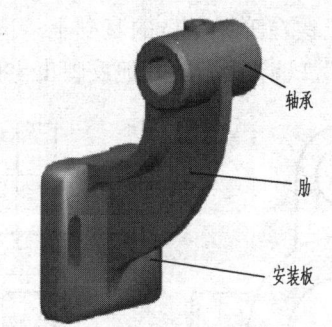

图 13.4　踏脚座

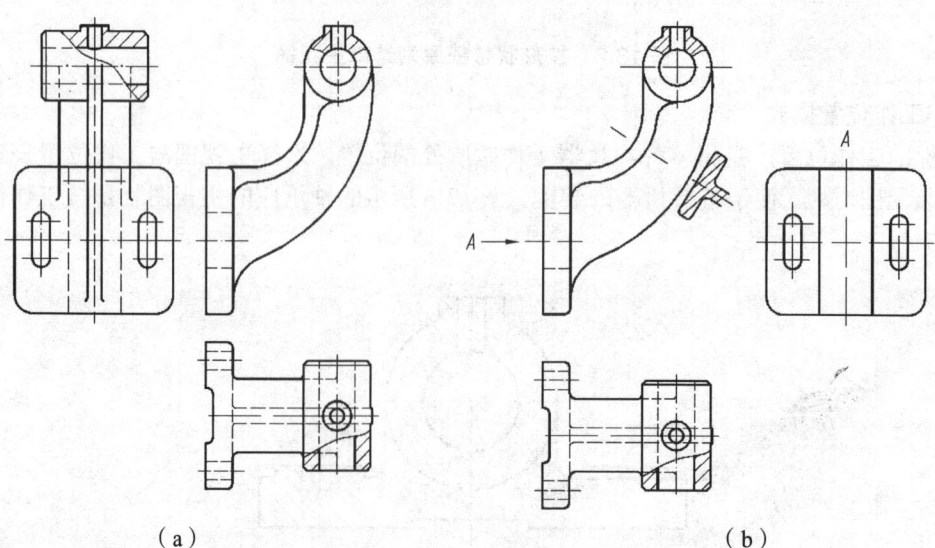

（a）　　　　　　　　　　　　　　（b）

图 13.5　踏脚座的表达

俯视图则反映了三个部分的宽度和前后方向的位置关系。为了表达轴承上孔的内部形状,在主、俯视图中均作了局部剖视,图 13.5(a)增加一个右视图表达肋和安装板左端面的形状。由于轴承的内外结构通过主、俯视图已经表达清楚,因此右视图中再表达轴承就重复了。图 13.5(b)则通过断面图表达肋的断面形状,A 向局部视图表达安装板左端面的形状。比较两种表达方案,显然后一种方案更加清晰、简练。

13.1.3 零件图的尺寸标注

1. 零件图上尺寸标注的基本要求

零件图上的尺寸标注是零件图的主要内容之一,是零件加工和检验的重要依据。零件图上的尺寸标注应符合下列要求:

(1)正确。尺寸标注必须符合技术制图与机械制图国家标准中的规定,做到标注规范、正确。

(2)完整。标注的各类尺寸要齐全,既不遗漏,也不重复。

(3)清晰。标注的尺寸必须排列整齐、注写清晰,便于查找和阅读。

(4)合理。标注的尺寸要既能满足设计要求,又符合生产实际。

2. 尺寸基准的选择

基准是标注尺寸的起点。要把零件图尺寸标注得合理,一个关键问题是应从设计和加工的实际要求出发,选择适当的尺寸基准。

根据基准在生产过程中的作用不同,基准可分为设计基准和工艺基准。

1)设计基准

设计基准是根据机器的结构和设计要求,在设计中用以确定零件在机器中的位置及其几何关系的基准。如图 13.6 所示的轴承座,在标注高度方向的尺寸时,以轴承座的底面为基准,以便保证轴孔到底面的距离;在标注长度方向尺寸时,应当以其对称平面为基准,以便保证底板上两孔之间的距离及其对于轴孔的对称关系。底面和对称面就是轴承座的设计基准。

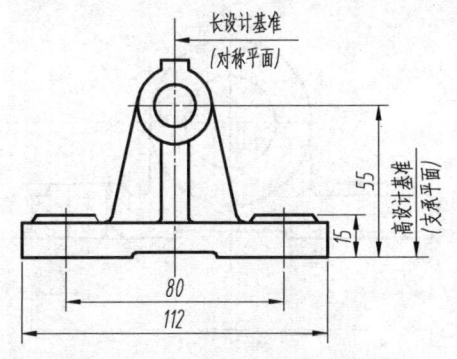
图 13.6 轴承座的设计基准

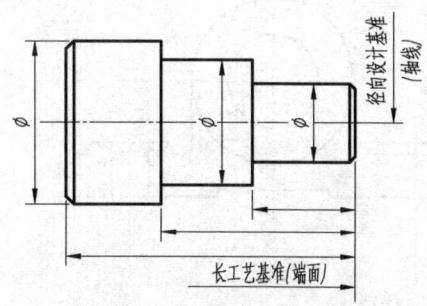
图 13.7 轴的设计基准和工艺基准

2)工艺基准

工艺基准是根据零件加工制造和测量检验等方面的要求所选定的基准。如图 13.7 所示的轴,其右端面为测量长度尺寸的测量基准,是工艺基准。轴线既是设计基准又是测量径向直径尺寸的工艺基准。

每一个零件都有长、宽、高三个方向的尺寸，因而在每一个方向上至少应当选择一个基准。但根据零件的设计、制造、测量需要，一般还要附加一些基准。通常把确定重要尺寸的基准称为主要基准，一般都是设计基准；而把附加的基准称为辅助基准，一般都是工艺基准。主要基准和辅助基准之间、两辅助基准之间都需要直接标注尺寸，使其联系起来。如图13.8所示的蜗轮轴，其轴线是径向尺寸φ40、φ35、φ30的设计基准，又是加工时两端用顶尖支承的工艺基准，工艺基准和设计基准重合时，加工后的尺寸容易达到设计要求。为了保证蜗轮与蜗杆啮合的准确，选用安装蜗轮轴段φ40的左端面为轴向设计基准，标注尺寸76、104。轴的右边端面为辅助基准，标注尺寸53、228，两个基准之间的联系尺寸是200。

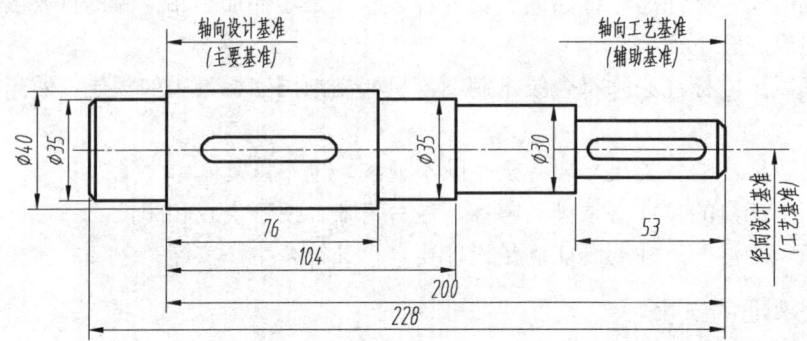

图13.8　蜗轮轴的尺寸基准

3. 合理标注尺寸的注意事项

（1）结构上的重要尺寸，必须从基准出发直接标出。

重要尺寸是指直接影响零件在机器中的工作性能和位置关系的尺寸，如零件之间的配合尺寸、重要的安装定位尺寸等。如图13.9（a）所示的轴承座，轴承孔的中心高A和安装孔的间距B都是重要尺寸，应直接注出。而不能像图13.9（b）那样将A注成$C+D$，将B注成$L-2E$，这将导致不能满足装配要求。

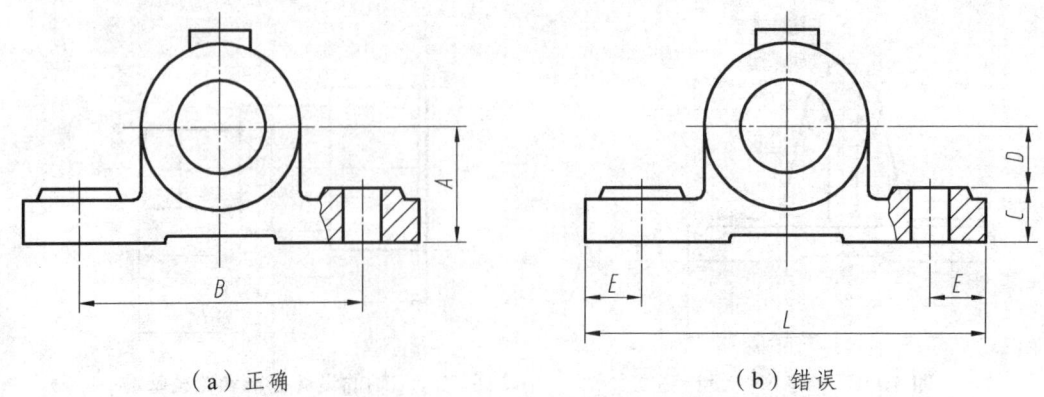

（a）正确　　　　　　　　　　　　（b）错误

图13.9　重要尺寸的注法

（2）不能注成封闭尺寸链。

同一方向上，一组首尾相连的链状尺寸称为封闭尺寸链。如图13.10（a）所示的小轴，将轴的总长和各段长度都注上尺寸,形成封闭尺寸链。零件在加工过程中,各段尺寸都有一定的误差,若将尺寸注成封闭的尺寸链,则保证了各段尺寸的精度,便不能保证总长的尺寸精度;保证了总长的尺寸精度,又不能保证各段的尺寸精度。因此,在一般情况下应避免注成封闭的尺寸链。如图 13.10(b)所示,选择一段不重要的尺寸空出不注,该段尺寸称为开口环。这样,各段尺寸的加工误差最后都积累在开口环上,既保证了设计要求,又便于加工。

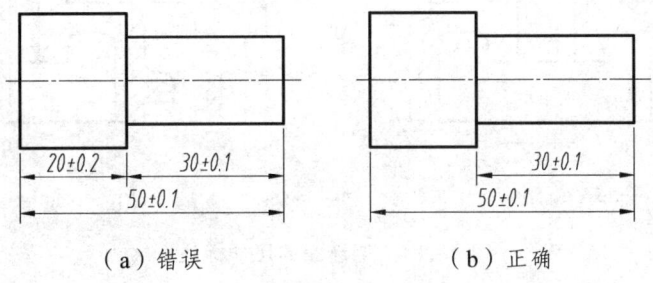

图 13.10 不能注成封闭尺寸链

(3)按加工工艺标注尺寸。

不同的加工工艺,其尺寸应分别标注,以便加工时查找尺寸方便。如图 13.11 所示,铣削加工的轴向尺寸全部标注在视图的上方,而车削加工的轴向尺寸全部标注在视图的下方。

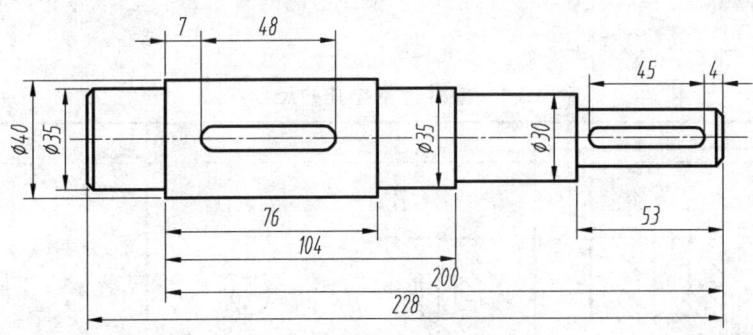

图 13.11 按加工工艺标注尺寸

(4)考虑加工和测量的方便。

在满足零件使用性能的要求下,标注尺寸时应考虑便于加工、便于测量,如图 13.12、图 13.13 所示。

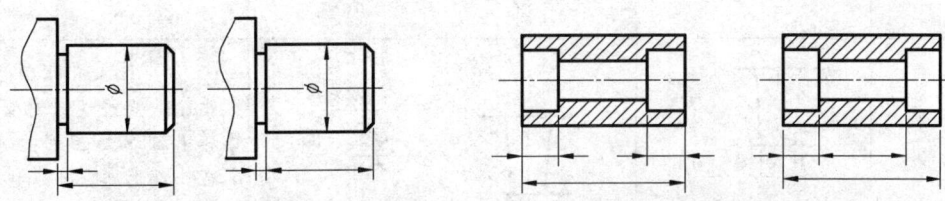

图 13.12 尺寸标注应考虑加工方便　　　图 13.13 尺寸标注应考虑测量方便

(5)合理标注毛坯面尺寸。

毛坯面和机械加工面之间的尺寸标注应把毛坯面尺寸单独标注,并且只使其中一个毛坯面和机械加工面联系起来。如图 13.14(a)所示,其加工面通过尺寸 A 仅与一个不加工面发生联系,其他尺寸都标注在加工面之间和不加工面之间,这种注法是正确的。图13.14(b)中,加工面与三个不加工面之间都注有尺寸,在切削该加工面时,要同时达到所标注的每个尺寸的要求,这是不可能的。

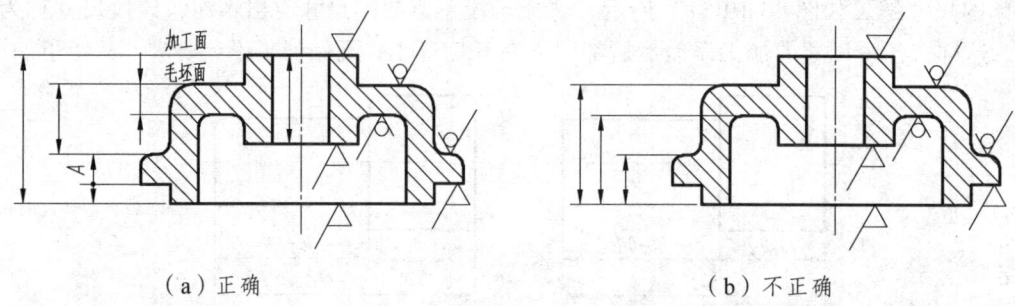

(a)正确　　　　　　　　　　　　　　(b)不正确

图13.14　毛坯面的尺寸标注

关于清晰标注尺寸的问题,应考虑的因素很多,需要通过大量实践,不断总结提高,才能做得较好。

4. 常见零件结构的尺寸标注

零件上经常加工有各种孔,其结构较多,并且它们的尺寸注法已基本标准化。表13.1中所示为零件上常见孔的尺寸注法。

表13.1　零件上常见孔的尺寸注法

结构类型		普通注法	旁注法		说　明
光孔	一般孔	4×φ5	4×φ5▼10	4×φ5▼10	4×φ5 表示四个孔的直径均为φ5(下同)
	精加工孔	4×φ5$^{+0.012}_{0}$	4×φ5▼10$^{+0.012}_{0}$ 钻孔▼12	4×φ5▼10$^{+0.012}_{0}$ 钻▼12	钻孔深为12,钻孔后需精加工至φ5$^{+0.012}_{0}$,精加工深度为10
	锥销孔	锥销孔φ5	锥销孔φ5	锥销孔φ5	φ5为与锥销孔相配合的圆锥销小头直径(公称直径),锥销孔通常是相邻两零件装配在一起时加工的
沉孔	锥形沉孔	90° φ13 6×φ7	6×φ7 ⌵13×90°	6×φ7 ⌵13×90°	锥形部分大端直径为φ13,锥角为90°

续表 13.1

结构类型		普通注法	旁注法	说　明
沉孔	柱形沉孔	⌀10, 3.5, 4×⌀6	4×⌀6 ⌴⌀10▽3.5	柱形沉孔的直径为⌀10，深度为3.5，均需标注
	锪平面	⌀16⌴, 4×⌀7	4×⌀7 ⌴⌀16	锪平面⌀16的深度不必标注，一般锪平到不出现毛面为止
螺孔	通孔	3×M6-7H	3×M6-7H	3×M6-7H 表示三个直径为⌀6，中径、顶径公差带为7H的螺孔
	不通孔	3×M6-7H, 10	3×M6-7H▽10	深10是指螺孔的有效深度是10，螺孔深度以保证有效深度为准，也可查有关手册

13.1.4　零件图上的技术要求

在零件图上，除了用视图表达零件的结构形状和用尺寸表明零件各组成部分的大小及位置关系外，通常还标注有相关的技术要求。一般包括：表面粗糙度；极限与配合要求；形状和位置公差；热处理、表面处理和表面修饰的说明；对材料的要求和说明；特殊加工、检查、实验及其他必要的说明；某些结构的统一要求，如圆角、倒角等。以上内容，凡已有规定代号、符号的，用代号、符号直接标注在图上，无规定代号、符号的，则可用文字或数字说明，写在图的右下角标题栏的上方或左方适当空白处，如图 13.1 所示。

1. 表面粗糙度

表面粗糙度是指加工后零件表面因刀痕、金属塑性变形等影响形成的较小间距和峰谷所组成的微观几何形状特性，实质上是指表面的微观高低不平度，如图 13.15 所示。

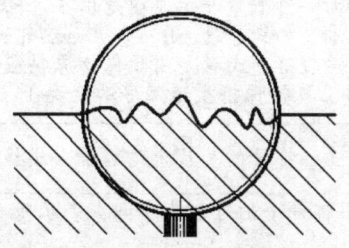

图 13.15　表面粗糙度

表面粗糙度对零件表面的摩擦磨损、疲劳强度、耐腐蚀性、接触强度、配合精度、密封性及导热性能等有一定的影响，其主要评定参数是轮廓算术平均偏差，用 R_a 表示。

表面粗糙度反映了零件表面的加工质量。表面质量越高，表面粗糙度值就越小，加工工艺就越复杂，加工成本就越高。表13.2 为轮廓算术平均偏差 R_a 的常用数值区段的获得方法及应用举例。

表 13.2 表面粗糙度获得的方法及应用举例

表面粗糙度 $R_a/\mu m$	表面特征	主要获得方法	应用举例
50、100	明显可见刀痕	粗车、粗刨、粗铣等	很少应用于加工面
25	可见刀痕		
12.5	微见刀痕	粗车、刨、立铣等	不接触表面、不重要的接触面，如倒角等
6.3	可见加工痕迹	精车、精刨、精铣、刮研和粗磨	支架、箱体和盖等的非配合表面
3.2	微见加工痕迹		箱、盖、套筒要求紧贴的表面，键和键槽的工作表面
1.6	看不见加工痕迹		要求有不精确定心及配合特性的表面，如支架孔、衬套、胶带轮工作面
0.8	可辨加工痕迹方向	金刚石车刀精车、精铰、拉刀和压刀加工、精磨、珩磨、研磨、抛光	要求保证定心及配合特性的表面，如轴承配合表面、锥孔等
0.4	微辨加工痕迹方向		要求能长期保持规定的配合特性的、公差等级为 7 级的孔和 6 级的轴
0.2	不可辨加工痕迹方向		主轴的定位锥孔，$d<20$ mm 淬火的精确轴的配合表面

1）表面粗糙度的符号、代号及其含义

图样上表示零件表面粗糙度的符号画法及意义如表 13.3 所示。

表 13.3 表面粗糙度符号及填写格式

符号	意义及说明	标注有关参数和说明
∨	基本符号，表示表面可用任何方法获得。当不加注粗糙度参数值或有关说明（例如：表面处理、局部热处理状况等）时，仅适用于简化代号标注	a1、a2：粗糙度高度参数的代号 b：加工要求符号 c：取样长度 d：加工纹理方向符号 e：加工余量 f：粗糙度间距参数值
∇	基本符号加一短划，表示表面是用去除材料的方法获得。如车、铣、钻、磨、剪切、抛光、腐蚀、电火花加工、气割等	
∇ (with circle)	基本符号加一小圆，表示表面是用不去除材料方法获得。如铸、锻、冲压变形、热轧、冷轧、粉末冶金等，或者是用于保持原供应状况的表面（包括保持上道工序的状况）	
	在上述三个符号的长边上均可加一横线，用于标注有关参数和说明	
	在上述三个符号上均可加一小圆，表示所有表面具有相同的表面粗糙度要求	

表面粗糙度的代号及其含义如表13.4所示。

表13.4 表面粗糙度代号及含义

代号	意义及说明	代号	意义及说明
3.2/	用任何方法获得的表面粗糙度，R_a的上限值为3.2 μm	Rz3.2/	用任何方法获得的表面粗糙度，R_z的上限值为3.2 μm
3.2/	用去除材料方法获得的表面粗糙度，R_a的上限值为3.2 μm	Rz3.2 Rz1.6/	用去除材料方法获得的表面粗糙度，R_z的上限值为3.2 μm，R_z的下限值为1.6 μm
25/	用不去除材料方法获得的表面粗糙度，R_a的上限值为25 μm	Rz25/	用不去除材料方法获得的表面粗糙度，R_z的上限值为25 μm
3.2 1.6/	用去除材料方法获得的表面粗糙度，R_a的上限值为3.2 μm，R_a的下限值为1.6 μm	3.2 Rz1.6/	用去除材料方法获得的表面粗糙度，R_a的上限值为3.2 μm，R_z的下限值为1.6 μm

2）表面粗糙度的标注方法

国家标准GB/T131-1993规定了表面特征代号（符号）及其在图样上的注法。表13.5所示为表面粗糙度标注示例。

表13.5 表面粗糙度标注示例

标注类别	表面粗糙度标注示例	说明
一般标注		表面粗糙度符号、代号一般应标注在可见轮廓线、尺寸界限、引出线或它们的延长线上，符号的尖端必须从材料外指向表面
大部分表面具有相同的表面粗糙度要求标注		当大部分表面具有相同的表面粗糙度要求时，对其中使用最多的一种代号统一注在图样的右上角，并加注"其余"两字。当所有表面具有相同的表面粗糙度要求时，可在右上方统一标注
表面粗糙度的简化注法及省略注法		为了简化标注或位置受限时，可标注简化代号，也可采用省略注法，但必须在标题栏附近说明这些简化代号及省略标注的意义

续表 13.5

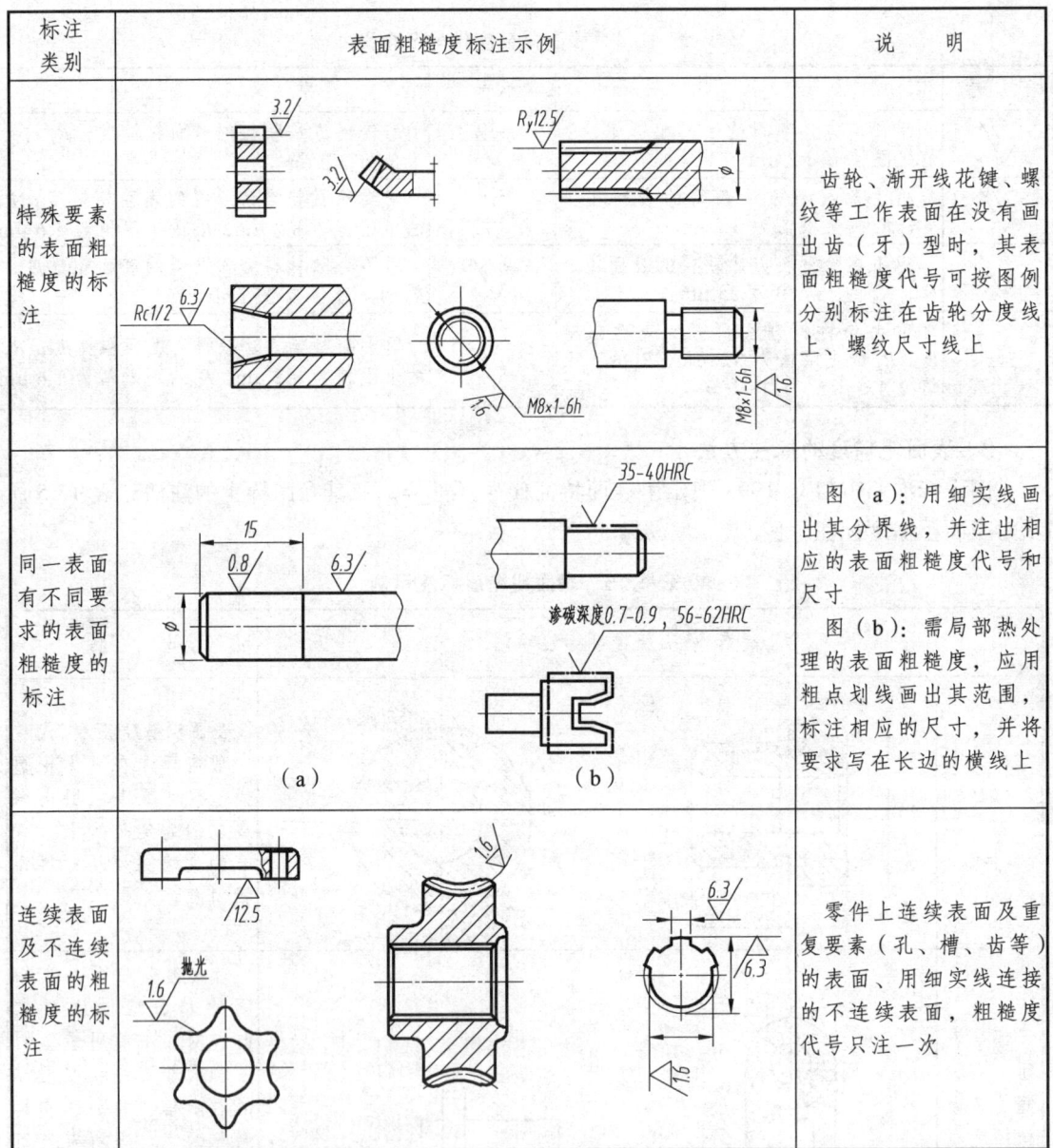

2. 极限与配合

为了提高劳动生产率，保证产品质量和降低成本，现代工业中组织专业化协作生产，即分散制造、集中装配，这样就要求零件具有互换性。

所谓"互换性"，是指在相同规格的零件中，任取一件，不经挑选或修配，就能顺利装入机器，并达到设计的性能要求。

为了保证互换性，重要条件之一是必须保证零件尺寸的一致性，可是在生产实践中，不可能把零件的尺寸加工得绝对精确，为此，在符合使用要求的前提下，需将零件的尺寸误差控制在一个允许的范围内，允许尺寸的变动量称为尺寸公差。

1）尺寸公差的基本概念

表 13.6 列出了国家标准《极限与配合》中有关尺寸、偏差与公差的术语及基本概念。

表 13.6　极限与配合的有关术语定义

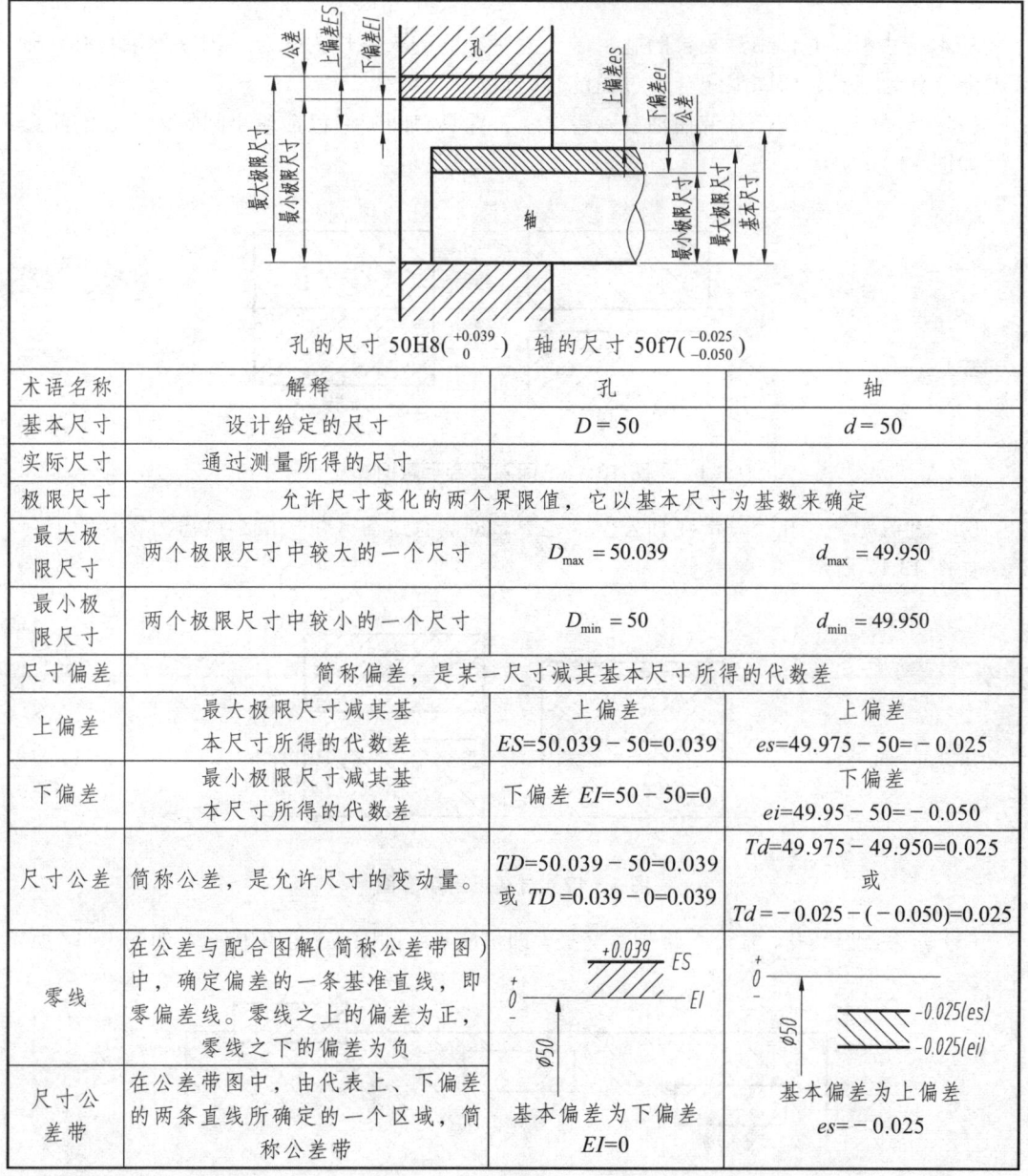

术语名称	解释	孔	轴
基本尺寸	设计给定的尺寸	$D = 50$	$d = 50$
实际尺寸	通过测量所得的尺寸		
极限尺寸	允许尺寸变化的两个界限值，它以基本尺寸为基数来确定		
最大极限尺寸	两个极限尺寸中较大的一个尺寸	$D_{max} = 50.039$	$d_{max} = 49.950$
最小极限尺寸	两个极限尺寸中较小的一个尺寸	$D_{min} = 50$	$d_{min} = 49.950$
尺寸偏差	简称偏差，是某一尺寸减其基本尺寸所得的代数差		
上偏差	最大极限尺寸减其基本尺寸所得的代数差	上偏差 $ES = 50.039 - 50 = 0.039$	上偏差 $es = 49.975 - 50 = -0.025$
下偏差	最小极限尺寸减其基本尺寸所得的代数差	下偏差 $EI = 50 - 50 = 0$	下偏差 $ei = 49.95 - 50 = -0.050$
尺寸公差	简称公差，是允许尺寸的变动量。	$TD = 50.039 - 50 = 0.039$ 或 $TD = 0.039 - 0 = 0.039$	$Td = 49.975 - 49.950 = 0.025$ 或 $Td = -0.025 - (-0.050) = 0.025$
零线	在公差与配合图解（简称公差带图）中，确定偏差的一条基准直线，即零偏差线。零线之上的偏差为正，零线之下的偏差为负	基本偏差为下偏差 $EI = 0$	基本偏差为上偏差 $es = -0.025$
尺寸公差带	在公差带图中，由代表上、下偏差的两条直线所确定的一个区域，简称公差带		

2）标准公差与基本偏差

公差由"标准公差"和"基本偏差"两个要素确定。

标准公差是国家标准规定的用以确定公差带大小的任一公差。国标将标准公差分为 20 个等级，既 IT01、IT0、IT1～IT18，"IT"为"标准公差"的符号，数字表示公差等级。IT01 公差值最小，精度最高；IT18 公差值最大，精度最低。标准公差具体数值参见附表 5.1。

基本偏差是用来确定公差带相对于零线位置的上偏差或下偏差，一般为靠近零线的那个偏差。国家标准对孔和轴分别规定了 28 个基本偏差，并规定：大写字母表示孔的基本偏差，小写字母表示轴的基本偏差。

3）配合

基本尺寸相同的、相互配合的孔、轴公差带之间的关系称为配合。国家标准将孔、轴之间的配合分为三类，即间隙配合、过盈配合、过渡配合。

（1）间隙配合：孔公差带在轴公差带之上，即具有间隙（包括最小间隙为零）的配合。如图 13.16 所示。

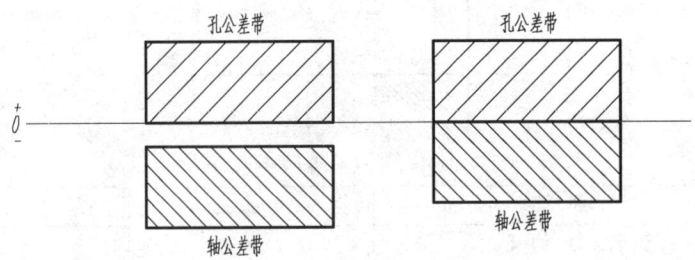

图 13.16　间隙配合示意图

（2）过盈配合：孔公差带在轴公差带之下，即具有过盈（包括最小过盈为零）的配合。如图 13.17 所示。

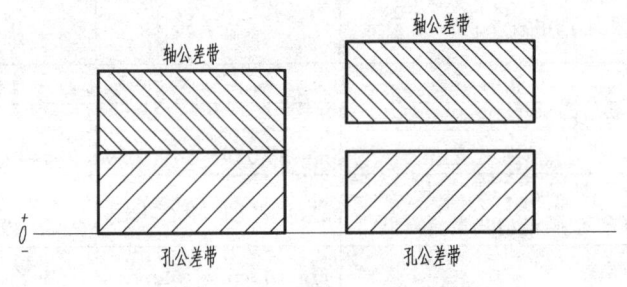

图 13.17　过盈配合示意图

（3）过渡配合：孔、轴公差带相互交叠，即可能具有间隙或过盈的配合。如图 13.18 所示。

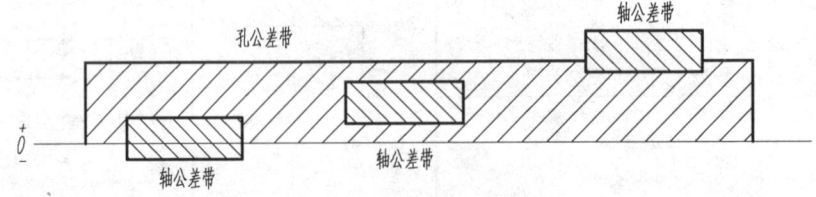

图 13.18　过渡配合示意图

4）配合制度

为了减少配合的数量，国家标准规定了两种配合制度，即基孔制配合和基轴制配合。

（1）基孔制：基本偏差为一定的孔公差带，与不同基本偏差的轴公差带形成各种配合的一种制度，如图 13.19 所示。基孔制中的孔为基准孔，规定其基本偏差代号为 H，其下偏差（EI）为零。

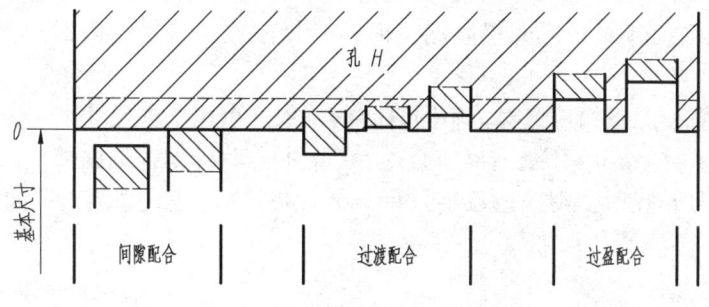

图 13.19 基孔制配合示意图

（2）基轴制：基本偏差为一定的轴公差带，与不同基本偏差的孔公差带形成各种配合的一种制度，如图 13.20 所示。基轴制中的轴为基准轴，规定其基本偏差代号为 h，其上偏差（es）为零。

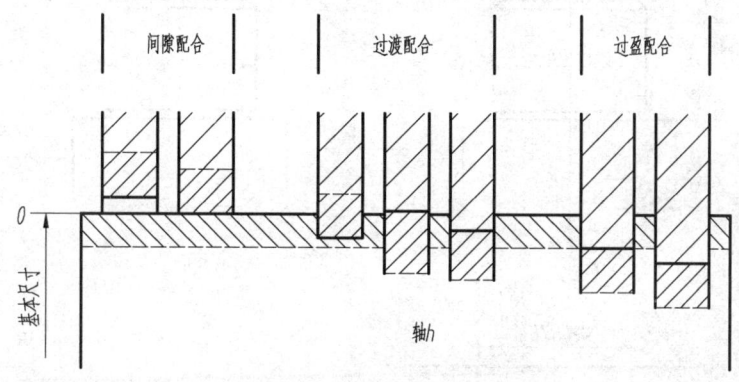

图 13.20 基轴制配合示意图

5）极限与配合的标注

（1）孔、轴公差带代号。

零件图上，一些重要尺寸一般应标注出极限偏差或公差带代号。公差带代号由基本偏差代号和公差等级代号组成，如图 13.21 所示。

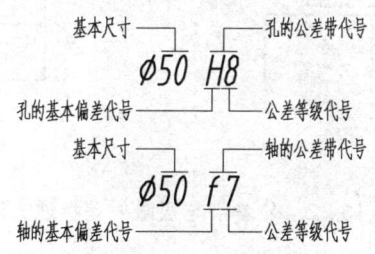

图 13.21 孔、轴公差带代号组成

其中 $\phi50H8$ 的含义为：基本尺寸为 $\phi50$，公差等级为 8 级，基本偏差为 H 的孔的公差带；$\phi50f7$ 的含义为：基本尺寸为 $\phi50$，公差等级为 7 级，基本偏差为 f 的轴的公差带。

（2）零件图上的标注。

用于大批量生产的零件图，可只注公差带代号。公差带代号的注写形式如图 13.22（a）所示。用于中小批量生产的零件图，一般可只注极限偏差，如图 13.22（b）所示。当要求同时标注公差带代号及相应的极限偏差时,其极限偏差应加上圆括号,如图 13.22(c)所示。

标注时应注意,上下偏差绝对值不同时,偏差数字用比基本尺寸小一号的字体书写。若某一偏差为零时,数字"0"不能省略,必须标出,并与另一偏差的整数个位对齐。若上下偏差绝对值相同符号相反时,则偏差数字只写一个,并与基本尺寸数字字号相同,如图 13.22(d) 所示。

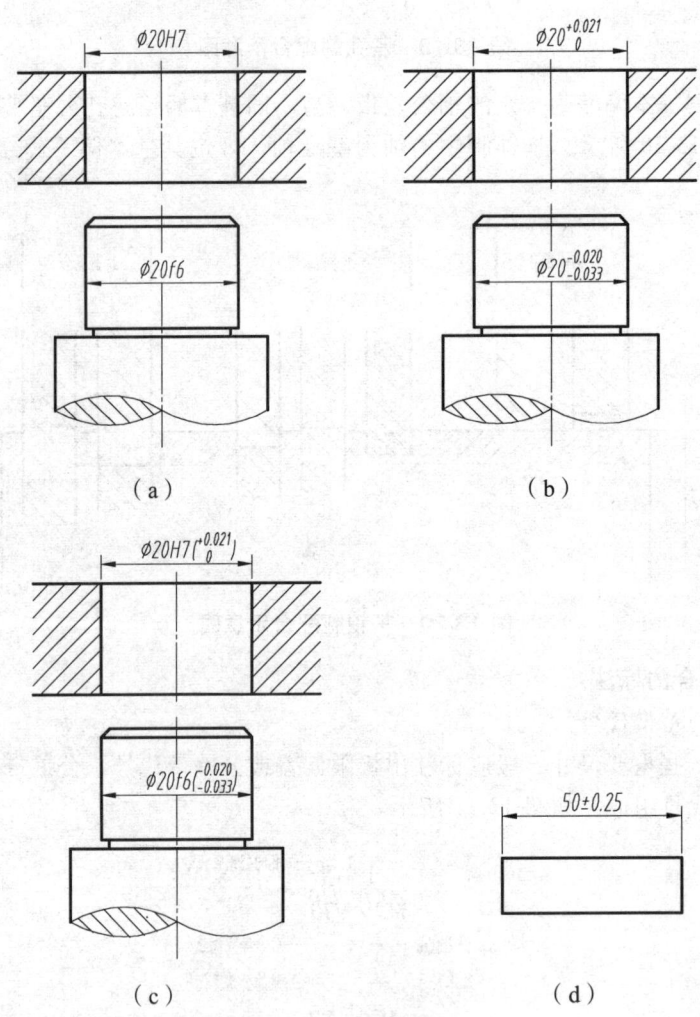

图 13.22 公差带与极限偏差标注方法

(3) 装配图上的标注。

在装配图上,一般标注配合代号,也可标注极限偏差。

在装配图上标注线性尺寸的配合代号时,配合代号必须注写在基本尺寸的右边,用分数形式注出,分子为孔的公差带代号,分母为轴的公差带代号,如图 13.23 所示。

零件(孔或轴)与标准件、外购件配合时,只标注零件的公差带代号,如图 13.24 所示。

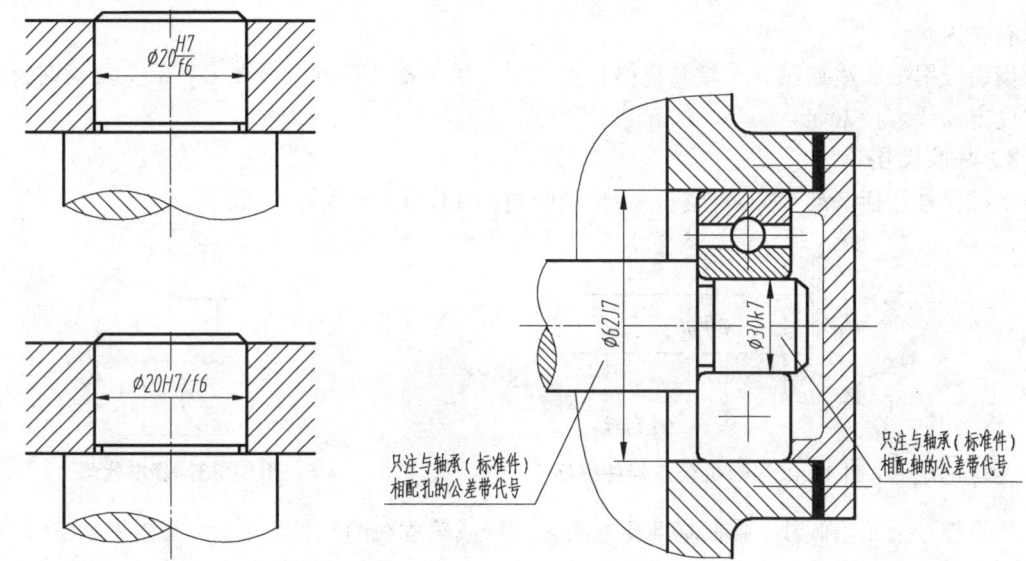

图 13.23 装配图上的配合代号注法　　图 13.24 零件与标准件配合时的注法

3. 形状和位置公差

在加工零件时，由于机床、夹具、刀具、工件材料等因素的影响，被加工零件的几何形状及相对位置也会产生误差，这种误差也必须控制在一个允许的范围内。因此，在图样上必须标注形状和位置公差。

1) 形位公差特征项目及符号

形位公差共分形状公差和位置公差两大类 14 项，见表 13.7。

表 13.7 形位公差特征项目及符号

分类	项目	符号	分类		项目	符号
形状公差	直线度	—	位置公差	定向	平行度	∥
	平面度	▱			垂直度	⊥
	圆度	○			倾斜度	∠
	圆柱度	⌀		定位	同轴(同心)度	◎
	线轮廓度	⌒			对称度	⌯
					位置度	⊕
	面轮廓度	⌓		跳动	圆跳动	↗
					全跳动	↗↗

2) 形位公差代号

形位公差在图样中用代号标注，用代号标注不便时，也可用文字说明。

形位公差代号包括：框格和带箭头的指引线，公差特征项目符号，公差数值和有关符号，基准代号字母，如图 13.25 所示。

框格用细实线画出，其长边可横放也可竖放。框格中字母或数字的朝向与图中尺寸数字的规定相同。框格横放时，框格自左至右（竖放时自下至上）分成两格、三格或多格，依次填写有关内容。

指引线用细实线绘制,一端与框格相连,另一端画箭头指向被测要素,箭头要指向公差带宽度方向或直径方向。

3) 基准代号

基准代号包括基准符号、连线、字母和圆圈,如图 13.26 所示。

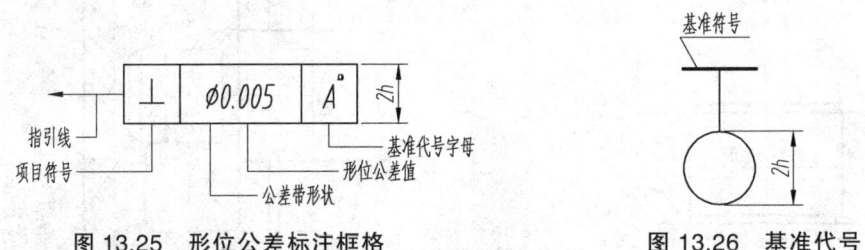

图 13.25 形位公差标注框格　　　　图 13.26 基准代号

基准符号为粗短画线,画在基准要素的轮廓线或轮廓线的延长线附近。圆圈用细实线画,圆圈里的字母与相应的公差框格中表示基准的字母相同,并水平注写。

4) 形位公差的标注方法

(1) 当基准要素或被测要素为轮廓线或表面时,基准符号的粗短画线应在轮廓线或其延长线上,框格指引线的箭头也应指向被测要素的轮廓线或轮廓线的延长线上;箭头或基准符号应与尺寸线明显地错开,如图 13.27 所示。

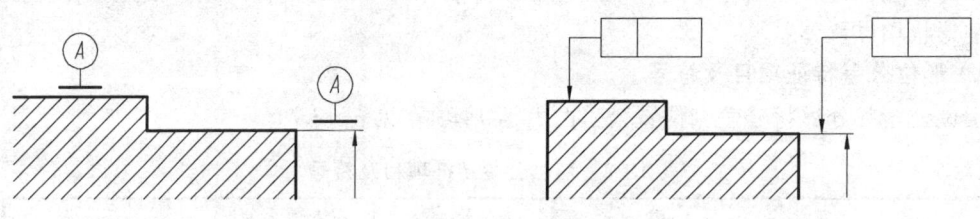

图 13.27 基准、被测要素为平面时的标注

(2) 当基准要素或被测要素为轴线、中心平面或带尺寸的要素确定的点时,基准符号上的连线或指引线箭头应与有关尺寸线对齐,如图 13.28、13.29 所示。

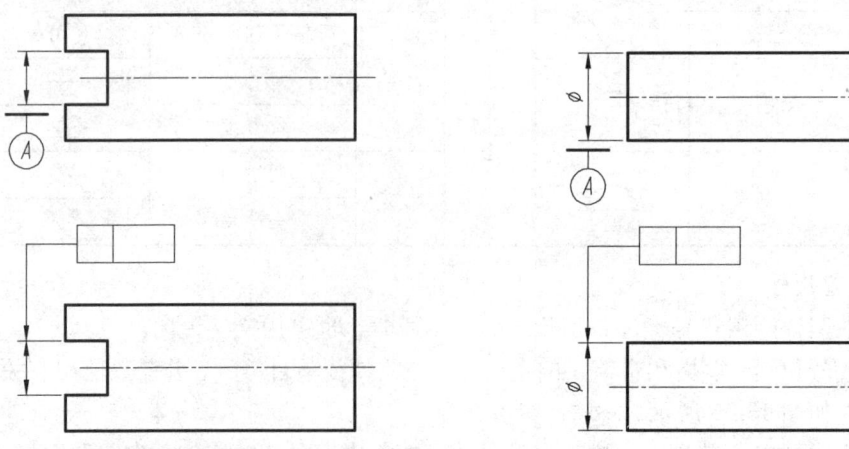

图 13.28 基准、被测要素为中心平面时的标注　　　图 13.29 基准、被测要素为轴线时的标注

(3) 同一要素有多项形位公差要求或多个被测要素有相同形位公差要求时，其标注方法如图 13.30、13.31 所示。

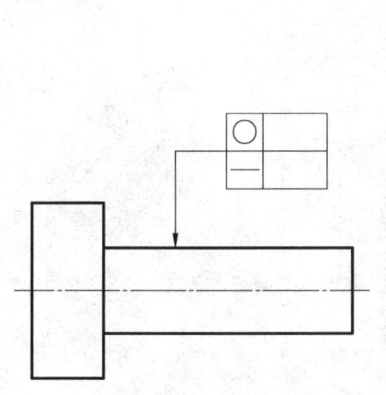

图 13.30　同一要素有多项形位公差要求时的注法

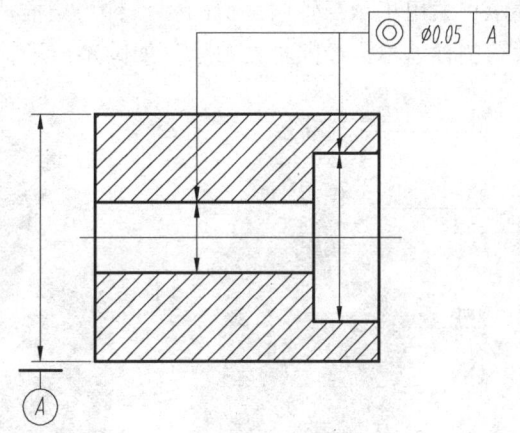

图 13.31　多个被测要素有相同形位公差要求时的注法

5）形位公差的识读示例

图 13.32 所注的形位公差的含义是：

(1) ϕ100h6 外圆对孔 ϕ45H7 的轴线的径向圆跳动公差为 0.025 mm；

(2) ϕ100h6 外圆的圆度公差为 0.004 mm；

(3) 零件右两端对左端面的平行度公差为 0.01 mm。

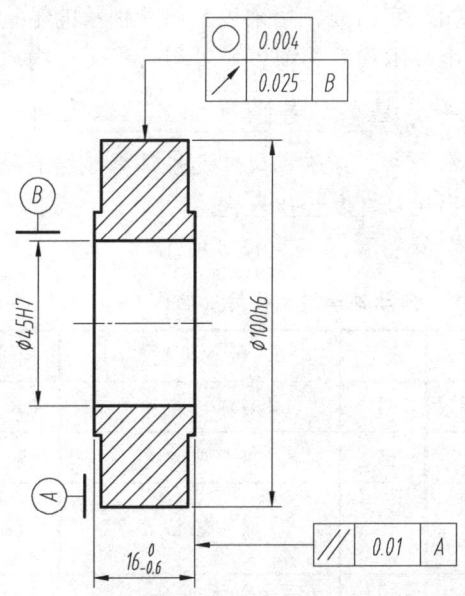

图 13.32　形位公差识读

13.1.5　滚动轴承

滚动轴承是支承轴的一种标准部件，由于具有结构紧凑、摩擦力小、效率高等优点，因而得到广泛应用。滚动轴承的种类比较多,但其结构一般都由内圈、外圈、滚动体、隔离圈(或保持架)组成,如图13.33所示。其中只用于承受径向载荷的轴承称为径向轴承,如深沟球轴承;只用于承受轴向载荷的轴承称为止推轴承,如止推球轴承;用于同时承受轴向和径向载荷的轴承称为径向止推轴承,如圆锥滚子轴承。

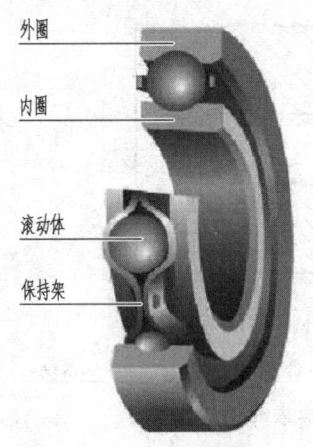  

(a)深沟球轴承　　　　（b)推力球轴承　　　　（c)圆锥滚子轴承

图 13.33　滚动轴承

1. 滚动轴承的代号和标记

1）滚动轴承的代号

滚动轴承代号是由字母加数字组成,用来表示滚动轴承的结构、尺寸、公差等级、技术性能等特征的产品符号,它由基本代号、前置代号和后置代号构成,其排列方式如下:

| 基本代号 | 前置代号 | 后置代号 |

基本代号表示轴承的基本类型、结构和尺寸,是轴承代号的基础。基本代号从左向右依次由轴承类型代号、尺寸系列代号、内径代号构成。

轴承类型代号用数字或字母表示,见表13.8所示。

表 13.8　滚动轴承类型代号（摘自 GB/T 272-1993）

代号	轴承类型	代号	轴承类型	代号	轴承类型
0	双列角接触球轴承	4	双列深沟球轴承	8	推力圆柱滚子轴承
1	调心球轴承	5	推力球轴承	N	圆柱滚子轴承
2	调心滚子轴承和推力调心滚子轴承	6	深沟球轴承	U	外球面球轴承
3	圆锥滚子轴承	7	角接触球轴承	QJ	四点接触球轴承

尺寸系列代号由轴承的宽（高）度系列代号和直径系列代号组合而成,用两位阿拉伯数字来表示。它的主要作用是区别内径相同而宽度和外径不同的轴承。具体代号需查阅相关标准。

内径代号表示轴承的公称内径，一般用两位阿拉伯数字表示。代号数字为 00、01、02、03 时，分别表示轴承内径 d=10 mm、12 mm、15 mm、17 mm；代号数字为 04—96 时，代号数字乘 5，即为轴承内径；轴承公称内径为 1～9 mm 时，用公称内径毫米数直接表示；轴承公称内径为 22 mm、28 mm、32 mm、500 mm 或大于 500 mm 时，用公称内径毫米数直接表示，但与尺寸系列代号之间用"/"分开。

例如，基本代号 6208，其中"08"为内径代号，"2"为尺寸代号（完整尺寸代号为 02），"6"为轴承类型代号，表示 d=40 mm，宽度系列代号为 0（省略），直径系列代号为 2 的深沟球轴承；基本代号 62/22 表示内径 d=22 mm，宽度系列代号为 0，直径系列代号为 2 的深沟球轴承；基本代号 30312 表示内径 d=60 mm，宽度系列代号为 0，直径系列代号为 3 的圆锥滚子轴承；基本代号 51310 表示内径 d=50 mm，高度系列代号为 1，直径系列代号为 3 的推力球轴承。

前置代号用字母表示，后置代号用字母（或加数字）表示。前置代号、后置代号是轴承在结构形状、尺寸、公差、技术要求等有改变时，在其基本代号左右添加的代号。

例如，轴承代号"K 81107"中"K"为前置代号，"81107"为基本代号；轴承代号"6210 NR"中"6210"为基本代号，"NR"为后置代号。

前置代号和后置代号的含义及标注方式，可查阅 GB/T 272—93。

2）滚动轴承的标记

滚动轴承的标记由三部分组成，其排列方式如下：

| 轴承名称 | 轴承代号 | 标准编号 |

例如，代号为 6210 的深沟球轴承标记为：

滚动轴承　6210　GB/T276-1994

2. 滚动轴承的画法

滚动轴承是标准部件，使用时必须按要求选用。当需要画滚动轴承的图形时，可采用简化画法或规定画法。各种轴承的画法及尺寸比例示例如表 13.9 所示。

1）简化画法

简化画法可采用通用画法或特征画法，但在同一图样中一般只采用其中一种画法。

（1）通用画法：在剖视图中，当不需要确切地表示滚动轴承的外形轮廓、载荷特性、结构特征时，可用矩形线框及位于线框中央正立的十字形符号表示，十字符号不应与矩形线框接触。通用画法的尺寸比例见表 13.9。

（2）特征画法：在剖视图中，如需较形象地表示滚动轴承的结构特征，可采用在矩形线框内画出其结构要素符号的方法表示，滚动轴承特征画法见表 13.9。

2）规定画法

必要时，在滚动轴承的产品图样、产品样本、产品标准、用户手册和使用说明书中，可采用表 13.9 所示的规定画法绘制滚动轴承。

表 13.9 常用滚动轴承的画法及尺寸比例示例

轴承类型	通用画法	特征画法	规定画法
深沟球轴承 6000 型			
圆锥滚子轴承 30000 型			
推力球轴承 51000 型			

13.1.6 读零件图

在零件设计制造、机器安装、机器的使用和维修及技术革新、技术交流等工作中，常常要读零件图。读零件图的目的是为了弄清零件图所表达零件的结构形状、尺寸和技术要求，以便指导生产和解决有关的技术问题，这就要求工程技术人员必须具有熟练阅读零件图的能力。

1. 读零件图的基本要求

（1）了解零件的名称、用途和材料。
（2）分析零件各组成部分的几何形状、结构特点及作用。
（3）分析零件各部分的定型尺寸和各部分之间的定位尺寸。
（4）熟悉零件的各项技术要求。

2. 读零件图的方法和步骤

1) 概括了解

从标题栏内了解零件的名称、材料、比例等,并浏览视图。从名称可判断该零件属于哪一类零件;从材料可大致了解其加工方法;从绘图比例可估计零件的实际大小;必要时,对照机器、部件实物或装配图了解该零件的装配关系等,可初步得知零件的用途和形体概貌。

2) 详细分析

(1) 分析表达方案。分析零件图的视图布局,找出主视图、其他基本视图和辅助视图所在的位置。根据剖视、断面的剖切方法、位置,分析剖视、断面的表达目的和作用。

(2) 分析形体、想出零件的结构形状。这一步是看零件图的重要环节。先从主视图出发,联系其他视图、利用投影关系进行分析。一般采用形体分析法逐个弄清零件各部分的结构形状和相互位置关系,想象出整个零件的结构形状。在进行这一步分析时,往往还需结合零件结构的功能来进行,使分析更加容易。

(3) 分析尺寸。先找出零件长、宽、高三个方向的尺寸基准,然后从基准出发,搞清楚哪些是主要尺寸。再用形体分析法找出各部分的定型尺寸和定位尺寸。

(4) 分析技术要求。分析零件的尺寸公差、形位公差、表面粗糙度和其他技术要求,弄清楚零件的哪些尺寸要求高,哪些尺寸要求低,哪些表面要求高,哪些表面要求低,哪些表面不加工,以便进一步考虑相应的加工方法。

综合前面的分析,把图形、尺寸和技术要求等全面系统地联系起来,并参阅相关资料,得出零件的整体结构、尺寸大小、技术要求及零件的作用等完整的概念。

13.2 知识运用

13.2.1 识读轴(图 13.1)

轴属于轴套类零件,这类零件包括各种轴、丝杆、套筒、衬套等。大多数是由若干不等径的圆柱体同轴组合成的,其轴向尺寸远大于径向尺寸,轴上有轴肩、键槽、螺孔、倒角、退刀槽、圆角等结构。

1. 概括了解

从标题栏可知,该零件叫齿轮轴。齿轮轴是用来传递动力和运动的,其材料为 45 号钢,属于轴类零件。从总体尺寸看,最大直径 60 mm,总长 228 mm,属于较小的零件。

2. 详细分析

1) 结构分析

如图 13.34 所示,齿轮轴是由若干不等径的圆柱体同轴组合成的,其轴向尺寸远大于径向尺寸,轴上有轴肩、键槽、倒角、砂轮越程槽等结构。最大圆柱上制有轮齿,用于传递动力;最右端圆柱上有一键槽,通过键与联轴器联接输入动力;为便于装配,两端及轮齿两端有倒角;轮毂两端面处制有砂轮越程槽,加工出轴肩用于轴上装配滚动轴承部件的轴向定位。

图 13.34 轴的形状结构

2）表达方案分析

齿轮轴的表达方案由一个基本视图（主视图）和一个辅助视图（移出断面图）组成，用局部剖视表示轮齿部分，用移出断面图表达键槽深度和宽度。

3）尺寸分析

在该齿轮轴中，两处 $\phi35k6$ 轴段及 $\phi20r6$ 轴段用来安装滚动轴承及联轴器，为使传动平稳，各轴段应同轴，故径向尺寸的设计基准为齿轮轴的轴线，由此直接注出轴与安装在轴上的零件的轴孔有配合要求的轴段尺寸。

左端 $\phi40$ 轴段左端面用于安装轴承后的轴向定位，所以此处为长度方向的主要尺寸基准，以此为基准注出了尺寸 2、8、76 等。右端 $\phi40$ 轴段右端面为长度方向的第一辅助尺寸基准，以此基准注出了尺寸 2、28。齿轮轴的右端面为长度方向尺寸的另一辅助基准，以此为基准注出了尺寸 4、53 等。

轴向的重要尺寸，如键槽长度 45，齿轮宽度 60 等已直接注出。

4）技术要求分析

凡注有公差带尺寸的轴段，均与其他零件有配合要求。如注有 $\phi60h8$、$\phi35k6$ 及 $\phi20r6$ 的轴段，尺寸精度较高，相应的表面粗糙度要求也较高，分别为 1.6 μm 和 3.2 μm。

安装联轴器的轴段 $\phi20r6$，对键槽提出了对称度要求，其含义为键槽的对称平面与 $\phi20r6$ 的轴线的对称度公差为 0.05。

轴应经调质处理，以提高材料的韧性和强度。另外还对倒角、未注尺寸公差等要求提出了文字说明要求。

13.2.2 识读端盖（图 13.35）

端盖属于轮盘类零件，这类零件包括齿轮、手轮、皮带轮、飞轮、法兰盘、端盖等。轮盘类零件的主体一般也为回转体，与轴套类零件不同的是其轴向尺寸小于径向尺寸。这类零件上常有退刀槽、凸台、凹坑、倒角、圆角、轮齿、轮辐、筋板、螺孔、键槽和作为定位或联接用的孔等结构。

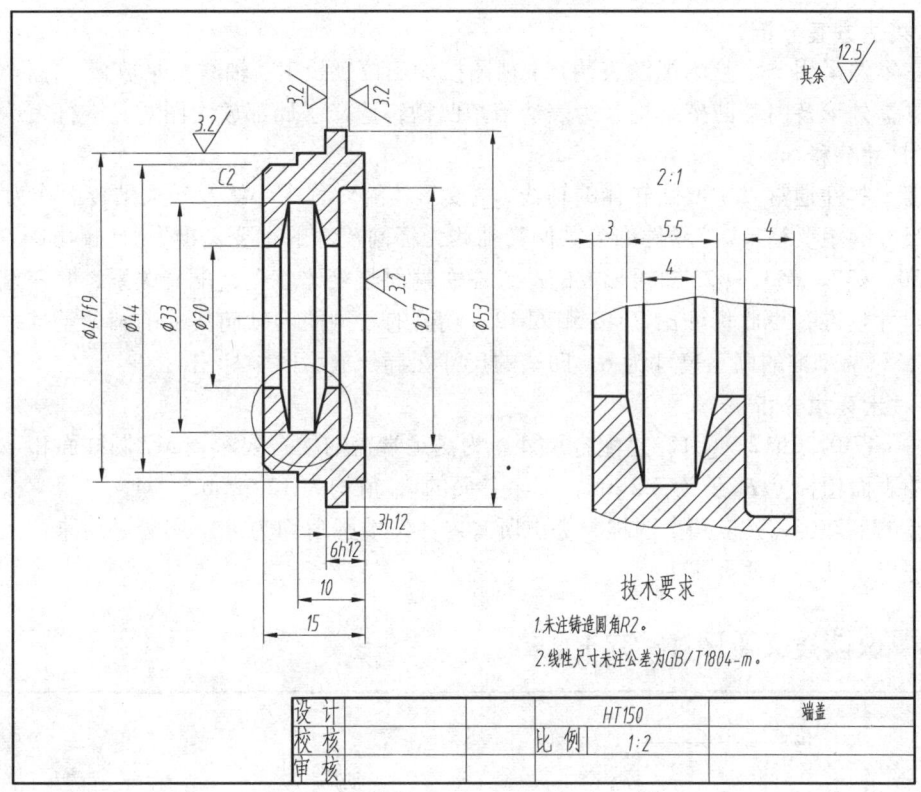

图 13.35 端盖零件图

1. 概括了解

由标题栏可知零件的名称是端盖,属于轮盘类零件,起支承密封作用。材料为灰铸铁 HT150,比例为 1∶2 等。

2. 详细分析

1)结构分析

如图 13.36 所示,端盖为回转体零件,其整体轴向尺寸远小于径向尺寸。端盖中间有带凹槽的孔,其作用一是使轴伸出箱体外以使动力输出,二是通过密封圈对轴进行密封以防止润滑油等泄漏。端盖外形上有一个凸缘,用于端盖在箱体座上的安装定位。端盖还有倒角、圆角等工艺结构。

图 13.36 端盖的形状结构

2）表达方案分析

端盖零件采用一个基本视图表达。主视图按加工位置投射，轴线水平放置，并作全剖视，以表达端盖外形及内部凹槽结构。为表达清楚凹槽，选择了局部放大图对其进行表达。

3）尺寸分析

盘盖类零件通常以主要回转体的轴线、主要形体的对称中心线及较大结合面作为长、宽、高方向尺寸的主要基准。该零件的公共回转轴线为径向尺寸的主要基准，由此标出 ϕ47f9、ϕ44、ϕ33、ϕ20、ϕ37、ϕ53。ϕ53 轴段形成的凸缘左右端面与箱体座孔有配合关系，其左端面为轴向主要尺寸基准，由此标注出 3h12 和 6h12。端盖的右端面为轴向尺寸的辅助基准，由此标出 10、15。两基准的联系尺寸为 6。凹槽的尺寸在局部放大图中标出。

4）技术要求分析

图中 ϕ47f9、3h12、6h12 是配合尺寸。为满足端盖的配合要求，ϕ47 圆柱面和 ϕ53 左、右端面的表面粗糙度 R_a 值为 3.2 μm，其余各面的 R_a 值均为 12.5 μm。

端盖的毛坯经铸造获得，图样中标出所有未注铸造圆角均为 $R2$。另外还对未注尺寸公差等要求提出了文字说明要求。

13.2.3 识读拨叉（图 13.37）

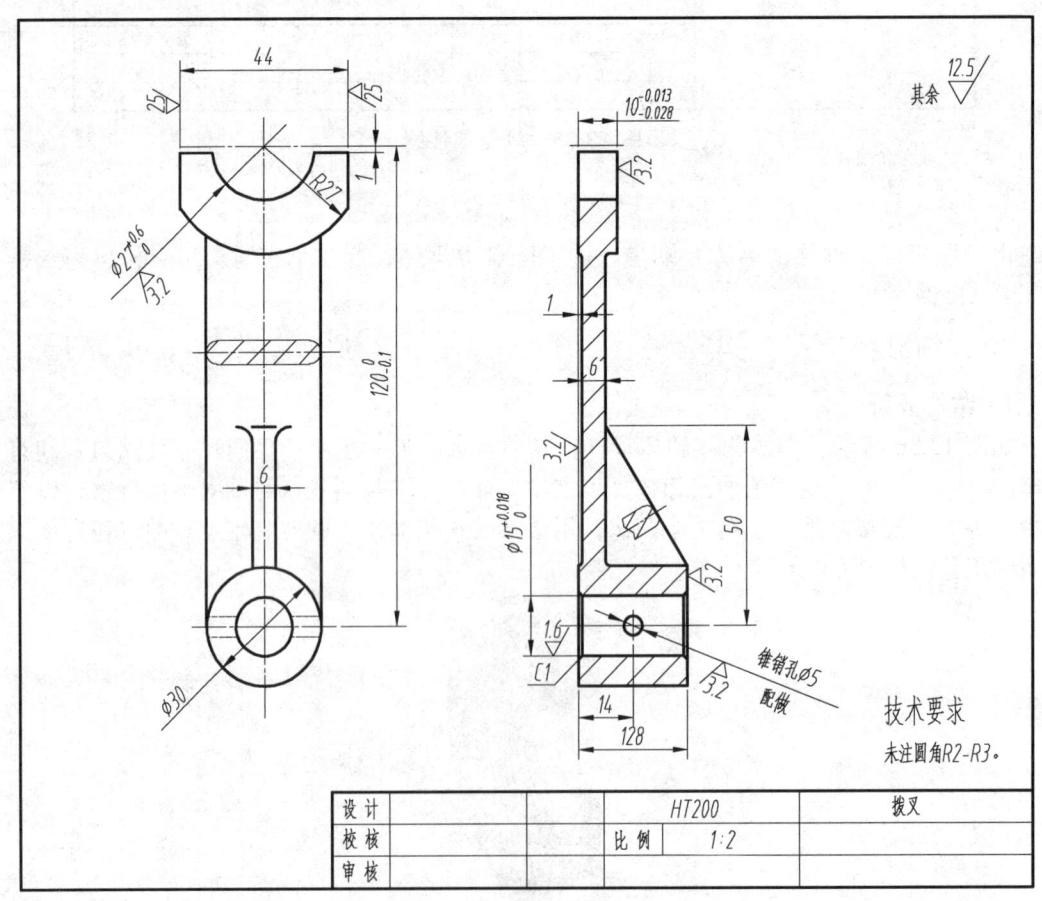

图 13.37 叉架类零件的表达方法

拨叉属于叉架类零件，这类零件结构形状大都比较复杂，且相同的结构不多，多数由铸造或模锻制成毛坯后，经必要的机械加工而成。这类零件上的结构，一般可分为工作部分和联系部分。工作部分指该零件与其他零件配合或联接的套筒、叉口、支撑板、底板等。联系部分指将该零件各工作部分联系起来的薄板、筋板、杆体等。零件上常具有铸造或锻造圆角、拔模斜度、凸台、凹坑或螺栓过孔、销孔等结构。

1. 概括了解

由标题栏可知零件的名称为拨叉，主要用在机床、内燃机等各种机器的操纵机构上，操纵机器、调节速度。毛坯为铸造件，材料为灰铸铁HT200，比例为1∶2等。

2. 详细分析

1）结构分析

如图13.38所示，拨叉由三部分组成。其上面部分为工作部分，基本形状为带孔部分圆柱，其前后端面和孔都是装配接合面。拨叉的下面部分为支承（或安装）部分，形状为空心圆柱，为了和操纵机构联接，上面加工有定位销孔。拨叉的中间部分为联接部分，由联接板和筋板组成，把上、下部分联接成整体。

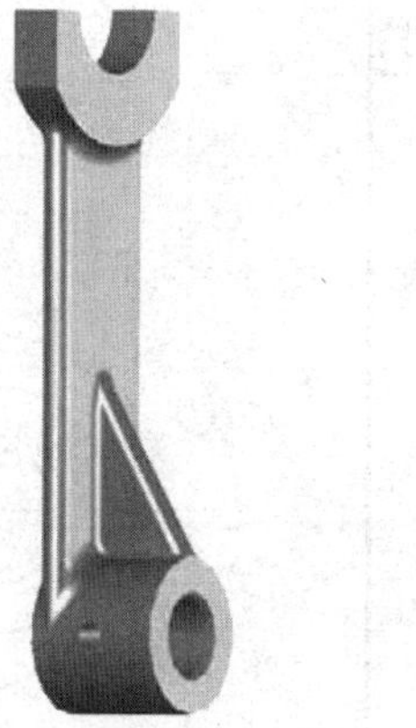

2）表达方案分析

该零件用两个基本视图、两个重合断面图共四个图形表达。主视图按照形状特征和工作位置确定。主视图上为了表达联接板的断面形状绘制了重合断面图。左视图作全剖视，将拨叉各组成部分的厚度及叉口部分和安装部分的内部结构表达清楚，并通过重合断面图表达筋板的断面形状。

3）尺寸分析

图13.38 拨叉的形状结构

叉架类零件常以主要轴线、对称平面、安装基面或较大端面作为尺寸的主要基准。拨叉从设计及工艺方面考虑，以左右对称平面作为长度方向尺寸的主要基准标注出长度方向尺寸，以后端面作为宽度方向基准标出宽度方向尺寸，以安装部分圆柱的轴线作为高度方向的主要基准、以叉口部分的轴线作为高度方向的辅助基准标出高度方向各尺寸，两基准的联系尺寸为120。

标注拨叉的定型尺寸时采用形体分析法。一般情况下，内外结构形状要注意保持一致。

拨叉的定位尺寸较多，要注意保证定位的精度，一般要标注出孔中心线（或轴线）间的距离，如120；或孔中心线（或轴线）到平面的距离，如14。

4）技术要求分析

上部叉口 $\phi27$ 孔将与轴配合，其前后表面与其他装配零件接触，都提出了尺寸精度要求，其表面加工精度也较高，粗糙度 R_a 值为 3.2 μm。下部安装部分需要和轴配合，也提出了尺寸精度要求，表面加工精度最高，粗糙度 R_a 值为 1.6 μm。

另外，所有结构的未注圆角为 $R_3 \sim R_5$。

13.2.4 识读箱壳类零件（图 13.39）

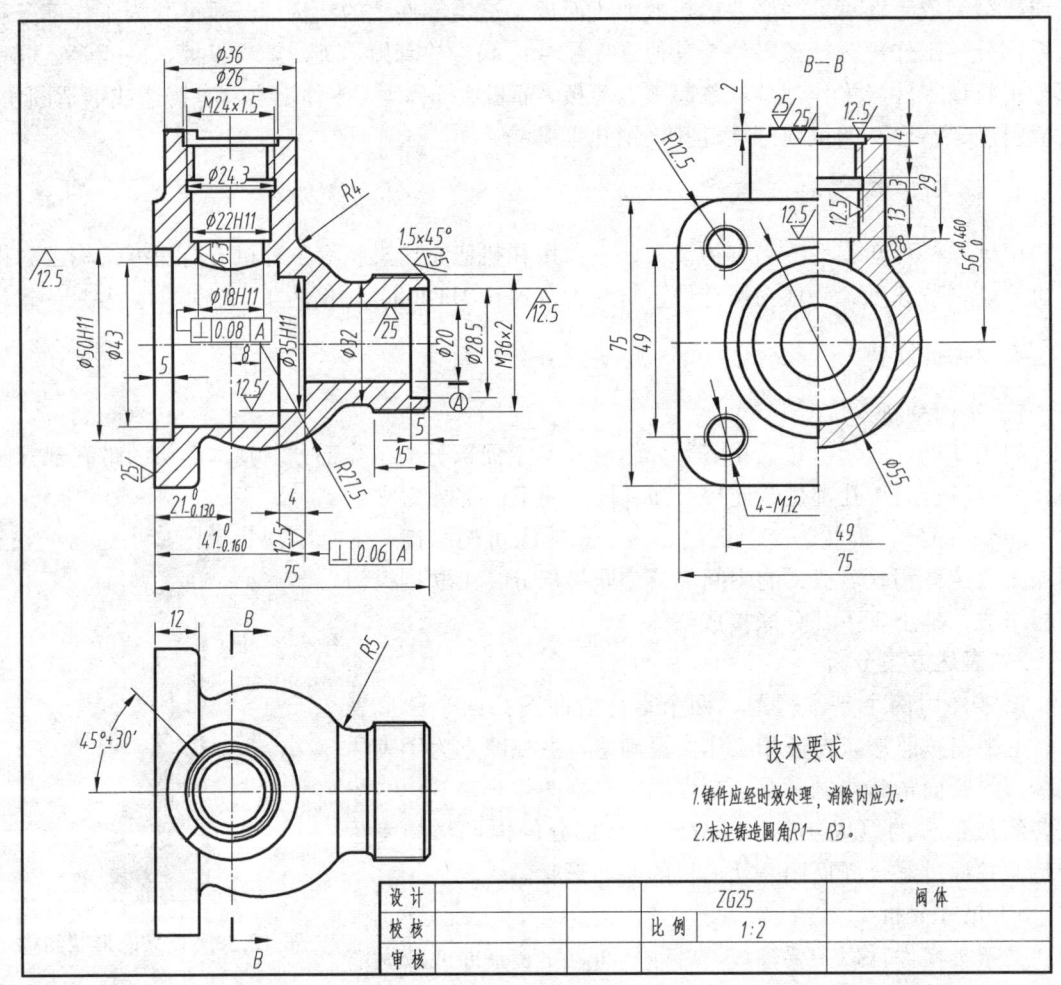

图 13.39 阀体

阀体属于箱壳类零件，这类零件包括箱体、外壳、座体等，是机器或部件上的主体零件之一，其结构形状往往比较复杂。箱壳类零件大致由以下几个部分构成：容纳运动零件和贮存润滑液的内腔，由厚薄较均匀的壁部组成；其上有支承和安装运动零件的孔及安装端盖的凸台（或凹坑）、螺孔等；将箱体固定在机座上的安装底板及安装孔；加强筋、润滑油孔、油槽、放油螺孔等。

1. 概括了解

通过标题栏了解零件的名称为阀体，是球阀中的一个主要零件。毛坯为铸造件，但其内外表面都有一部分需要进行切削加工。材料为铸钢，比例为 1：2 等。

2. 详细分析

1）结构分析

如图 13.40 所示，阀体由左端长方板，中间上部圆柱套、下部球套，右端圆柱套四部分组成。长方板四周带螺孔用于和阀盖联接，中间有阶梯孔空腔。阀体下部球套的外形为球体，内部开有圆柱空腔。阀体上部圆柱体内部有阶梯孔，与下部空腔相连，其顶端有一个 90°扇形限位块，为加工内螺纹制有退刀槽。右端圆柱套为空心圆柱体，其上有用于联接管道系统的外螺纹。四部分合起来形成左右贯通的空腔（为阀芯的安装装配线）及与上方相通的空腔（为阀芯控制部分的装配线），整个空腔形成阀体的安装容纳结构。

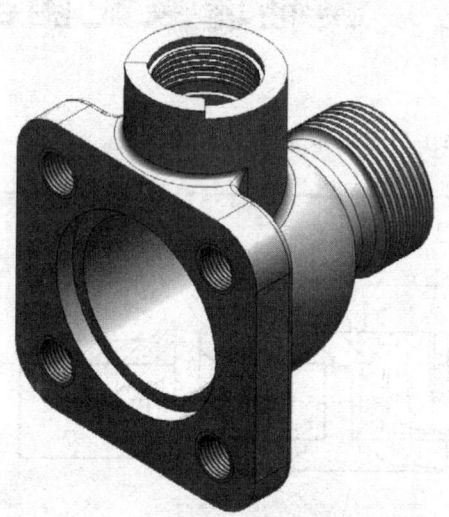

图 13.40　阀体的形状结构

2）表达方案分析

阀体零件图由主、俯、左三个基本视图组成。主视图按照形状结构特征和工作位置原则确定，在主视图中作全剖视，对阀体的内外结构形状和各组成部分进行表达。俯视图采用视图表达阀体外部各组成部分的联接情况。左视图作半剖视，视图部分主要表达长方板的外形，剖视部分表达球套及上部圆柱套的情况。

3）尺寸分析

看零件图上的尺寸，应首先找出三个方向的尺寸基准，然后从基准出发，按形体分析法，找出各组成部分的定型尺寸和定位尺寸。

以水平孔的轴线为径向尺寸基准，注出 $\phi50H11$，$\phi43$，$\phi35H11$，$\phi20$，$\phi28.5$，$\phi32$，$M36 \times 2$ 和 $\phi55$ 等尺寸。

以铅直孔的轴线为径向尺寸基准，注出 $\phi36$，$\phi26$，$M24 \times 1.5$，$\phi22H11$，$\phi18H11$ 等尺寸。

以铅直孔的轴线为长度方向的主要尺寸基准，注出 8、21；以阀体左右端面作为长度方向辅助基准注出其余长度方向尺寸。

以前后对称平面作为宽度方向的尺寸基准注出宽度尺寸。

以水平轴线为高度方向的主要基准标出 75、56，以阀体顶面为辅助基准注出高度方向其他尺寸。

4）技术要求分析

表面粗糙度要求较高的面均为配合面，粗糙度值为 6.3，要求较低的面粗糙度值为 12.5，不太重要的加工面粗糙度值为 25，其余为毛坯面。

为了保证阀芯与阀体装配后球阀的工作性能，图上标注了两处位置公差要求，分别是垂直轴线相对于水平轴线的垂直度公差为 0.08，$\phi35$ 孔的右端面相对于水平轴线的垂直度轴公差为 0.06。

另外，所有结构的未注圆角为 $R1 \sim R3$。为消除内应力，铸件应经时效处理。

任务 14　联轴器装配图的绘制

【任务要求】　绘制图 14.1 所示的联轴器装配图。

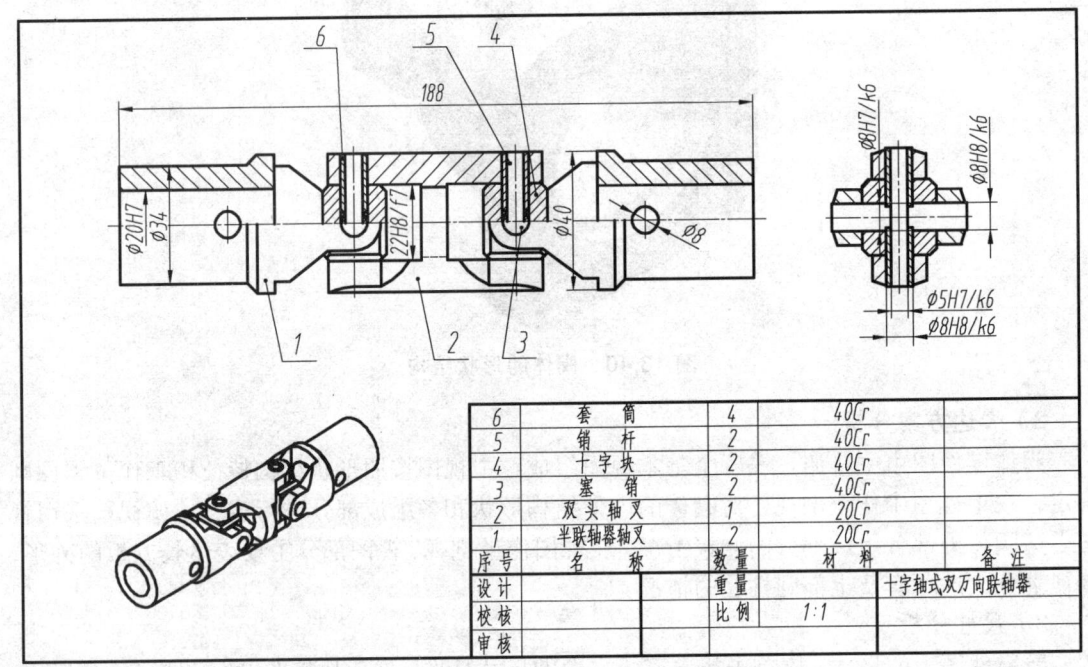

图 14.1　联轴器装配图

【任务目标】　了解装配图的作用和内容，掌握装配图的常用表达方法；掌握正确绘制中等复杂程度装配图的方法。

14.1　知识积累

装配图是表达机器或部件的工作原理、装配关系、传动路线、联接方式及零件的基本结构的图样。装配图和零件图一样，是生产和科研中的重要技术文件之一。

14.1.1　装配图的作用和内容

1. 装配图的作用

装配图在科研和生产中起着十分重要的作用。在设计产品时，通常是根据设计任务书，先画出符合设计要求的装配图，再根据装配图画出符合要求的零件图；在制造产品的过程中，要根据装配图制定装配工艺规程来进行装配、调试和检验产品;在使用产品时,要从装配图上了解产品的结构、性能、工作原理及保养、维修的方法和要求。

2. 装配图的内容

如图 14.2 所示,一张完整的零件装配图应该包括以下四项内容:

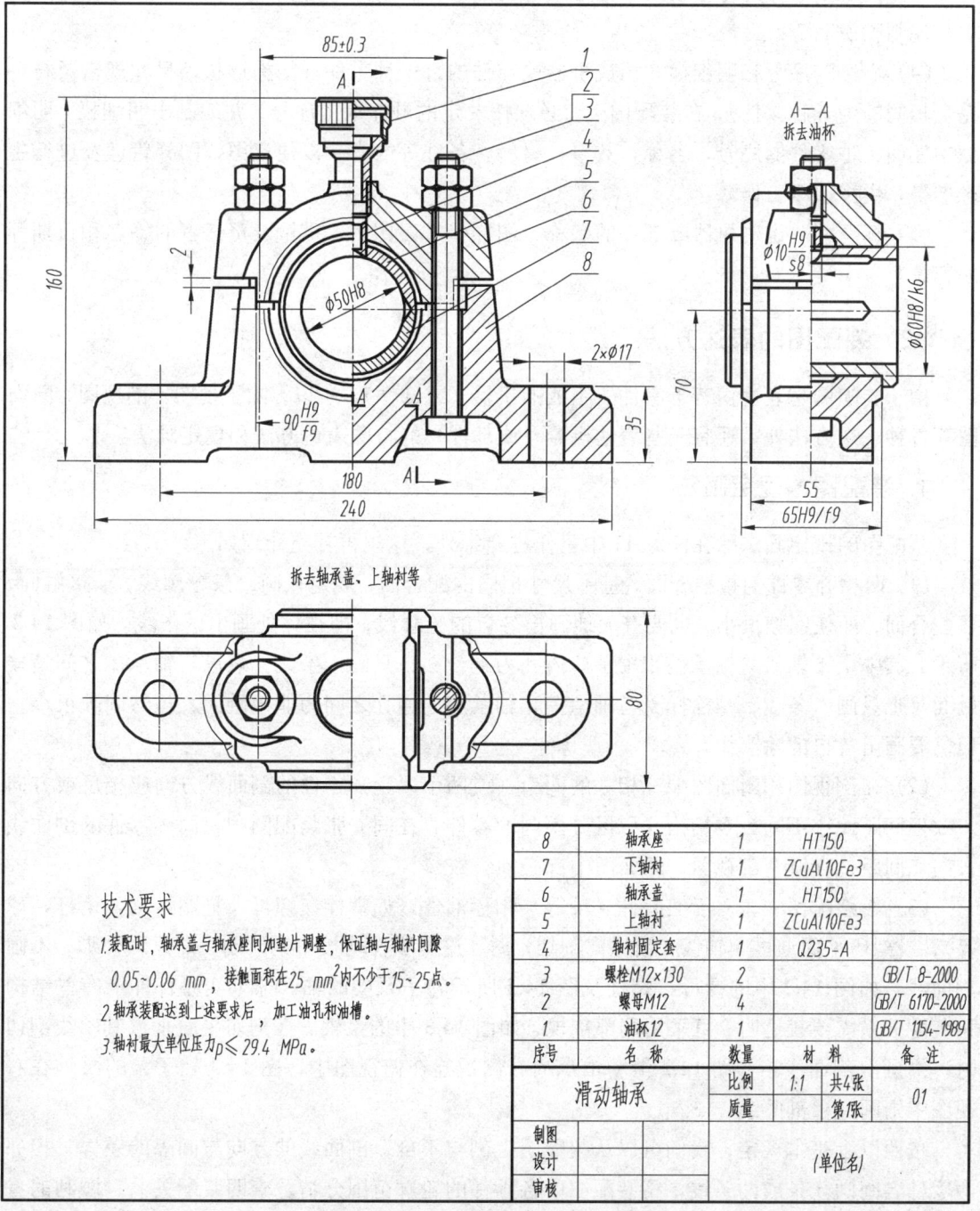

图 14.2 滑动轴承装配图

(1) 一组视图。用以表达机器或部件的工作原理、装配关系、传动路线、联接方式及零件的基本结构。

(2) 必要的尺寸。用以表示机器或部件的性能、规格、外形大小及装配、检验、安装所需的尺寸。

(3) 技术要求。用符号或文字注写的机器或部件在装配、检验、调试和使用等方面的要求、规则和说明等。

(4) 零件的序号和明细栏。组成机器或部件的每一种零件（结构形状、尺寸规格及材料完全相同的为一种零件），在装配图上，必须按一定的顺序编上序号，并编制出明细栏。明细栏中注明各种零件的序号、名称、数量、材料、备注等内容，以便读图、图样管理及进行生产准备、生产组织工作。

(5) 标题栏。说明机器或部件的名称、图样代号、比例、重量及责任者的签名和日期等内容。

14.1.2 装配图的表达方法

由于装配图是表达由若干零件所组成的机器（或部件），所以，除了视图、剖视图、断面图等各种表达方法外，还有一些表达机器（或部件）的特殊表达方法和规定画法。

1. 装配图的规定画法

装配图的规定画法除在任务 11 中已作过介绍外，这里再补充介绍如下：

(1) 两相邻零件的接触表面、基本尺寸相同的配合面，规定只画一条轮廓线，非接触面，非配合面，即使间隙很小，也要夸大地画出各自的轮廓线，即在该处画出两条线。如图 14.2 所示，其中上下轴衬与轴承盖和轴承座内孔为配合面，只画一条线；螺母与轴承盖之间是接触面，也只画一条线；螺栓杆身与轴承盖和轴承座的通孔之间为非接触面，虽然间隙很小，但仍要画出各自的轮廓线。

(2) 在剖视图和断面图中，相邻的两个（或两个以上）零件的剖面线方向应相反或方向一致但间距大小不同，互相错开以区分不同的零件。在同一张装配图中，同一零件的剖面线方向和间距，在所有剖视图、断面图中都必须一致。

(3) 在装配图中，对于实心件（轴等）和标准件（如螺栓、螺母、垫圈、键、销杆、球等），当剖切平面通过其轴线（沿纵向剖切）时，这些零件均按不剖绘制，即只画外形，不画剖面线。如图 14.2 中的螺母、螺栓及图 14.3 所示转子泵中的轴。如果实心杆件上有些结构和装配关系需要表达时，可采用局部剖视，如图 14.3 中的泵轴。当剖切平面垂直其轴线剖切时，需画出剖面线。如图 14.2 滑动轴承的右侧螺栓在俯视图中、图 14.3 转子泵的泵轴在右视图中则画出了剖面线。

按照以上基本规定，我们可以从装配图上剖与不剖，剖面线的方向与间隔的差异，相邻两零件之间画一条或两条线，将装配图中各零件的轮廓范围分清，查明装配关系，顺利的看懂装配图。

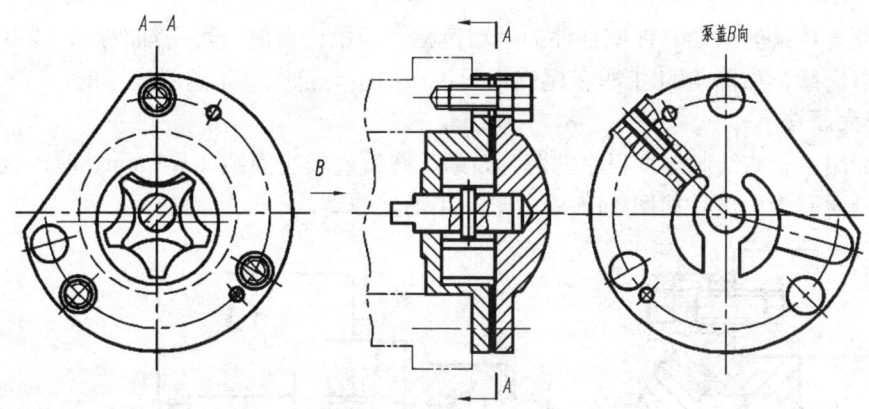

图 14.3 转子泵的表达方法

2. 装配图的特殊表达方法

1) 拆卸画法

装配体上零件间往往有重叠现象,当某些零件遮住了需要表达的结构与装配关系时,可假想拆去一个或几个零件,只画出所表达部分的视图。这种画法称为拆卸画法。如图 14.2 中左视图就是假想拆去油杯、螺栓、螺母等后画出的。

2) 沿结合面剖切画法

为了表达内部结构,可采用沿剖切面剖切的画法。假想沿零件的结合面剖切,相当于把剖切面一侧的零件拆去,再画出剩下部分的视图。如图 14.2 中俯视图、图 14.3 中右视图所示。此时,零件的结合面上不画剖面线,但被剖切到的零件必须画出剖面线。

3) 单独表示某个零件

在装配图中,当某个零件的形状未表达清楚而又对理解部件(或机器)的装配关系和工作原理有影响时,可单独画出该零件的某一视图,如图 14.3 中单独画出了泵盖的 B 向视图。单件画法应在视图的上方标明该件的序号或名称。

4) 假想画法

当需要表达所画装配体与相邻零件或部件的关系时,可用细双点划线假想画出相邻零件或部件的轮廓,如图 14.4 中与车床尾座相邻的床身导轨。

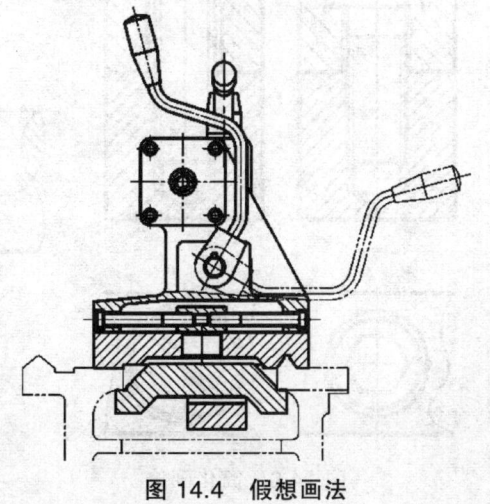

图 14.4 假想画法

当需要表达某些运动零件或部件的运动范围及极限位置时,可用细双点划线画出其极限位置的外形轮廓,如图 14.4 中车床尾座锁紧手柄的运动范围就是这样表示的。

5）夸大画法

在装配图中,如绘制厚度很小的薄片、细丝弹簧或较小间隙(≤2 mm)时,这些结构可不按原比例而夸大画出。如图 14.5 中的垫片和细丝弹簧。

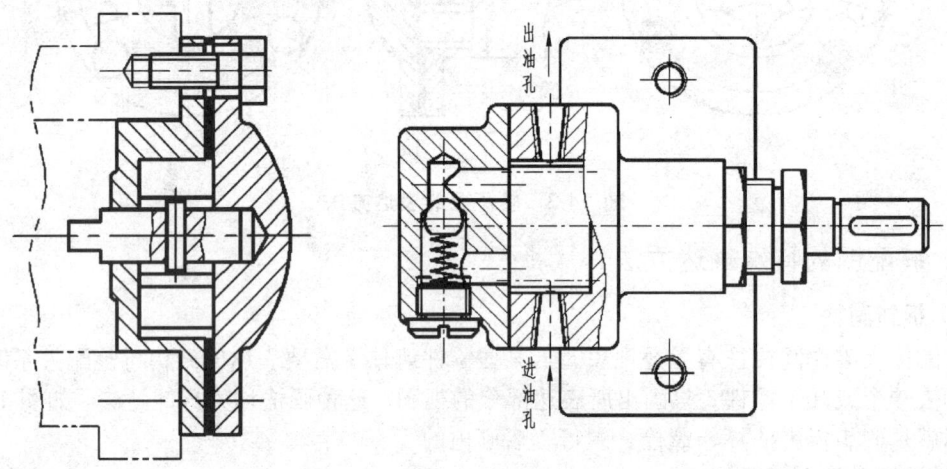

图 14.5　夸大画法

6）简化画法

如图 14.6 所示,在装配图中可采用以下简化画法：

（1）零件的工艺结构,如小圆角、倒角、退刀槽等可不画出。

（2）螺栓、螺母等可按简化画法画出。

（3）对于装配图中若干相同的零件组,如螺栓、螺母、垫圈等,可只详细地画出一组或几组,其余只用细点划线表示出装配位置即可。

（4）装配图中的滚动轴承,可只画出一半,另一半按规定画法画出。

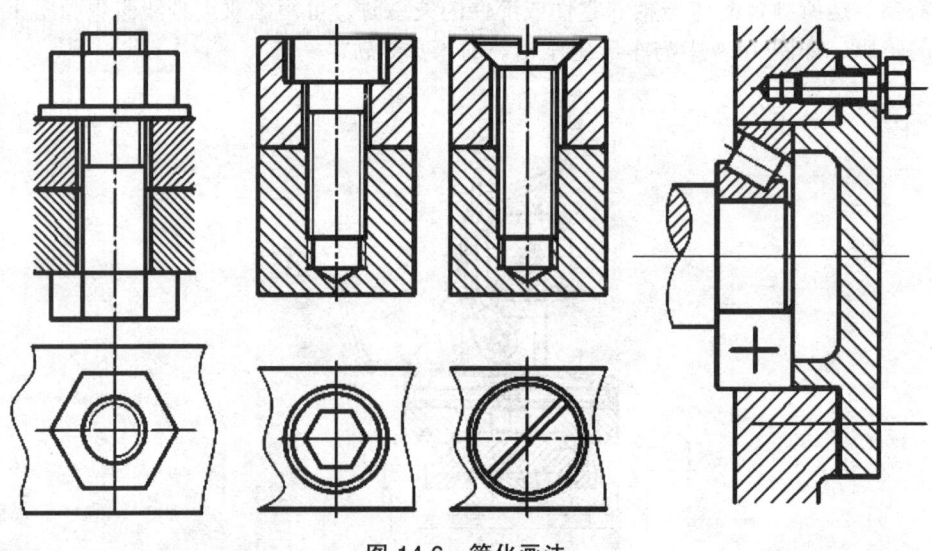

图 14.6　简化画法

7）展开画法

为了表达传动机构的传动路线和装配关系，可假想按传动顺序沿轴线剖切，然后依次将各剖切平面展开在一个平面上，画出其剖视图，这种画法称为展开画法。此时应在展开图的上方注明"×—×展开"字样，如图14.7所示。

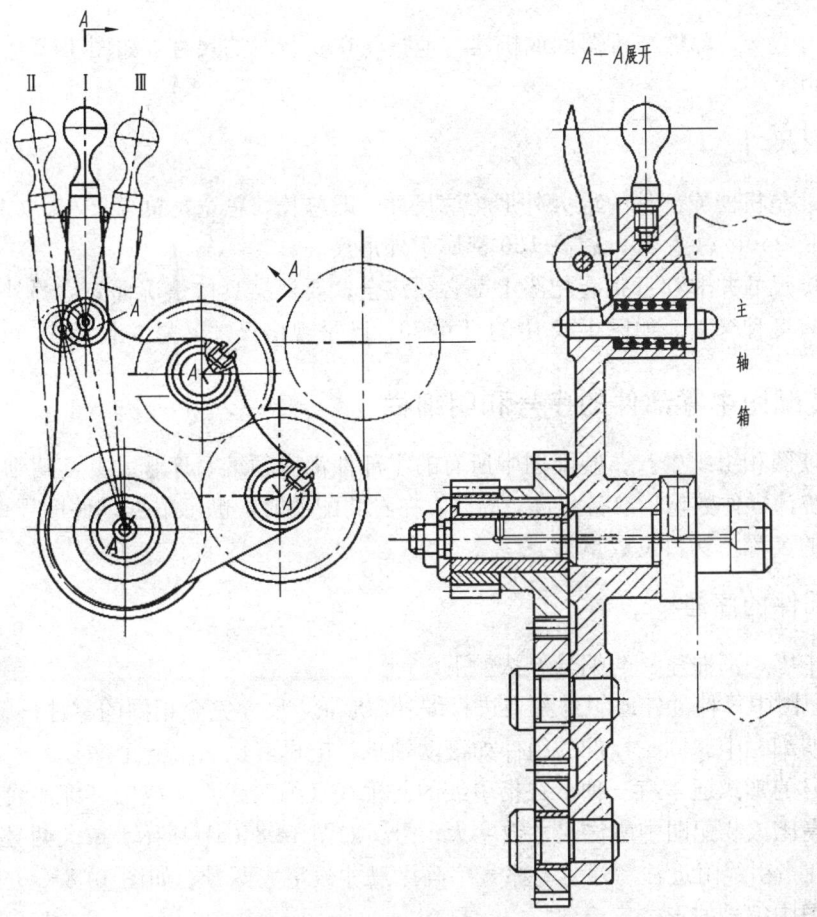

图 14.7　展开画法

14.1.3　装配图的尺寸标注

由于装配图的作用与零件图不同，所以在装配图中标注尺寸时，不必把制造零件时所需的全部尺寸标出来，只需标注以下几类尺寸。

1. 性能（规格）尺寸

性能（规格）尺寸是反映产品的规格大小及性能特征的尺寸，是产品设计和选用的依据。如图14.2中的尺寸 $\phi50H8$ 和 70，表明该轴承座只能用于支承基本尺寸为 $\phi50$ 的轴颈和中心高为 70 的轴承座。

2. 装配尺寸

装配尺寸是与产品及其组成部分的装配质量有关的尺寸。装配尺寸一般分为以下两类。

（1）配合尺寸。配合尺寸是指零件间配合性质的尺寸。如图14.2中轴承座与轴承盖之间的配合尺寸为90H9/f9；上下轴衬与轴承盖、轴承座间的配合尺寸为ϕ60H8/k6等。

（2）相对位置尺寸。相对位置尺寸是零件或部件间在装配时需要保证相对位置的尺寸。

3. 安装尺寸

安装尺寸是零、部件与机器间或机器与地基间在安装时的尺寸。如图14.2中轴承座的两孔中心距180。

4. 外形尺寸

外形尺寸是机器或部件的最大外形轮廓尺寸，即总长、总宽、总高尺寸。如图14.2中滑动轴承的总长240、总宽80、总高160都属于外形尺寸。

以上几类尺寸并非在每张装配图上都必须注全，要根据具体情况而定。另外，有时同一个尺寸可能有多种含义。如图14.2中的尺寸70，既是规格尺寸又是安装尺寸。

14.1.4　装配图中零部件的序号和明细栏

为方便读图和组织生产，装配图中所有的零部件都必须编写序号，并与明细栏中的序号一致，以便统计零件数量，准备生产。同时，在看装配图时，也可根据零件序号查阅明细栏，以了解零件的名称、材料及数量等。

1. 零部件的序号

装配图中零、部件序号的编号方法如下：

（1）装配图中每种零件或组件都要进行编号。形状、尺寸完全相同的零件只编一个序号，数量填写在明细栏中。同一标准的组件如滚动轴承、电机等也只编一个序号。

（2）编号的形式通常有三种：在指引线的水平线（细实线）上或圆（细实线）内注写序号，序号字高比该装配图中所注尺寸数字大一号，如图14.8（a）所示；或大两号，如图14.8（b）所示；在指引线附近注写序号，序号字高比尺寸数字大两号，如图14.8（c）所示。但在同一张装配图中编号的形式应一致。

（3）指引线应从所指部分的可见轮廓线内引出，并在末端画一圆点。若所指部分（很薄的零件或涂黑的剖面）内不便画圆点时，可在指引线的末端画出箭头，并指向该部分的轮廓，如图14.8（d）所示。

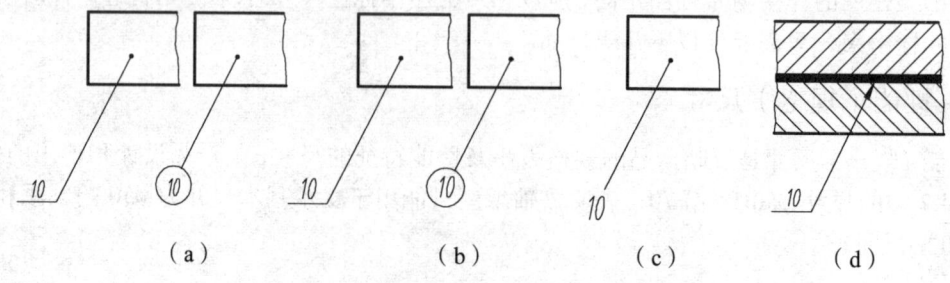

图14.8　零件编号的形式

（4）指引线应尽可能分布均匀，不能彼此相交。当通过有剖面线的区域时，不应与剖面线平行，必要时，指引线可以画成折线，但只可曲折一次，如图 14.9（a）所示。

（5）装配关系清楚的紧固件组，可以采用公共指引线，如图 14.9（b）所示。

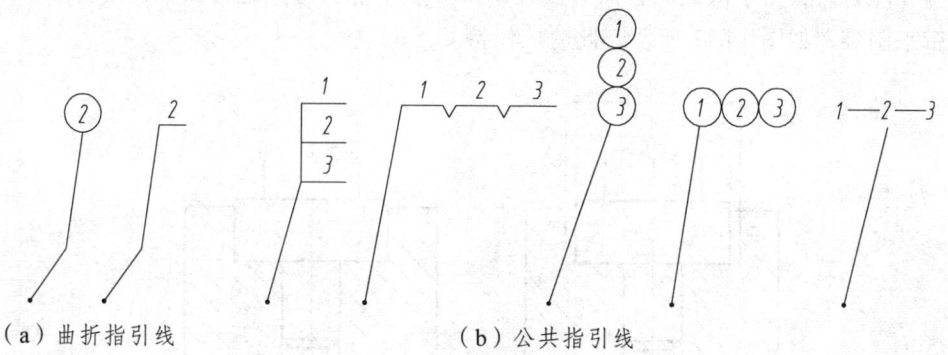

图 14.9 指引线的形式

（6）装配图中序号应按水平或垂直方向排列整齐。序号按顺时针或逆时针方向顺次排列，在整个图上无法连续时，可只在每个水平或垂直方向顺次排列，如图 14.2 所示。

零件序号的编制方法一般是将一般件与标准件混合编制在一起，也可只将一般件编号填入明细栏，而将标准件直接在图上标出或另列专门表格。

2．明细栏

明细栏应放在标题栏的上方，并与标题栏相连接，当地方不够时，可将明细栏的一部分移至标题栏的左边，若还不够可再向左移，其格式如图 14.2 所示。零件序号应自下而上有序填写，以便增加或有漏编零件时可以向上添加。标准件应填写其形式规格和标准代号，有些零件的重要参数（如齿轮的齿数、模数等），可填入备注栏内。零件的明细栏除其外边框线为粗实线外，其余各线均为细实线。

14.1.5 装配结构合理性

在设计和绘制装配图的过程中，应该考虑到装配结构的合理性，从而确定合理的装配结构，以保证机器和部件的性能，并给零件的加工和装拆带来方便。

1．两零件的接触面

当两个零件接触时，在同一方向上只能有一对接触面，否则会给零件制造和装配带来困难，如图 14.10 所示。

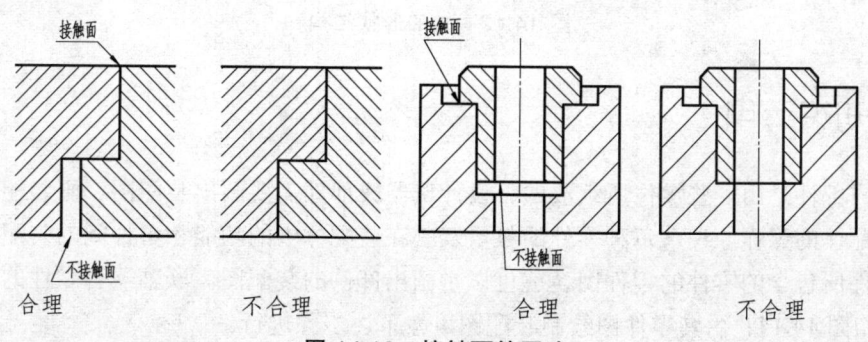

图 14.10 接触面的画法

2. 轴和孔的配合

轴与孔配合时,为了保证配合面 A,则 B 和 C 就不能再形成配合面,否则会给零件制造和装配带来困难,如图 14.11 所示,此时应保持 $C > B$。

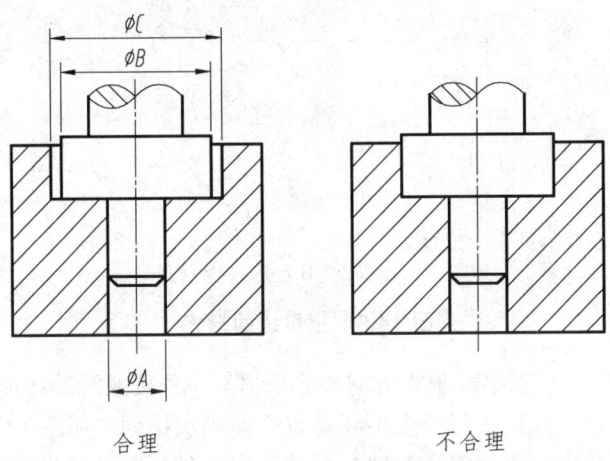

图 14.11 轴的形状结构

3. 锥面的配合

对于锥面的配合,锥体顶部与锥孔底部之间必须留有空隙,即 $L_2 > L_1$,如图 14.12 所示。

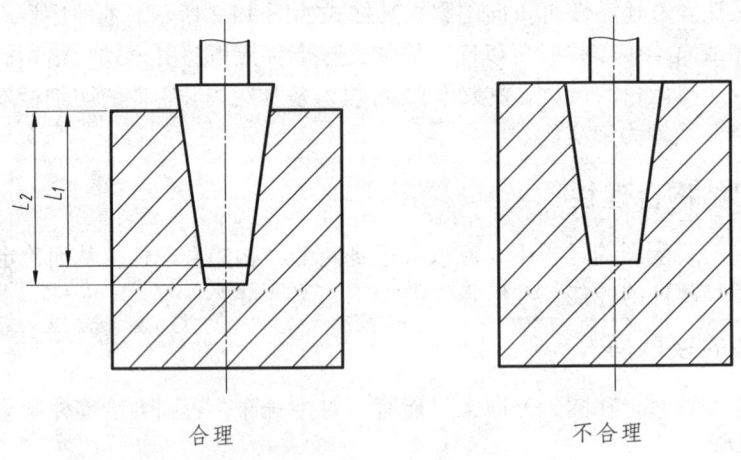

图 14.12 轴的形状结构

14.2 知识运用

机器或部件是由一些零件所组成的,设计机器或部件需要画出装配图。画装配图时,先要了解装配体的工作原理、每种零件的数量及其在装配体中的功能和零件间的装配关系,然后根据部件所包含的零件的零件图,就可以拼画出部件的装配图。联轴器各零件的零件图见图 14.13 和图 14.14,由其零件图绘制装配图可按下述步骤进行。

任务14 联轴器装配图的绘制

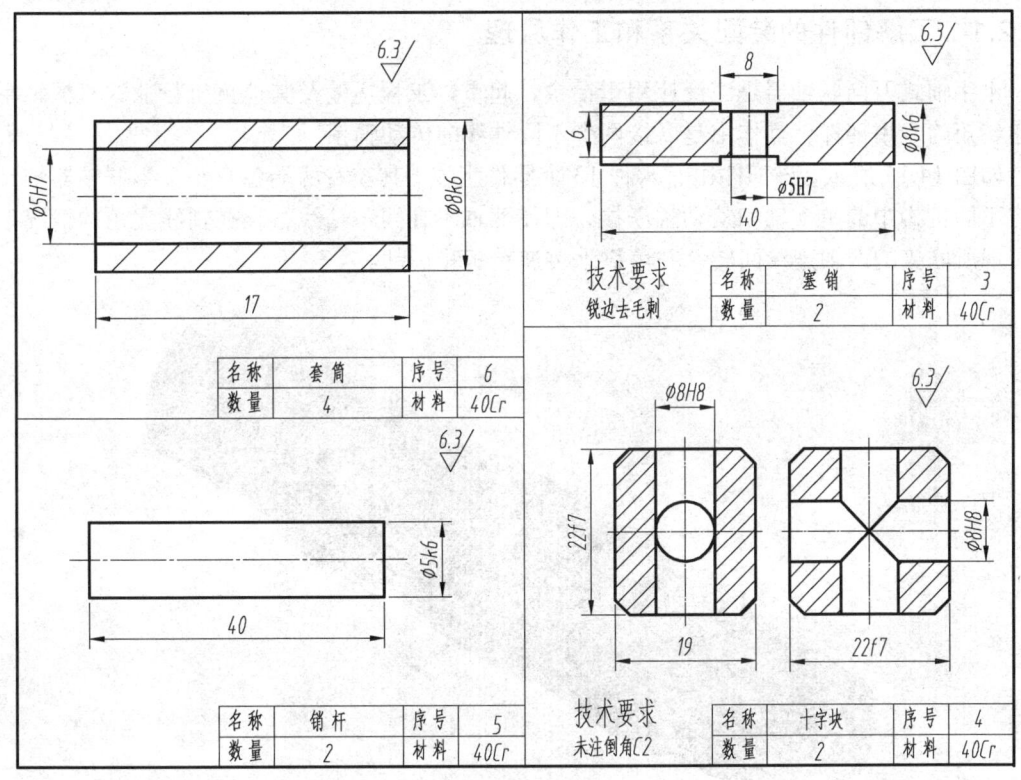

图 14.13 联轴器零件图（一）

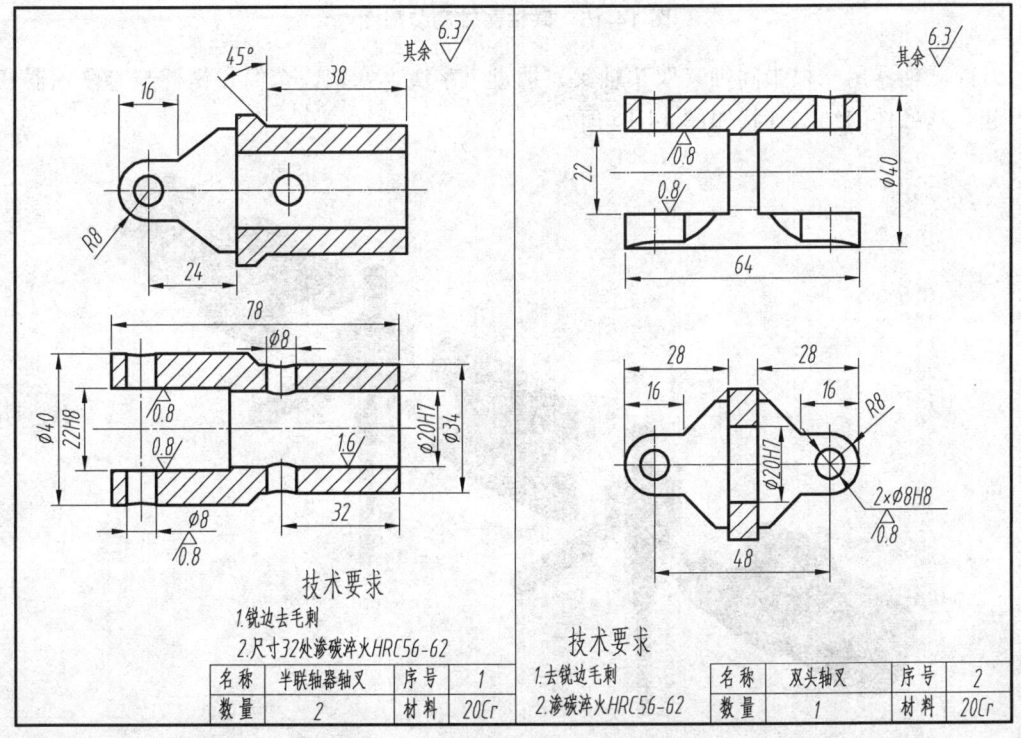

图 14.14 联轴器零件图（二）

14.2.1 了解部件的装配关系和工作原理

十字轴式万向联轴器是广泛应用于冶金、起重、工程运输及其他重机行业的机械轴系中传递转矩的专用部件，其作用是联接两个不同轴线的传动轴系。

如图 14.15 所示，该部件由有六种 13 个零件组成。其左右两端各有一个半联轴器轴叉用于与不同机构中的主动轴和从动轴联接，即使两轴不在同一轴线，存在轴线夹角的情况下仍能实现所联接的两轴连续回转，并可靠地传递转矩和运动。

图 14.15 联轴器轴测装配图

万向联轴器用一根中间轴（双头轴叉）通过十字块、塞销、套筒和销杆与半联轴器联接在一起。其各件的结构现状如图 14.16 所示。

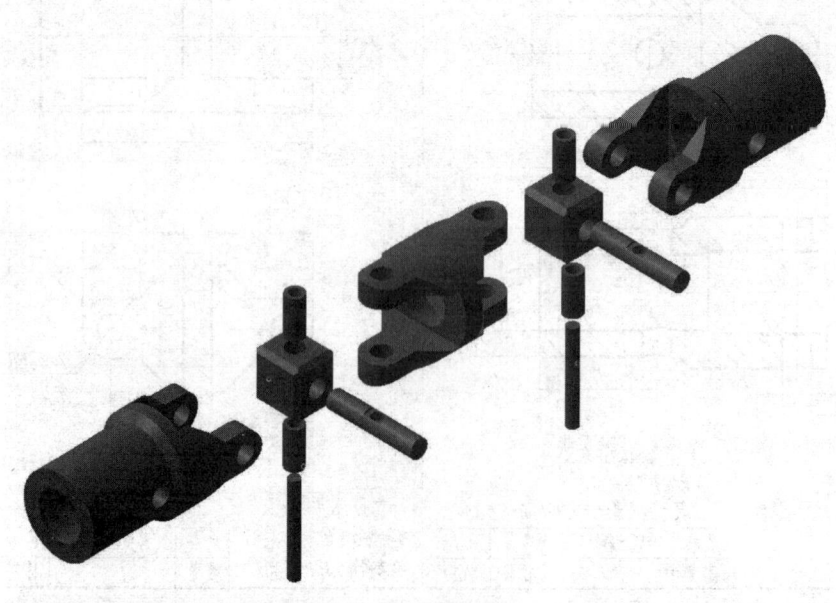

图 14.16 联轴器爆炸图

14.2.2 确定表达方案

1. 主视图的选择

部件的安放位置,应与部件的工作位置相符合,这样对于设计和指导装配都会带来方便。如联轴器的工作位置一般是将其轴线水平放置。当部件的工作位置确定后,接着就选择部件的主视图方向。应选用能清楚地反映主要装配关系和工作原理的那个视图作为主视图,并采取半剖视,比较清晰地表达各个主要零件以及零件间的相互关系。

2. 其他视图的选择

分析主视图尚未表达清楚的装配关系或主要零件的结构现状,选择适当的表达方法表示清楚。为了表示清楚十字块、塞销、套筒和销杆与半联轴器轴叉和双头轴叉的装配关系,左视图沿左侧的装配线作全剖视。

14.2.3 绘制联轴器装配图的步骤

(1) 根据确定的表达方案以及部件的大小与复杂程度,选取适当比例和图幅,画出各视图的主要轴线(装配干线)、对称中心线和作图基准线(某些零件的基面或端面),如图 14.17 所示。

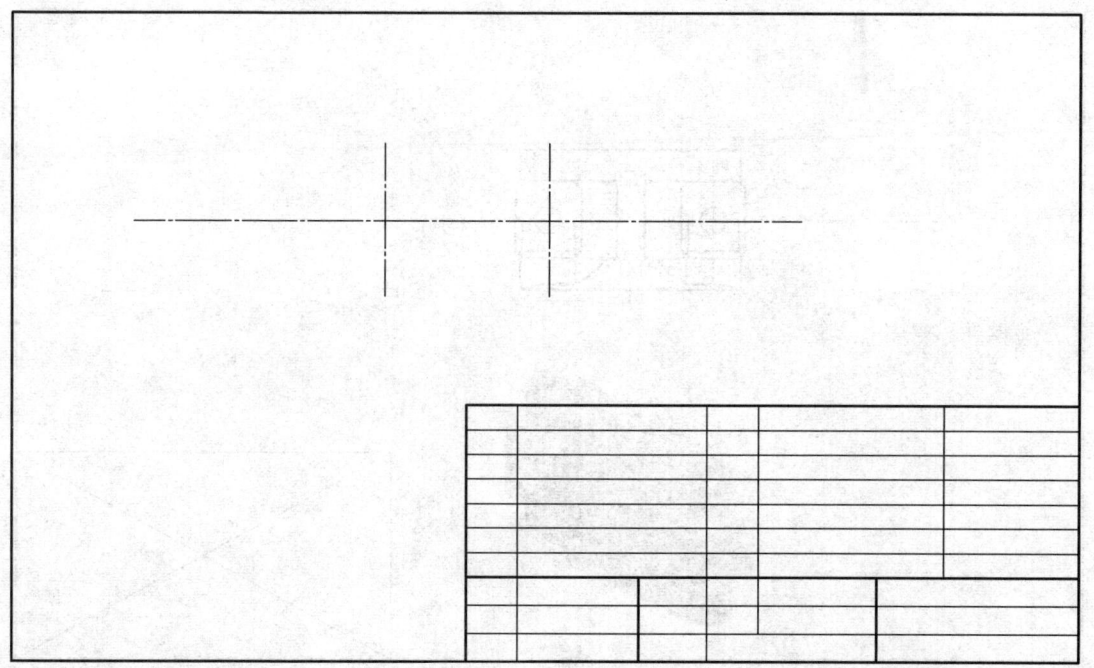

图 14.17 联轴器装配图绘制步骤(一)

(2) 由主视图开始,几个视图配合进行。画剖视图时,以装配干线为准,由内向外逐个画出各个零件,也可由外向里画,视作图方便而定。先画双头轴叉,如图 14.18 所示。

(3) 接着画两个十字块,如图 14.19 所示。

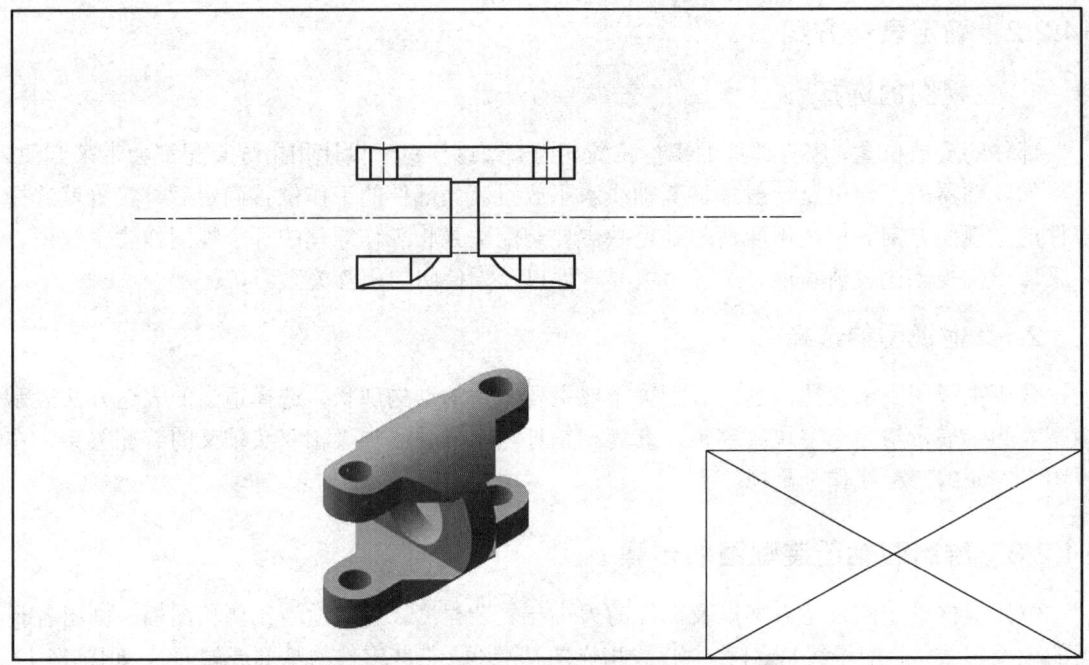

图 14.18 联轴器装配图绘制步骤（二）

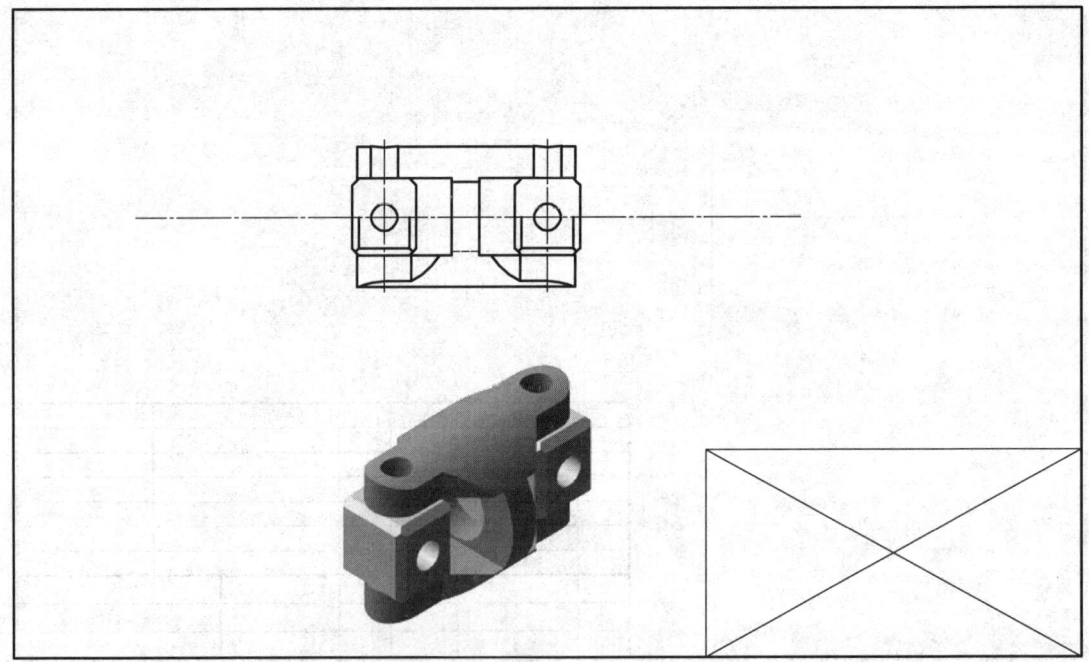

图 14.19 联轴器装配图绘制步骤（三）

（4）再画两个半联轴器轴叉，如图 14.20 所示。

（5）画塞销，如图 14.21 所示。

（6）画套筒，如图 14.22 所示。

（7）画销杆和左视图，如图 14.23 所示。

（8）底稿线完成后，需经校核，然后画出尺寸界线和尺寸线，再画剖面线，再检查无误后加深，最后编写零、部件序号，填写尺寸数字、标题栏和明细栏，提出技术要求，再经校核，签署姓名,如图 14.24 所示。

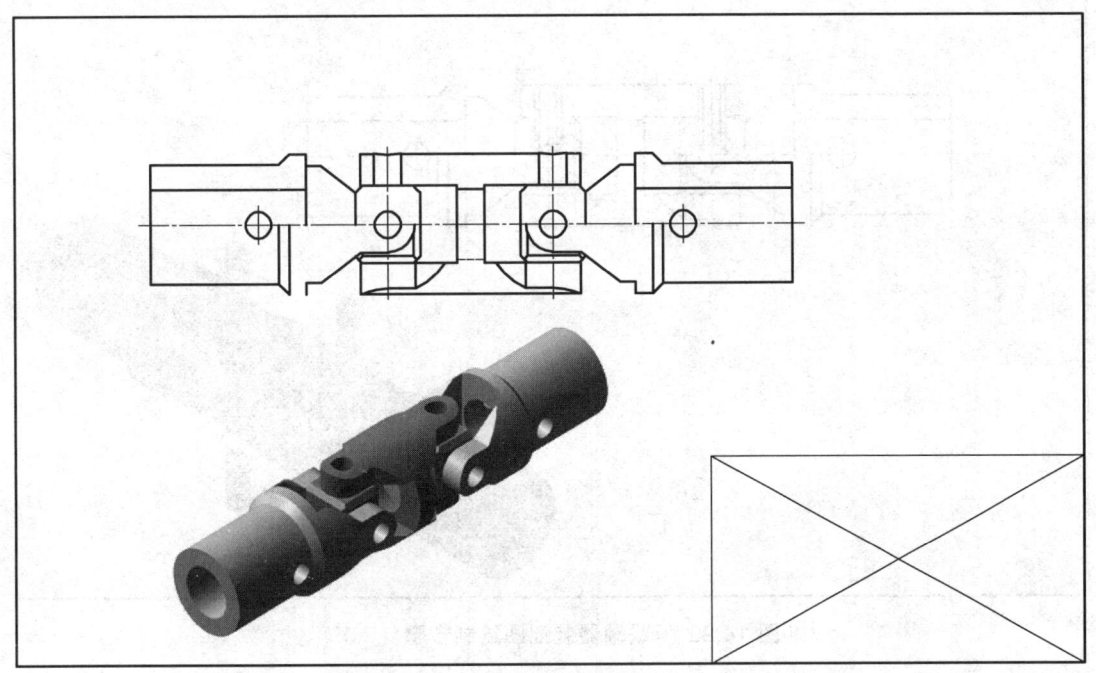

图 14.20 联轴器装配图绘制步骤（四）

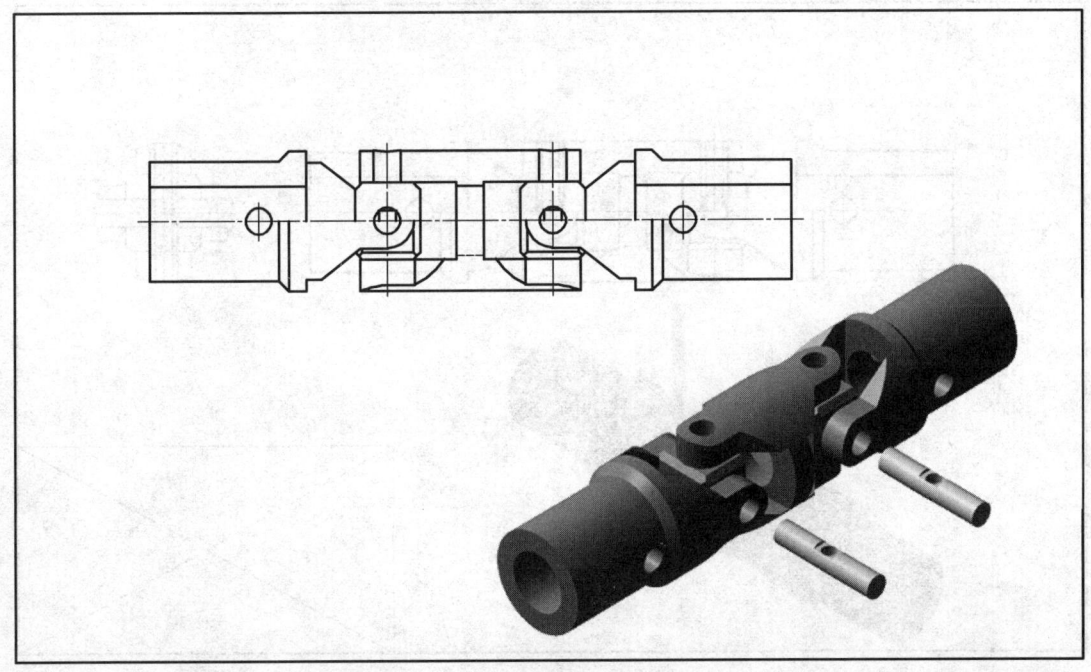

图 14.21 联轴器装配图绘制步骤（五）

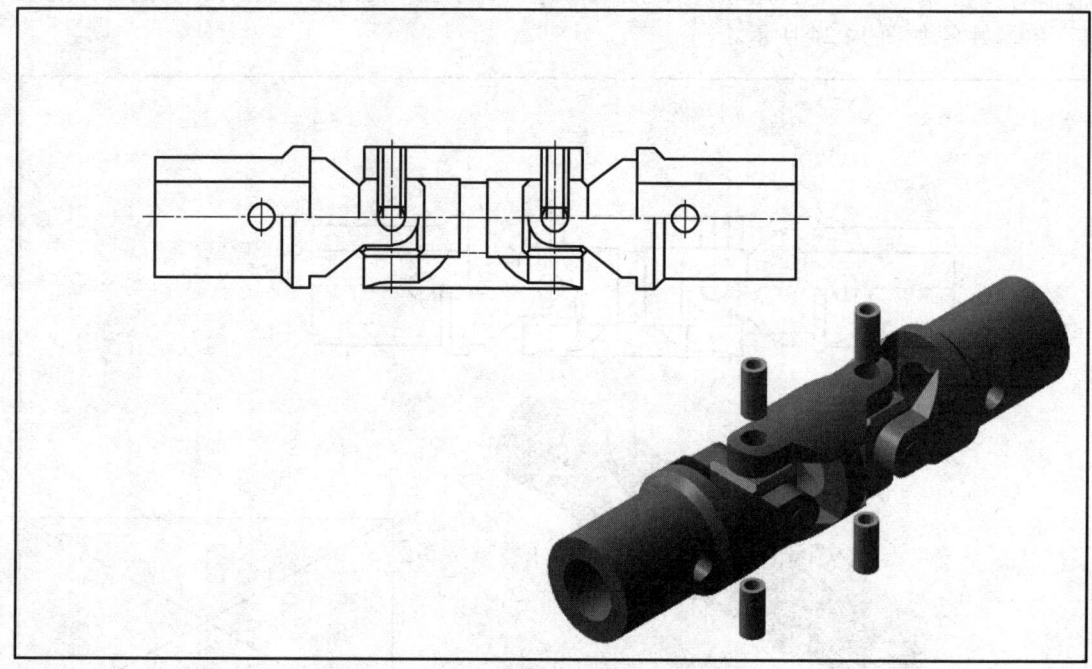

图 14.22　联轴器装配图绘制步骤（六）

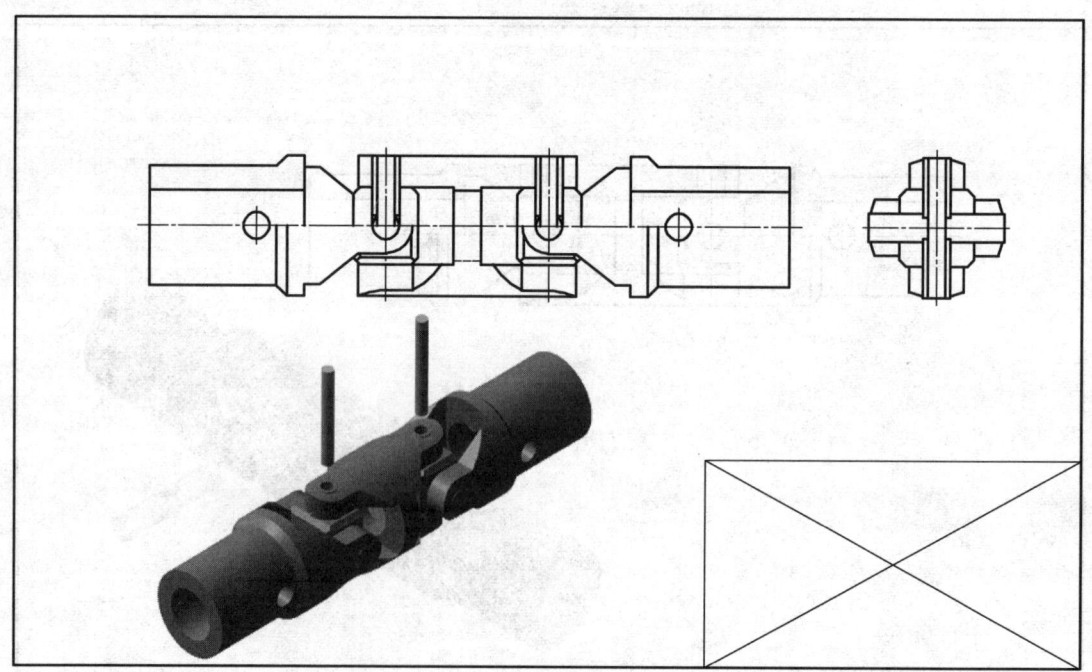

图 14.23　联轴器装配图绘制步骤（七）

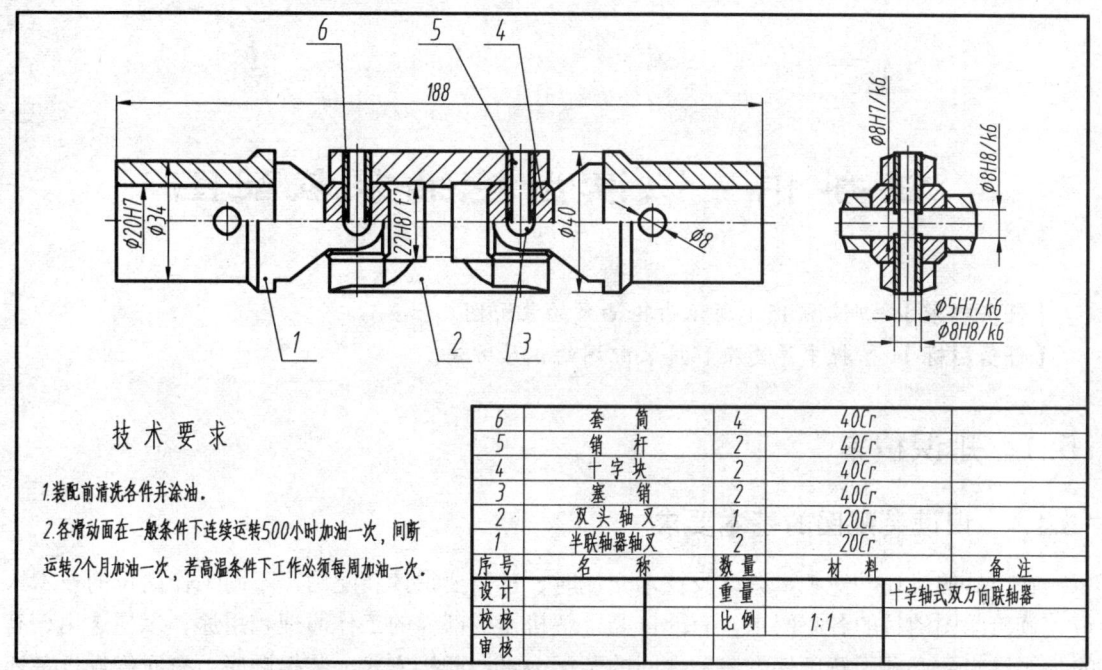

图 14.24 联轴器装配图绘制步骤（八）

任务 15　识读齿轮油泵装配图

【任务要求】　识读图 15.1 所示齿轮油泵的装配图。
【任务目标】　掌握中等复杂程度装配图的识读方法。

15.1　知识积累

15.1.1　识读装配图的基本要求

在产品的设计、安装、调试及技术交流时，都需要识读装配图。不同工作岗位的技术人员，读装配图的目的各有侧重。有的仅需了解机器或部件的工作原理和用途，以便选用；有的为了维修而必须了解部件中各零件间的装配关系、联接方式、装拆顺序；有时修复设备还要拆画部件中某个零件，需要进一步分析并读懂零件的结构形状以及技术要求等。

通过读装配图应达到以下基本要求：

(1) 了解机器的工作原理，即机器或部件是怎样实现其功能的，运动和动力是如何传递的。

(2) 弄清各零件之间的装配关系，即各零件的相对位置、联接和固定方式、配合松紧程度和装拆顺序。

(3) 读懂各零件的主要结构形状。

(4) 了解装配图中标注的尺寸及技术要求。

15.1.2　识读装配图的步骤和方法

1. 概括了解

首先从标题栏入手，了解装配体的名称和绘图比例。从装配体的名称联系生产实践知识，往往可以知道装配体的大致用途。例如：阀，一般是用来控制流量起开关作用的；虎钳，一般是用来夹持工件的；减速器则是在传动系统中起减速作用的；各种泵则是在气压、液压或润滑系统中产生一定压力和流量的装置。通过比例，即可大致确定装配体的大小。

再从明细栏了解零件的名称和数量，并在视图中找出相应零件所在的位置。

另外，浏览一下所有视图、尺寸和技术要求，初步了解该装配图的表达方法及各视图间的大致对应关系，以便为进一步看图打下基础。

2. 详细分析

分析的重点是装配体的工作原理、装配联接关系、结构组成及润滑、密封情况，并将零件逐一从复杂的装配关系中分离出来，想出其结构形状。

任务 15 识读齿轮油泵装配图

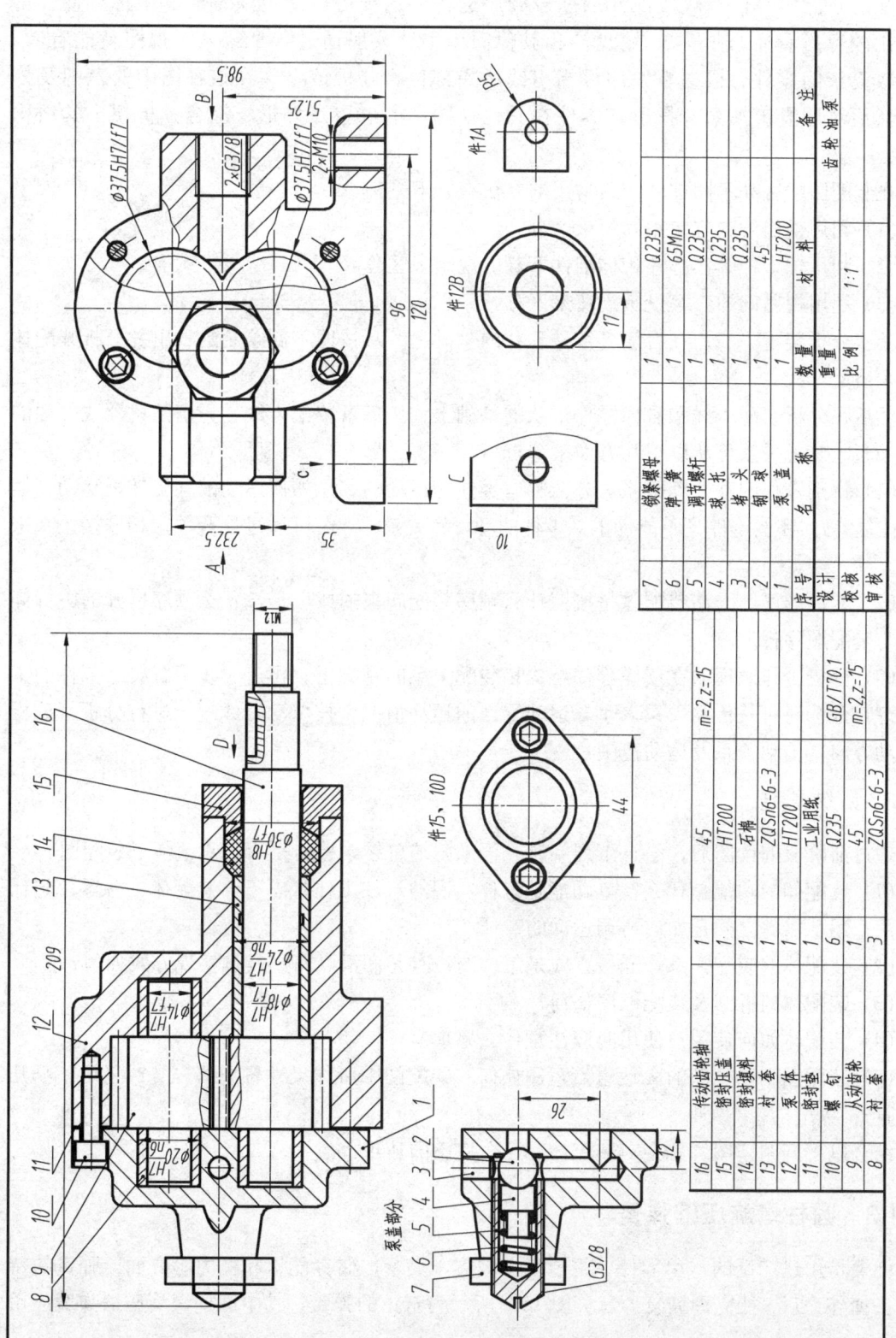

图 15.1 齿轮油泵装配图

首先分析零件，一般按零件的序号顺序进行，这样可以避免遗漏。其中标准件、常用件比较容易看懂。轴套类、轮盘类和其他简单零件一般通过一个或两个视图就能看懂。对于较复杂的零件，根据零件序号指引线所指部位，分析该零件在该视图中的范围及外形，然后对照投影关系，找出该零件在其他视图中的位置及外形，综合分析想出其结构形状。

在装配图中区分不同零件，最常用的方法有以下三种：
（1）利用剖面线的方向和间隔来区分。
（2）利用轴、杆等实心件和标准件不剖的规定来区分。
（3）利用视图间的三等投影规律来区分。

其次分析装配干线，在看懂各零件形状的基础上，从按照不剖绘制的轴出发分析装配体有多少装配干线。

然后在分析装配干线和看懂零件形状的基础上，按每条装配干线，弄清楚机器或部件的装配关系。装配关系可从以下几方面来分析：
（1）辨别零件的动、静关系。分清哪些零件是运动的，是如何运动的（旋转、移动、摆动、往复等）；哪些零件是不能动的。零件的动、静关系，一般可通过配合关系和联接关系来辨别。
（2）装拆顺序。弄清装配体是按照什么顺序装配起来的或者是按什么顺序拆开的。拆卸顺序与装配顺序相反。
（3）分析工作原理。在读懂零件结构和装配关系的基础上，再进一步了解机器部件的工作原理。分析时可从传动关系入手。运动零件的运动情况，按传动路线逐一进行分析（分析其运动方向、传动关系及运动范围）。

3. 归纳总结

通过前阶段的读图后，结合下列问题，再来归纳总结、检验是否真正读懂了装配图。
（1）装配体的功能是什么？其功能是怎样实现的？在工作状态下，装配体中各零件起什么作用？运动零件之间是如何协调运动的？
（2）装配体的装配关系、联接方式是怎样的？有无润滑、密封及其实现方式如何？
（3）装配体的拆卸及装配顺序如何？
（4）装配体如何使用？使用时应注意什么事项？
（5）装配图中各视图的表达重点意图如何？装配图中所注尺寸各属哪一类？采用了哪几种配合？

结合以上问题读图，就会对装配体有一个完整的认识。

15.1.3 圆柱螺旋压缩弹簧

弹簧是用途广泛的常用零件，主要用于减震、夹紧、储存能量和测力等方面。弹簧的特点是去掉外力后，能立即恢复原状。图 15.2 所示为常见的弹簧，其中圆柱螺旋压缩弹簧应用最广。

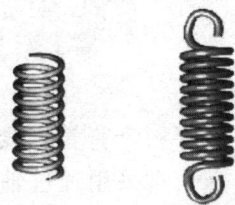 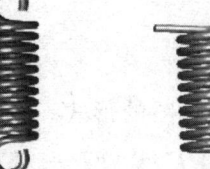  

（a）压缩弹簧　（b）拉伸弹簧　（c）扭转弹簧　（d）涡卷弹簧　　　（e）板弹簧

图 15.2　弹　簧

1. 圆柱螺旋压缩弹簧各部分名称及尺寸计算

圆柱螺旋压缩弹簧各部分名称如图 15.3 所示。

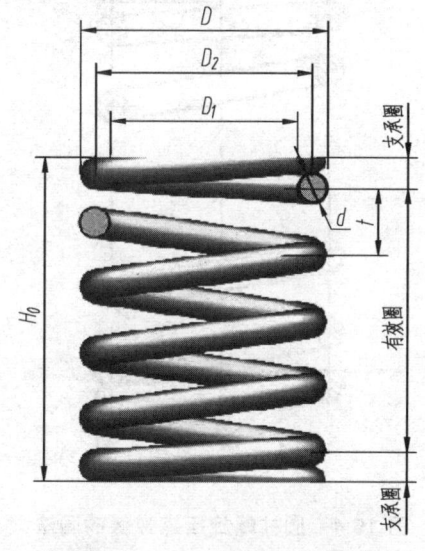

图 15.3　弹簧各部分名称

1）直径

弹簧钢丝直径，称为簧丝直径，亦称线径，用 d 表示；弹簧的最大直径，称为弹簧外径，用 D 表示；弹簧的最小直径，称为弹簧内径，用 D_1 表示；弹簧的平均直径，称为弹簧中径，用 D_2 表示，$D_2=(D+D_1)/2=D_1+d=D-d$。

2）节距

除支承圈外，相邻两有效圈上对应点之间的轴向距离称为节距，用 t 表示。

3）有效圈数 n、支承圈数 n_2 和总圈数 n_1

为了使螺旋压缩弹簧工作时受力均匀，增加弹簧的平稳性，应将弹簧的两端并紧、磨平，这部分圈主要起支承作用，称为支承圈，支承圈有 1.5、2 和 2.5 圈三种，图 15.3 所示的弹簧，两端各有 1¼ 圈为支承圈，即 $n_2=2.5$；保持相等节距的圈数，称为有效圈数；有效圈数与支承圈数之和称为总圈数，即 $n_1=n+n_2$。

4）自由高度 H_0

弹簧在不受外力作用时的高度（或长度），称为自由高度（H_0），$H_0=nt+(n_2-0.5)d$。

2. 圆柱螺旋压缩弹簧的规定画法

1）圆柱螺旋压缩弹簧的画法

圆柱螺旋压缩弹簧可画成视图、剖视图和示意图的形式：在平行于弹簧轴线的投影面上的视图中，其各圈的轮廓应画成直线，如图 15.4（a）所示；常采用通过轴线的全剖视，如图 15.4（b）所示；也可画成示意图的形式，如图 15.4（c）所示。表示四圈以上的螺旋弹簧时，允许每端只画两圈（不包括支承圈），中间各圈可省略不画，只画通过簧丝剖面中心的两条细点划线。当中间部分省略后，也可适当地缩短图形的长度，如图 15.4 所示。在图样上，螺旋弹簧均可画成右旋，对必须保证的旋向要求应在"技术要求"中注明。

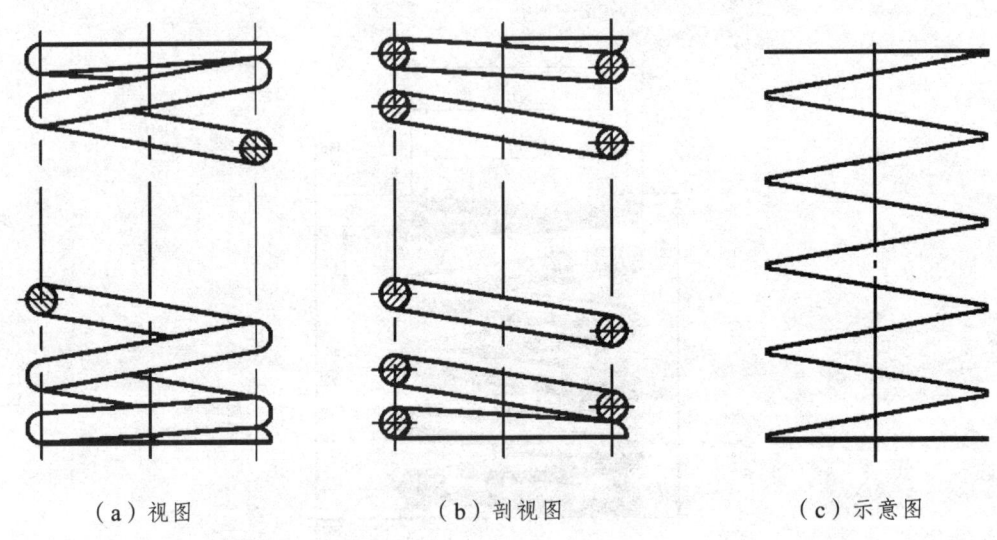

（a）视图　　　　（b）剖视图　　　　（c）示意图

图 15.4　圆柱螺旋压缩弹簧的画法

2）装配图中弹簧的画法

在装配图中，被弹簧挡住的结构一般不画出，可见部分从弹簧的外轮廓线或从弹簧钢丝剖面的中心线画起，如图 15.5 所示。

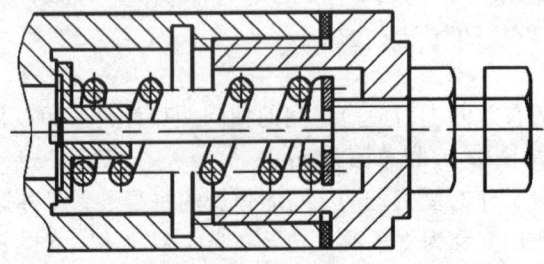

图 15.5　被弹簧遮挡处的画法

型材尺寸较小（直径在图形上小于或等于 2 mm）时，允许用示意图表示，如图 15.6（a）所示；当弹簧被剖切时，也可用涂黑表示，如图 15.6（b）所示。

任务 15　识读齿轮油泵装配图

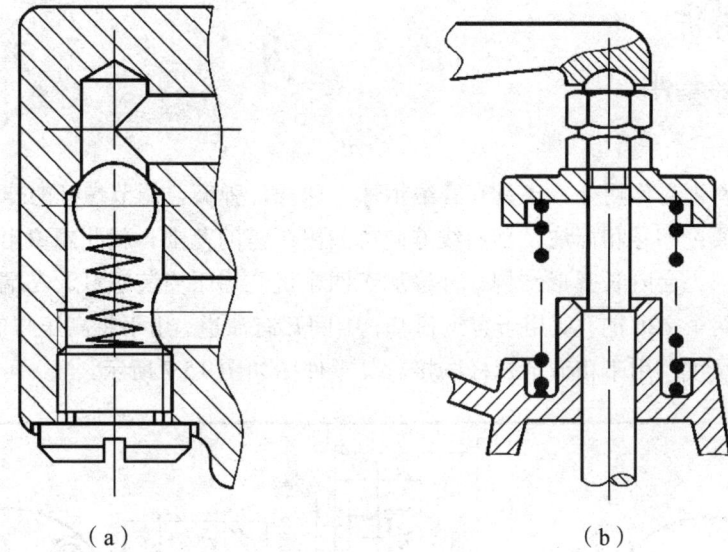

（a）　　　　　　　　　　（b）

图 15.6　$d \leqslant 2\ mm$ 的装配画法

15.2　知识运用

15.2.1　概括了解

1. 阅读标题栏

从标题栏"齿轮油泵"这个名称可以得知，该部件是安装在油路中的一种供油装置，是机器中用来输送润滑油的一个部件。

2. 阅读明细栏

从明细栏中可以看出，齿轮油泵共有 16 种零件，由泵体、泵盖、运动零件（传动齿轮轴、从动齿轮轴等）、控制零件（钢球、球托、弹簧、调节螺杆等）、密封零件以及标准件等组成。其中标准件为两种，其余为非标准件。

3. 分析表达方法

该装配体共用了 7 个基本视图来表示。

主视图——通过油泵的两条装配干线作了全剖视，这样绝大多数零件的位置及装配关系就基本上表达清楚了。

左视图——沿泵盖 1 与泵体 12 的结合面局部剖切后移去密封垫 11，它清楚地反映了油泵的外形、齿轮的啮合情况；局剖视图内，再以局部剖视表达吸油、压油的工作原理。

俯视图——只画出了泵盖部分，并沿上下对称平面进行了全剖视，表示出了泵盖内的安全装置的装配关系和各零件的位置。

四个局部视图——为了表示清楚油泵的主要零件的结构，采用了四个局部视图单独表达零件。件 1A 表达了泵盖后视情况。件 12B 表达了泵体的局部主视外形。C 向局部视图表达了泵体安装螺孔的位置。件 15、10D 向表达了密封压盖的外形及与泵体的联接情况。

15.2.2 详细分析

1. 分析主要零件

(1) 泵盖。

泵盖除了具有密封作用外,还具有容纳钢球、球托、弹簧、调节螺杆的作用。

在装配图中通过序号和标注及剖面线方向可圈出泵盖的范围,就此想象出泵盖的内外结构形状。泵盖外部为台阶长圆形结构,外缘加工四个沉孔用于安装螺钉。左端伸出一锥台。内部右方上下有两个 $\phi 20$ 的孔,用于容纳衬套,中间开有油道,用于将高压与低压油腔相通;锥台内部加工管螺纹,用于和调节螺杆联接。其零件图如图 15.7 所示。

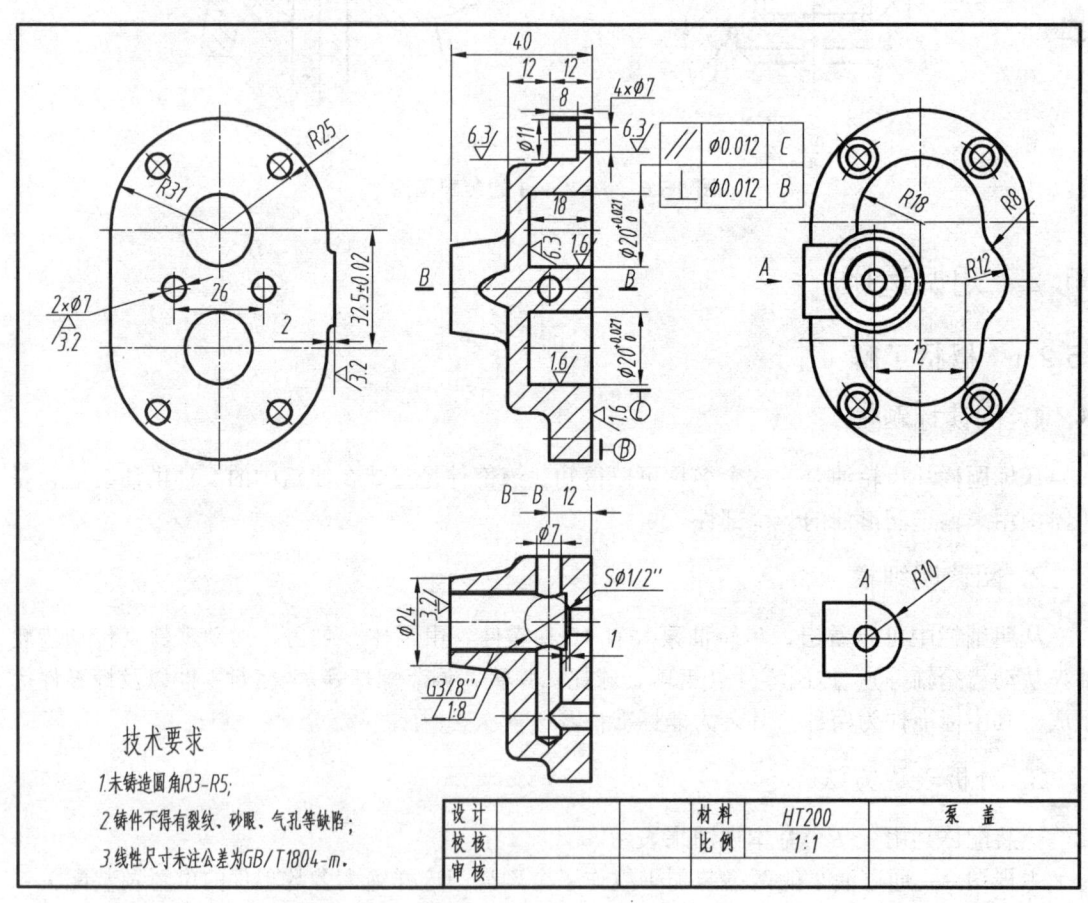

图 15.7 泵盖零件图

(2) 泵体。

泵体具有容纳运动零件(传动齿轮轴和从动齿轮轴)、支承零件(衬套)、密封零件(密封填料和密封压盖)的作用,此外还有用于联接的螺孔。从装配图中分离、想象拆出的零件图如图 15.8 所示。

按照上面的方法逐个分析之后,齿轮油泵各零件的形状如图 15.9 所示。它们的零件图相对比较简单,请读者自行练习绘制。

任务15 识读齿轮油泵装配图

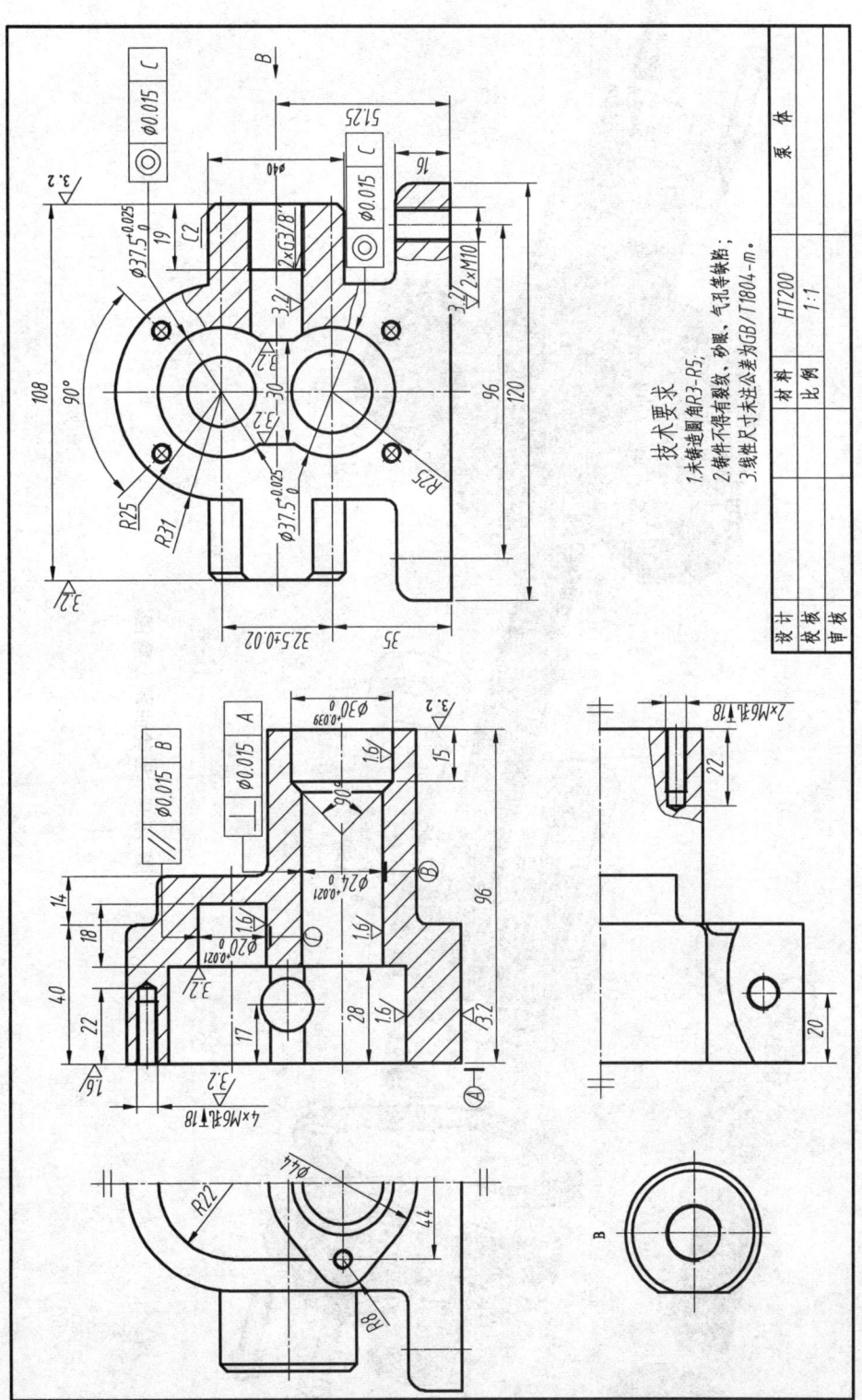

图15.8 泵体零件图

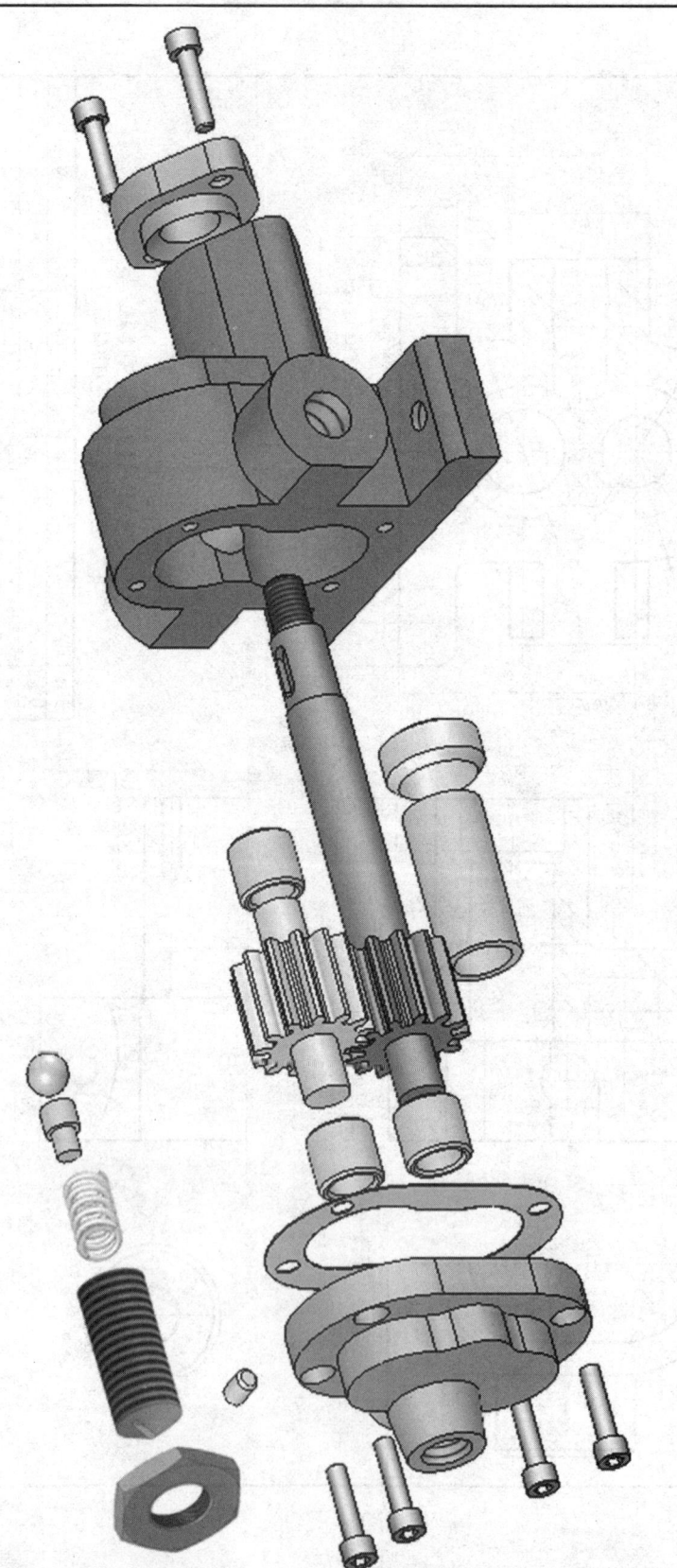

图 15.9 齿轮油泵分解图

2. 分析装配干线

（1）装配干线一：传动齿轮轴轴线方向为第一装配干线。该装配干线由衬套 8、传动齿轮轴 16、衬套 13、密封填料 14、密封压盖 15 等零件组成。

（2）装配干线二：从动齿轮轴轴线方向为第二装配干线。该装配干线由两个衬套 8、从动齿轮轴 9 组成。

（3）装配干线三：调节螺杆轴线方向为第三装配干线。该装配干线由泵盖、钢球 2、球托 3、弹簧 6、调节螺杆 5、锁紧螺母 7 组成。

3. 分析尺寸

（1）规格尺寸：进、出油口的管螺纹尺寸 G3/8 是齿轮油泵的规格尺寸。

（2）装配尺寸：ϕ20H7/n6、ϕ24H7/n6 为衬套与泵盖和泵体的配合尺寸，属于过盈配合。ϕ14H7/f7、ϕ18H7/f7 为从动齿轮轴、传动齿轮轴与衬套的配合尺寸，属于间隙配合，说明从动齿轮轴、传动齿轮轴装配后是能够自由转动的。锁紧螺母与调节螺杆的螺纹副尺寸为 G3/8。齿顶圆与泵体空腔的配合尺寸为 ϕ37.5H7/f7。

12、26、32.5、35、20、51.25 为相对位置尺寸。

（3）安装尺寸：96、44 为泵体底板、密封压盖上两个螺孔的安装尺寸。

（4）外形尺寸：齿轮油泵的外形尺寸为 209、120、98.5。

15.2.3 归纳总结

1. 齿轮油泵的工作原理

从动齿轮轴 9、传动齿轮轴 16 是齿轮油泵中的运动零件。当传动齿轮轴按顺时针方向（从左视图观察）转动时，经过齿轮啮合带动从动齿轮轴转动，从而使后者作逆时针方向转动，如图 15.10 所示，啮合区内前方空腔的容积增大而产生局部真空，油池内的油在大气压力作用下进入油泵低压区内的吸油口。随着齿轮的转动，齿槽中的油不断沿箭头方向被带至后方，经压油口把高压油压出送至机器中需要润滑的部分。

在油泵中还有一套安全装置，如装配图中的俯视图所示，当高压腔油压高于预定的油压值时，高压油将顶开钢球，使高、低压油腔相通，从而保障系统中正常的工作油压。工作油压的大小由钢球左边的弹簧和调节螺杆设定，设置完成后用锁紧螺母锁定。

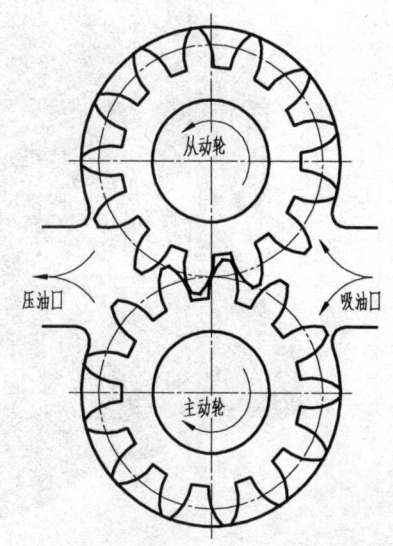

图 15.10 齿轮油泵工作原理示意图

2. 齿轮油泵的装配关系

1）联接固定方式

齿轮油泵零件间的联接方式除衬套与泵盖和泵体的联接为过盈配合不可拆卸外，其余均为可拆联接。

从动齿轮轴、传动齿轮轴装入泵体衬套，靠 8 字空腔右端面定位。泵盖与泵体靠 4 个内六角螺钉固定。密封压盖压紧密封填料后由 2 个内六角螺钉固定。

2）密封装置

由于液体容易泄漏，因此需要密封。泵盖与泵体处加密封垫以防止泄露。此密封垫还可以调整传动齿轮轴与从动齿轮轴的轴向间隙，以防止工作过程中过热卡死。传动齿轮轴伸出泵体端加密封填料以防止泄露。

3）装拆顺序

拆卸时，可先拆下密封压盖上的 2 个螺钉，拆下密封压盖；然后拆下泵盖上的 4 个螺钉，拆下泵盖和密封垫；这时就可从泵体上拆下从动齿轮轴和传动齿轮轴。最后拆泵盖上的安全装置，先松开锁紧螺母，然后拆下调节螺杆，即可将钢球、球托和弹簧拆卸下来。装配时和上述顺序相反。

齿轮油泵的整体、全面印象如图 15.11 和图 15.12 所示。

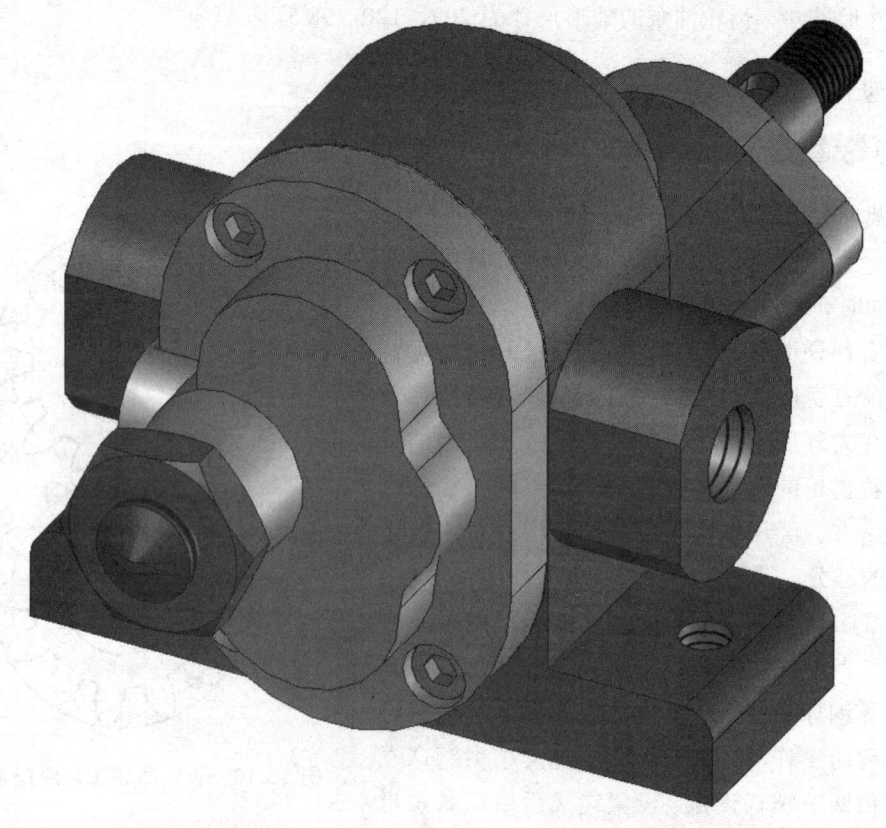

(a)

任务 15 识读齿轮油泵装配图

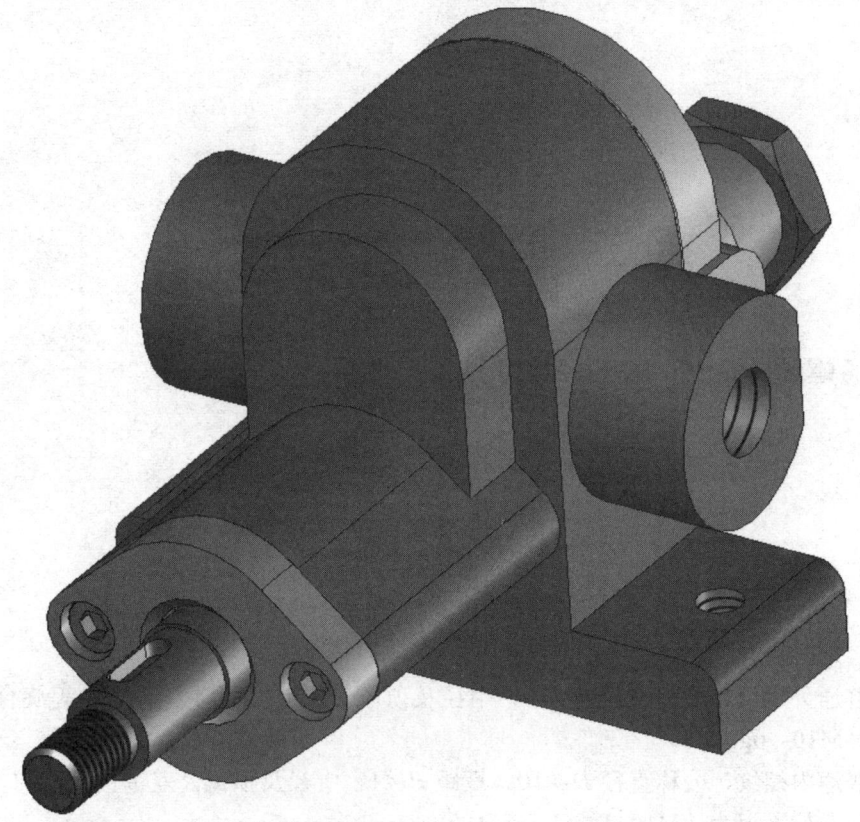

（b）

图 15.11 齿轮油泵（一）

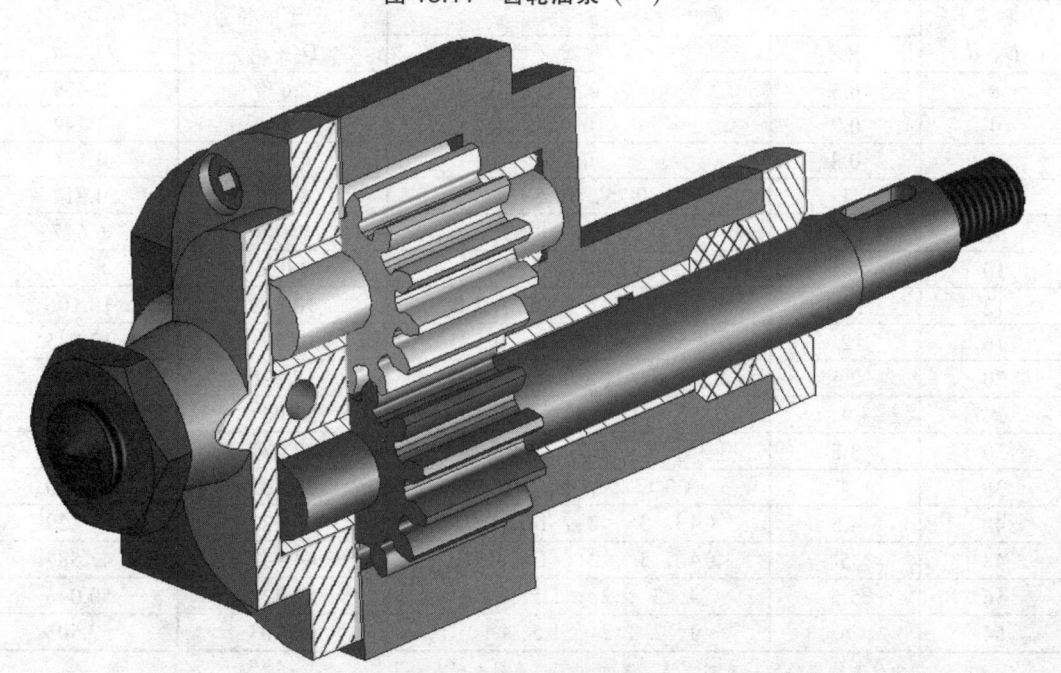

图 15.12 齿轮油泵（二）

附 录

附录1 螺 纹

1.1 普通螺纹（GB/T 196—2003）

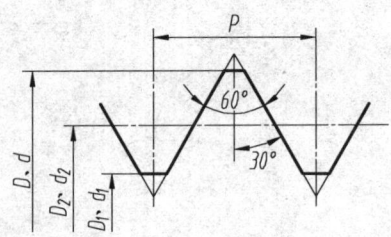

标记示例：

粗牙普通外螺纹、公称直径 $d=10$、中径及顶径公差带代号均为 6g、中等旋合长度、右旋，记为：M10—6g。

细牙普通内螺纹、公称直径 $D=10$、螺距 $P=1$、中径及顶径公差带代号均为 6H、中等旋合长度、左旋，记为：M10×1—6H—LH。

附表 1.1　直径与螺距系列、基本尺寸　　　　　　　　　　（单位：mm）

公称直径 D、d	螺距 P		粗牙中径 D_2、d_2	粗牙小径 D_1、d_1
	粗牙	细牙		
3	0.5	0.35	2.675	2.459
4	0.7	0.5	3.545	3.242
5	0.8	0.5	4.480	4.134
6	1	0.75，(0.5)	5.350	4.917
8	1.25	1，0.75，(0.5)	7.188	6.647
10	1.5	1.25，1，0.75，(0.5)	9.026	8.376
12	1.75	1.5，1.25，1，(0.75)，(0.5)	10.863	10.106
16	2	1.5，1，(0.75)，(0.5)	14.701	13.835
20	2.5	2，1.5，1，(0.75)，(0.5)	18.376	17.294
24	3	2，1.5，1，(0.75)	22.051	20.752
30	3.5	(3)，2，1.5，1，(0.75)	27.727	26.211
36	4	(3)，2，1.5，(1)	33.402	31.670
42	4.5	(4)，3，2，1.5，(1)	39.077	37.129
48	5	(4)，3，2，1.5，(1)	44.752	42.587
56	5.5	4，3，2，1.5，(1)	52.428	50.046
64	6	4，3，2，1.5，(1)	60.103	57.505

注：1. 只列出优先选用的第一系列，第二系列和第三系列未列入；
　　2. 括号内的螺距尽可能不用。

1.2 梯形螺纹（GB/T 5796.3—1986）

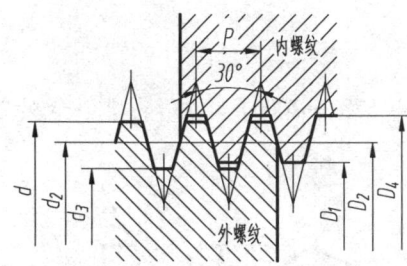

图中 d——外螺纹大径（公称直径）；
d_3——外螺纹小径；
D_4——内螺纹大径；
D_1——内螺纹小径；
d_2——外螺纹中径；
D_2——内螺纹中径；
P——螺距。

标 记 示 例：

单线梯形内螺纹、公称直径 $d=40$、螺距 $P=7$、中径公差带代号为 7H、中等旋合长度、右旋，记为：

Tr40×7—7H

双线梯形外螺纹、公称直径 $d=60$、导程 $S=18$、螺距 $P=9$、中径公差带代号为 8e、长旋合长度、左旋，记为：

Tr60×18（P9）—8e—L—LH

附表 1.2　梯形螺纹直径与螺距系列、基本尺寸　　　　（单位：mm）

公称直径 d 第一系列	螺距 P	大径 D_4	中径 $D_2=d_3$	小径	
				d_3	D_1
8	1.5	8.3	7.25	6.2	6.5
10	2	10.5	9.0	7.5	8
12	3	12.5	10.5	8.5	9
16	4	16.5	14.0	11.5	12
20		20.5	18.0	15.5	16
24	5	24.5	21.5	18.5	19
28		28.5	25.5	22.5	23
32	6	33	29.0	25	26
36		37	33.0	29	30
40	7	41	36.5	32	33
44		45	40.5	36	37
48	8	49	44.0	39	40
52		53	48.0	43	44
60	9	61	55.5	50	51

注：表中所列的螺距和直径，是优先选择的螺距及与之对应的直径。

附录2 螺纹紧固件

2.1 六角头螺栓

六角头螺栓-A 和 B 级（GB/T 5782—2000）　　六角头螺栓-全螺纹-A 和 B 级（GB/T 5783—2000）

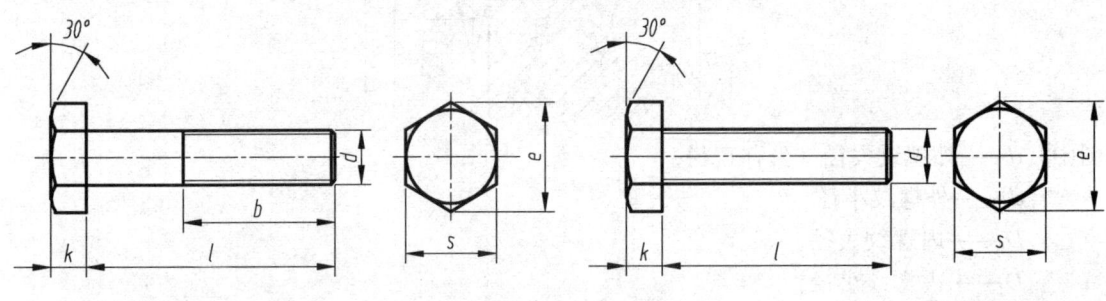

标　记　示　例：

螺纹规格 d=M12、公称长度 l=80 mm、性能等级为 8.8 级、表面氧化、产品等级为 A 级的六角螺栓，记为：

螺栓 GB/T 5782—2000　　M12×80

螺纹规格 d=M12、公称长度 l=80 mm、性能等级为 8.8 级、表面氧化、全螺纹、产品等级为 A 级的六角螺栓，记为：

螺栓 GB/T 5782—2000　　M12×80

附表 2.1　六角头螺栓各部分尺寸　　　　　　　　　　（单位：mm）

螺纹规格 d		M6	M8	M10	M12	M16	M20	M24	M30	M36	M42
(b) GB/T 5782	l≤125	18	22	26	30	38	46	54	66	—	—
	125<l≤200	24	28	32	36	44	52	60	72	84	96
	l>200	37	41	45	49	57	65	73	85	97	109
k		4	5.3	6.4	7.5	10	12.5	15	18.7	22.5	26
S_{max}		10	13	16	18	24	30	36	46	55	65
e_{min}	A	11.05	14.38	17.77	20.03	26.75	33.53	39.98	—	—	—
	B	10.89	14.20	17.59	19.85	26.17	32.95	39.55	50.85	60.79	72.02
l 范围	GB/T 5782	30~60	40~80	45~100	50~120	65~160	80~200	90~240	110~300	140~360	160~440
	GB/T 5783	12~60	16~80	20~100	25~120	30~150	40~150	50~150	60~200	70~200	80~200
l 系列	GB/T 5782	20-65（5 进位）、70~160（10 进位）、180~400（20 进位）l 小于最小值时，全长制螺纹									
	GB/T 5783	8、10、12、16、18、20~65（5 进位）、70~160（10 进位）、180~500（20 进位）									

注：1. 螺纹公差：6g；机械性能等级：8.8；末端倒角按 GB/T2 规定；
　　2. 产品等级：A 级用于 d=1.6~24 mm 和 l≤10d 或 l≤150 mm（按较小值）；B 级用于 d>24 mm 和 l>10d 或 l>150 mm（按较小值）的螺栓；
　　3. 螺纹均为粗牙。

2.2 六角螺母

1 型六角螺母-C 级（GB/T 41—2000）、1 型六角螺母-A 和 B 级（GB/T 6170—2000）、六角薄螺母（GB/T 6172.1-2000）

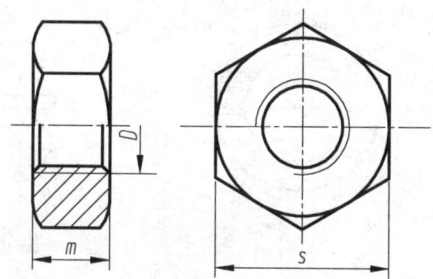

标 记 示 例：

螺纹规格 D=M12、性能等级为 5 级、不经表面处理、C 级的 1 型六角螺母，记为：

螺母 GB/T 41 M12

附表 2.2 六角螺母各部分尺寸 （单位：mm）

螺纹规格 d		M6	M8	M10	M12	M16	M20	M24	M30	M36	M42
S_{max}		10	13	16	18	24	30	36	46	55	65
e_{min}	A、B 级	11.05	14.38	17.77	20.03	26.75	32.95	39.55	50.85	60.79	71.3
	C 级	10.89	14.20	17.59	19.85	26.17	32.95	39.55	50.85	60.79	71.3
m_{max}	A、B 级	5.2	6.8	8.4	10.8	14.8	18	21.5	25.6	31	34
	C 级	6.4	7.9	9.5	12.2	15.9	19	22.3	26.4	31.9	34.9

注：1. A 级用于 $D≤16$ 的螺母，B 级用于 $D>16$ 的螺母，C 级用于 $D≥5$ 的螺母；
2. 螺纹公差：A、B 为 6H，C 级为 7H；机械性能等级：A、B 级为 6、8、10 级，C 级为 4、5 级；
3. 螺纹均为粗牙。

2.3 平垫圈

平垫圈级（GB/T 97.1—2002）　　　　平垫圈倒角型-A 级（GB/T 97.2—2002）

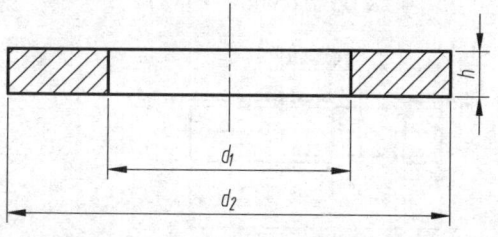 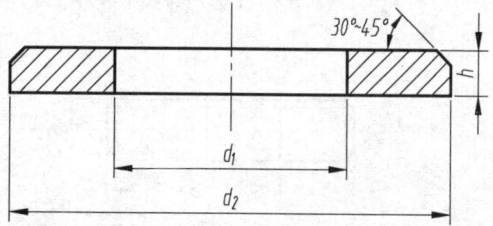

标 记 示 例

公称尺寸 d=8 mm、性能等级为 140HV 级、不经表面处理的平垫圈，记为：

垫圈 GB/T 97.1 8-140HV

附表 2.3 平垫圈各部分尺寸 （单位：mm）

规格（螺纹大径）	5	6	8	10	12	14	16	20	24	30	36
内径 d_1	5.3	6.4	8.4	10.5	13	15	17	21	25	31	37
外径 d_2	10	12	16	20	24	28	30	37	44	56	66
厚度 h	1	1.6	1.6	2	2.5	2.5	3	3	4	4	5

2.4 标准弹簧垫圈

标准弹簧垫圈（GB/T 93—1987）

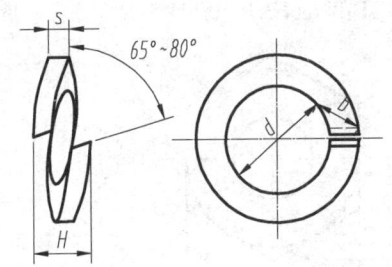 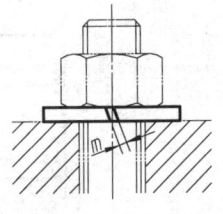

标 记 示 例：

公称直径 16 mm、材料为 65Mn、表面氧化的标准弹簧垫圈，记为：垫圈 GB/T 93 16

附表 2.4 弹簧垫圈各部分尺寸　　　　　　　　　　（单位：mm）

规格（螺纹大径）		4	5	6	8	10	12	16	20	24	30
d_{max}		4.4	5.4	6.68	8.68	10.9	12.9	16.9	21.04	25.5	31.5
H_{max}	GB/T93	2.2	2.6	3.2	4.2	5.2	6.2	8.2	10	12	15
	GB/T859	1.6	2.2	2.6	3.2	4	5	6.4	8	10	12
$m \leq$	GB/T93	0.55	0.65	0.8	1.05	1.3	1.55	2.05	2.5	3	3.75
	GB/T859	0.4	0.55	0.65	0.8	1	1.25	1.6	2	2.5	3
$s(b)$	GB/T93	1.1	1.3	1.6	2.1	2.6	3.1	4.1	5	6	7.5
b	GB/T859	1.2	1.5	2	2.5	3	3.5	4.5	5.5	7	9

2.5 双头螺柱

$b_m = d$ (GB/T 897—1988)，　　　$b_m = 1.25d$ (GB/T 898—1988)
$b_m = 1.5d$ (GB/T 899—1988)，　　$b_m = 2d$ (GB/T 900—1988)

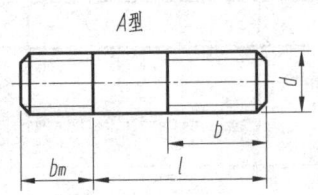 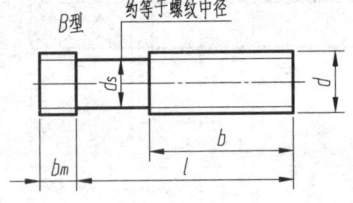

标 记 示 例：

两端均为粗牙普通螺纹、$d = 10$ mm、$l = 50$ mm、性能等级为 4.8 级、不经表面处理、$b_m = 1d$ 的 B 型双头螺柱，记为：

螺柱 GB/T 897　M10×50

旋入端为粗牙普通螺纹、紧固端为螺距 $P = 1$ mm 的细牙普通螺纹、$d = 10$ mm、$l = 50$ mm、性能等级为 4.8 级、不经表面处理、A 型、$b_m = 1.25d$ 的双头螺柱，记为：

螺柱 GB/T 898　AM10-M10×1×50

附表 2.5 双头螺柱各部分尺寸 （单位：mm）

螺纹规格 d	b_m		d_s		l	b
	GB/T 897—1988	GB/T 898—1988	max	min		
M5	5	6	5	4.7	16～(22)	10
					25～50	16
M6	6	8	6	5.7	20,(22)	10
					25,(28),30	14
					(32)～(75)	18
M8	8	10	8	7.64	20,(22)	12
					25,(28),30	16
					(32)～90	22
M10	10	12	10	9.64	25,(28)	14
					30～(38)	16
					40～120	26
					130	32
M12	12	15	12	11.57	25～30	16
					(32)～40	20
					45～120	30
					130～180	36
M16	16	20	16	15.57	30～(38)	20
					40～50	30
					60～120	38
					130～200	44
M20	20	25	20	19.48	35～40	25
					45～60	35
					(65)～120	46
					130～200	52
l 系列	16，20，25，30，35，40，45，50，55，60，65，70，75，80，85，90，95，100～200（10 进位）					

2.6 螺 钉

开槽圆柱头螺钉　　　开槽盘头螺钉　　　开槽沉头螺钉
（GB/T 65—2000）　　（GB/T 67—2000）　　（GB/T 68—2000）

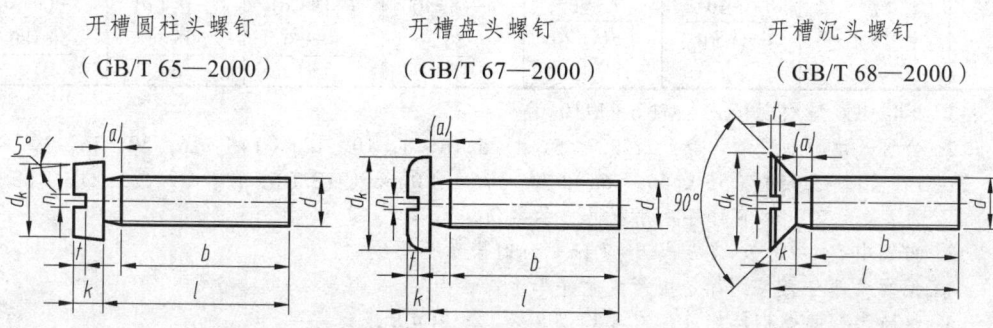

标 记 示 例

螺纹规格 d = M5、公称长度 l = 20 mm、性能等级为 4.8 级、不经过表面处理的 A 级开槽圆柱头螺钉，记为：

螺钉 GB/T 65 M5×20

附表 2.6 螺钉各部分尺寸 （单位：mm）

	螺纹规格 d	M3	M4	M5	M6	M8	M10
	a_{max}	1	1.4	1.6	2	2.5	3
	b_{min}	25	38	38	38	38	38
	n 公称	0.8	1.2	1.2	1.6	2	2.5
GB/T 65-2000	$d_{k 公称}$ = max	5.5	7	8.5	10	13	16
	$k_{公称}$ = max	2	2.6	3.3	3.9	5	6
	t_{min}	0.85	1.1	1.3	1.6	2	2.4
	$\dfrac{l}{b}$	$\dfrac{4\sim30}{l-a}$	$\dfrac{5\sim40}{l-a}$	$\dfrac{6\sim40}{l-a}$ $\dfrac{45\sim50}{b}$	$\dfrac{8\sim40}{l-a}$ $\dfrac{45\sim60}{b}$	$\dfrac{10\sim40}{l-a}$ $\dfrac{45\sim80}{b}$	$\dfrac{12\sim40}{l-a}$ $\dfrac{45\sim80}{b}$
GB/T 67-2000	$d_{k 公称}$ = max	5.6	8	9.5	12	16	20
	$k_{公称}$ = max	1.8	2.4	3	3.6	4.8	6
	t_{min}	0.7	1	1.2	1.4	1.9	2.4
	$\dfrac{l}{b}$	$\dfrac{4\sim30}{l-a}$	$\dfrac{5\sim40}{l-a}$	$\dfrac{6\sim40}{l-a}$ $\dfrac{45\sim50}{b}$	$\dfrac{8\sim40}{l-a}$ $\dfrac{45\sim60}{b}$	$\dfrac{10\sim40}{l-a}$ $\dfrac{45\sim80}{b}$	$\dfrac{12\sim40}{l-a}$ $\dfrac{45\sim80}{b}$
GB/T 68-2000	$d_{k 公称}$ = max	5.5	8.40	9.30	11.30	15.80	18.30
	$k_{公称}$ = max	1.65	2.7	2.7	3.3	4.65	5
	t max	0.85	1.3	1.4	1.6	2.3	2.6
	t min	0.6	1	1.1	1.2	1.8	2
	$\dfrac{l}{b}$	$\dfrac{5\sim30}{l-(k+a)}$	$\dfrac{6\sim40}{l-(k+a)}$	$\dfrac{8\sim45}{l-(k+a)}$ $\dfrac{50}{b}$	$\dfrac{8\sim45}{l-(k+a)}$ $\dfrac{50\sim60}{b}$	$\dfrac{10\sim45}{l-(k+a)}$ $\dfrac{50\sim80}{b}$	$\dfrac{12\sim45}{l-(k+a)}$ $\dfrac{50\sim80}{b}$

注：1. 标准规定螺纹规格 d = M1.6～M10。

2. 公称长度 l（系列）为：2、2.5、3、4、5、6、8、10、12、(14)、16、20、25、30、35、40、45、50、(55)、60、(65)、70、(75)、80 mm（GB/T 65 的 l 长无 2.5，GB/T 68 的 l 长无 2），尽可能不采用括号内的数值。

3. 当表中 l/b 中的 $b = l-b$ 或 $b = l-(k+a)$ 时表示全螺纹。

4. 无螺纹部分杆径约等于中径或允许等于螺纹大径。

5. 材料为钢的螺钉性能等级有 4.8、5.8 级，其中 4.8 级为常用。

附录3 键、销

3.1 普通平键及键槽的尺寸

键和键槽的断面尺寸（GB/T 1095—1979）、普通平键的型式尺寸（GB/T 1906—1979）

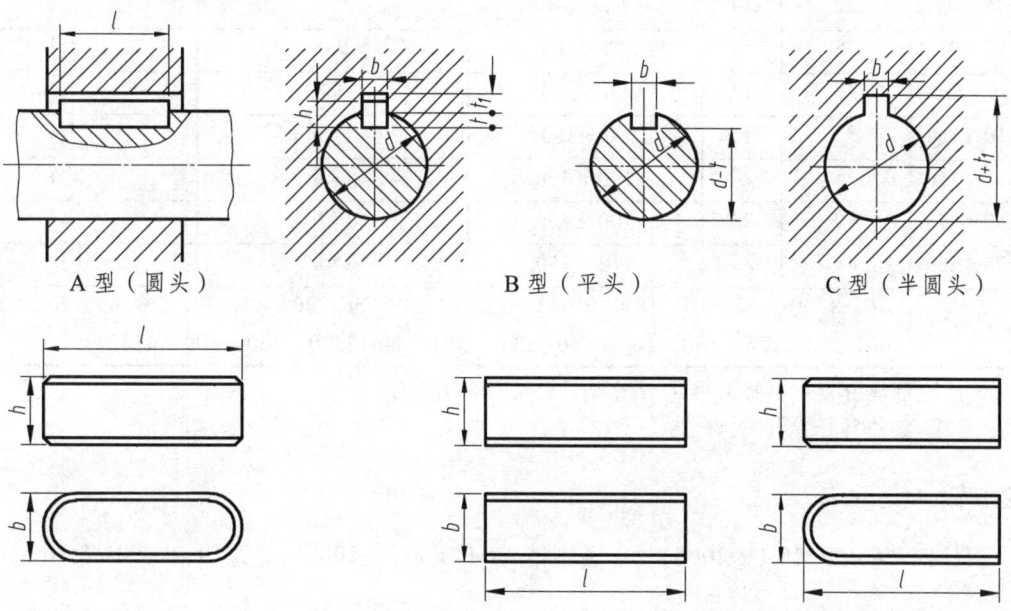

A型（圆头）　　B型（平头）　　C型（半圆头）

标 记 示 例：
圆头普通平键（A型）、b=18mm、h=11mm、l=100mm，记为：键 18×100 GB/T 1096—1979
平头普通平键（B型）、b=18mm、h=11mm、l=100mm，记为：键 B18×100 GB/T 1096—1979
半圆头普通平键（C型）、b=18mm、h=11mm、l=100mm，记为：键 C18×100 GB/T 1096—1979

附表 3.1　键和键槽各部分尺寸　　　　　　　　　　（单位：mm）

轴 径 d	键的公称尺寸			深 度	
	B（公称）	h	l	轴 t	毂 t_1
				1.2	1
>8~10	3	3	6~36	1.8	1.4
>10~12	4	4	8~45	2.5	1.8
>12~17	5	5	10~56	3.0	2.3
>17~22	6	6	14~70	3.5	2.8
>22~30	8	7	18~90	4.0	3.3
>30~38	10	8	22~110	5.0	3.3
>38~44	12	8	28~140	5.0	3.3
>44~50	14	9	36~160	5.5	3.8
>50~58	16	10	45~180	6.0	4.3
>58~65	18	11	50~200	7.0	4.4

续附表 3.1

轴径 d	键的公称尺寸 B（公称）	h	l	深度 轴 t	毂 t_1
>65~75	20	12	56~220	7.5	4.9
>75~85	22	14	63~250	9.0	5.4
>85~95	25	14	70~280	9.0	5.4
>95~110	28	16	80~320	10.0	6.4
>110~130	32	18	90~360	11.0	7.4
>130~150	36	20	100~400	12.0	8.4
>150~170	40	22	100~400	13.0	9.4
>170~200	45	25	110~450	15.0	10.4
l 系列	6，8，10，12，16，18，20，22，25，28，32，36，40，45，50，56，63，70，80，90，100，110，125，140，160，180，200，250，280，320，360，400，450				

注：1. 在零件图中轴槽深用 $d-t$ 标注，轮槽用 $d+t_1$ 标注。
2. 键的材料常用 45 钢。

3.2 销

圆柱销（GB/T 119.1—2000）　　圆锥销（GB/T 117—2000）　　开口销（GB/T 91—2000）

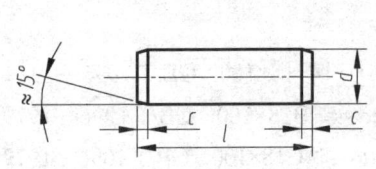 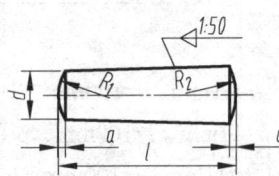 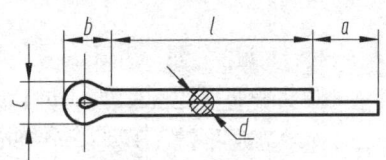

标 记 示 例：

公称直径为 10 mm、长 50 mm 的 A 型圆柱销，记为：
　　　　　　销 GB/T 119.1—2000　6m10×50

公称直径为 10 mm、长 60 mm 的 A 型圆锥销，记为：
　　　　　　销 GB/T 117—2000　10×60

公称直径为 5 mm、长 50 mm 的开口销，记为：
　　　　　　销 GB/T 91—2000　10×50

附表 3.2　圆柱销与圆锥销各部分尺寸　　　　　　　　（单位：mm）

D	1	1.2	1.5	2	2.5	3	4	5	6	8	10	12
$A\approx$	0.12	0.16	0.20	0.25	0.30	0.40	0.50	0.63	0.80	1.0	1.2	1.6
$c\approx$	0.20	0.25	0.30	0.35	0.40	0.50	0.63	0.80	1.2	1.6	2	2.5
l 系列	2，3，4，5，6，8，10，12，14，16，18，20，22，24，26，28，30，32，35，40，45，50，55，60，65，70，75，80，85，90											

注：1. GB/T 119.1—2000 规定圆柱销的公称直径 $d=0.6$~50 mm，公称长度 $l=2$~200 mm，公差有 m6 和 h8。
2. 圆柱销的材料常用 35 钢。

附表 3.3　开口销各部分尺寸　　　　　　　　　　　（单位：mm）

d（公称）	1	1.2	1.6	2	2.5	3.2	4	5	6.3	8	10	12
d_{max}	0.9	1	1.4	1.8	2.3	2.9	3.7	4.6	5.9	7.5	9.5	11.5
c max	1.8	2	2.8	3.6	4.6	5.8	7.4	9.2	11.8	15	19	24.8
c min	1.6	1.7	2.4	3.2	4	5.1	6.5	8	10.3	13.1	16.6	21.7
$b\approx$	3	3	3.2	4	5	6.4	8	10	12.6	16	20	26
a_{max}	1.6	2.5				3.2		4			6.3	
l 系列	2,3,4,5,6,8,10,12,14,16,18,20,22,24,26,28,30,32,35,40,45,50,55,60,65,70,75,80,85,90											

注：公称规格为销孔的公称直径。

附录4　滚动轴承

4.1　深沟球轴承（GB/T 276—1994）

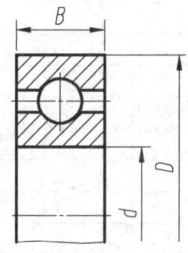

标　记　示　例：

类型代号 6 内圈孔径 $d=60$ mm、尺寸系列代号为（0）2 的深沟球轴承，记为：

滚动轴承 6212 GB/T 276—1994

附表 4.1　深沟球轴承

轴承代号	尺寸			轴承代号	尺寸		
	d	D	B		d	D	B
尺寸系列代号（1）0				尺寸系列代号（0）3			
606	6	17	6	633	3	13	5
607	7	19	6	634	4	16	5
608	8	22	7	635	5	19	6
609	9	24	7	6300	10	35	11
6000	10	26	8	6301	12	37	12
6001	12	28	8	6302	15	42	13
6002	15	32	9	6303	17	47	14
6003	17	35	10	6304	20	52	15
6004	20	42	12	63/22	22	56	16
60/22	22	44	12	6305	25	62	17
6005	25	47	12	63/28	28	68	18
60/28	28	52	12	6306	30	72	19

续附表 4.1

轴承代号	尺寸			轴承代号	尺寸		
	d	D	B		d	D	B
尺寸系列代号（1）0				尺寸系列代号（0）3			
6006	30	55	13	63/32	32	75	20
60/32	30	58	13	6307	35	80	21
6007	35	62	14	6308	40	90	23
6008	40	68	15	6309	45	100	25
6009	45	75	16	6310	50	110	27
6010	50	80	16	6311	55	120	29
6011	55	90	18	6312	60	130	31
6012	60	95	18	尺寸系列代号(0)4			
尺寸系列代号(0)2				6403	17	62	17
623	3	10	4	6404	20	72	19
624	4	13	5	6405	25	80	21
625	5	16	5	6406	30	90	23
626	6	19	6	6407	35	100	25
627	7	22	7	6408	40	110	27
628	8	24	8	6409	45	120	29
629	9	26	8	6410	50	130	31
6200	10	30	9	6411	55	140	33
6201	12	32	10	6412	60	150	35
6202	15	35	11	6413	65	160	37
6203	17	40	12	6414	70	180	42
6204	20	47	14	6415	75	190	45
62/22	22	50	14	6416	80	200	48
6205	25	52	15	6417	85	210	52
62/28	28	58	16	6418	90	225	54
6206	30	62	16	6419	95	240	55
62/32	32	65	17	6420	100	250	58
6207	35	72	17	6422	110	280	65
6208	40	80	18				
6209	45	85	19	注：表中括号"( )",表示该数字在轴承代号中省略。			
6210	50	90	20				
6211	55	100	21				
6212	60	110	22				

4.2 圆锥滚子轴承（GB/T 297—1994）

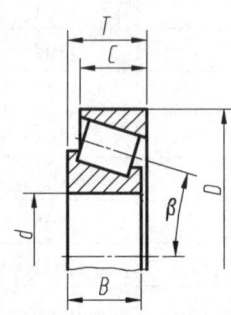

标 记 示 例：
类型代号3、内圈孔径 $d=35$ mm、尺寸系列代号为02的圆锥滚子轴承，记为：
滚动轴承 30307 GB/T 297—1994

附表 4.2　圆锥滚子轴承

轴承代号	尺寸					轴承代号	尺寸				
	d	D	T	B	C		d	D	T	B	C
尺寸系列代号 02						尺寸系列代号 23					
30202	15	35	11.75	11	10						
30203	17	40	13.25	12	11	32303	17	47	20.25	19	16
30204	20	47	15.25	14	12	32304	20	52	22.25	21	18
30205	25	52	16.25	15	13	32305	25	62	25.25	24	20
30206	30	62	17.25	16	14	32306	30	72	28.75	27	23
302/32	32	65	18.25	17	15	32307	35	80	32.75	31	25
30207	35	72	18.25	17	16	32308	40	90	35.25	33	27
30208	40	80	19.25	18	17	32309	45	100	38.25	36	30
30209	45	85	20.75	19	18	32310	50	110	42.25	40	33
30210	50	90	21.75	20	19	32311	55	120	45.5	43	35
30211	55	100	22.75	21	20	32312	60	130	48.5	46	37
30212	60	110	23.75	22	21	32313	65	140	51	48	39
30213	65	120	24.75	23	22	32314	70	150	54	51	42
30214	70	125	26.75	24	23	32315	75	160	58	55	45
30215	75	130	27.75	25	24	32316	80	170	61.5	58	48
30216	80	140	28.75	26	25	尺寸系列代号 30					
30217	85	150	30.5	28	26						
30218	90	160	32.5	30	27	33005	25	47	17	17	14
30219	95	170	34.5	32	28	33006	30	55	20	20	16
30220	100	180	37	34	29	33007	35	62	21	21	17
尺寸系列代号 02						33008	40	68	22	22	18
30302	15	42	14.25	13	11	33009	45	75	24	24	19
30303	17	47	15.25	14	12	33010	50	80	24	24	9
30304	20	52	16.25	15	13	33011	55	90	27	27	21
30305	25	62	18.25	17	15	33012	60	95	27	27	21
30306	30	72	20.75	19	16	33013	65	100	27	27	21
30307	35	80	22.75	21	18	33014	70	110	31	31	25.5
30308	40	90	25.25	23	20	33015	75	115	31	31	25.5
30309	45	100	27.25	25	22	33016	80	125	36	36	29.5
30310	50	110	29.25	27	23	尺寸系列代号 31					
30311	55	120	31.5	29	25						
30312	60	130	33.5	31	26	33108	40	75	26	26	20.5
30313	65	140	36	33	28	33109	45	80	26	26	20.5
30314	70	150	38	35	30	33110	50	85	26	26	20
30315	75	160	40	37	31	33111	55	95	30	30	23
30316	80	170	42.5	39	33	33112	60	100	30	30	23
30317	85	180	44.5	41	34	33113	65	110	34	34	26.5
30318	90	190	46.5	43	36	33114	70	120	37	37	29
30319	95	200	49.5	45	38	33115	75	125	37	37	29
30320	100	215	51.5	47	39	33116	80	130	37	37	29

4.3 推力球轴承（GB/T 301—1995）

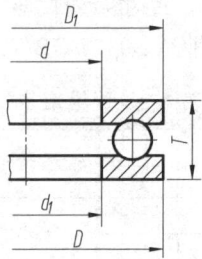

标 记 示 例：

类型代号 5、内圈孔径 $d=30$ mm、尺寸系列代号为 13 的推力球轴承，记为：

滚动轴承 51306 GB/T 301—1995

附表 4.3 推力球轴承

轴承代号	尺寸					轴承代号	尺寸				
	d	D	T	B	C		d	D	T	B	C
尺寸系列代号 11						尺寸系列代号 13					
51104	20	35	10	21	35	51304	20	47	18	22	47
51105	25	42	11	26	42	51305	25	52	18	27	52
51106	30	47	11	32	47	51306	30	60	21	32	60
51107	35	52	12	37	52	51307	35	68	24	37	68
51108	40	60	13	42	60	51308	40	78	26	42	78
51109	45	65	14	47	65	51309	45	85	28	47	85
51110	50	70	14	52	70	51310	50	95	31	52	95
51111	55	78	16	57	78	51311	55	105	35	57	105
51112	60	85	17	62	85	51312	60	110	35	62	110
51113	65	90	18	67	90	51313	65	115	36	67	115
51114	70	95	18	72	95	51314	70	125	40	72	125
51115	75	100	19	77	100	51315	75	135	44	77	135
51116	80	105	19	82	105	51316	80	140	44	82	140
51117	85	110	19	87	110	51317	85	150	49	88	150
51118	90	120	22	92	120	51318	90	155	50	93	155
51120	100	135	25	102	135	51320	100	170	55	103	170
尺寸系列代号 12						尺寸系列代号 14					
51204	20	40	14	22	40	51405	25	60	24	27	60
51205	25	47	15	27	47	51406	30	70	28	32	70
51206	30	52	16	32	52	51407	35	80	32	37	80
51207	35	62	18	37	62	51408	40	90	36	42	90
51208	40	68	19	42	68	51409	45	100	39	47	100
51209	45	73	20	47	73	51410	50	110	43	52	110
51210	50	78	22	52	78	51411	55	120	48	57	120
51211	55	90	25	57	90	51412	60	130	51	62	130
51212	60	95	26	62	95	51413	65	140	56	68	140
51213	65	100	27	67	100	51414	70	150	60	73	150
51214	70	105	27	72	105	51415	75	160	65	78	160
51215	75	110	27	77	110	51416	80	170	68	83	170
51216	80	115	28	82	115	51417	85	180	72	88	177
51217	85	125	31	88	125	51418	90	190	77	93	187
51218	90	135	35	93	135	51420	100	210	85	103	205
51220	100	150	38	103	150	51422	110	230	95	113	225

附录5 极限与配合(摘自 GB/T 1800.4—1999)

附表 5.1 标准公差数值

基本尺寸 mm		公差等级										
大于	至	IT4	IT5	IT6	IT7	IT8	IT9	IT10	IT11	IT12	IT13	IT14	IT15
		μm								mm			
—	3	3	4	6	10	14	25	40	60	0.1	0.14	0.25	0.4
3	6	4	5	8	12	18	30	48	75	0.12	0.18	0.3	0.48
6	10	4	6	9	15	22	36	58	90	0.15	0.22	0.36	0.58
10	18	5	8	11	18	27	43	70	110	0.18	0.27	0.43	0.7
18	30	6	9	13	21	33	52	84	130	0.21	0.33	0.52	0.84
30	50	7	11	16	25	39	62	100	160	0.25	0.39	0.62	1
50	80	8	13	19	30	46	74	120	190	0.3	0.46	0.74	1.2
80	120	10	15	22	35	54	87	140	220	0.35	0.54	0.87	1.4
120	180	12	18	25	40	63	100	160	250	0.4	0.63	1	1.6
180	250	14	20	29	46	72	115	185	290	0.46	0.72	1.15	1.85
250	315	16	23	32	52	81	130	210	320	0.52	0.81	1.3	2.1
315	400	18	25	36	57	89	140	230	360	0.57	0.89	1.4	2.3
400	500	20	27	40	63	97	155	250	400	0.63	0.97	1.55	2.5

注:1. IT00、IT01、IT1、IT2、IT3、IT16、IT17、IT18、未列入。
 2. 基本尺寸大于 500 mm 未列入。

附表 5.2 优先配合中轴的极限偏差 (单位:μm)

基本尺寸 mm		公差带										
		c	d	f	g	h				k	n	p	s	u
大于	至	11	9	7	6	6	7	9	11	6	6	6	6	6
-	3	−60 −120	−20 −45	−6 −16	−2 −8	0 −6	0 −10	0 −25	0 −60	+6 0	+10 +4	+12 +6	+20 +14	+24 +18
3	6	−70 −145	−30 −60	−10 −22	−4 −12	0 −8	0 −12	0 −30	0 −75	+9 +1	+16 +8	+20 +12	+27 +19	+31 +23
6	10	−80 −170	−40 −76	−13 −28	−5 −14	0 −9	0 −15	0 −36	0 −90	+10 +1	+19 +10	+24 +15	+32 +23	+37 +28
10	14	−95 −205	−50 −93	−16 −34	−6 −17	0 −11	0 −18	0 −43	0 −110	+12 +1	+23 +12	+29 +18	+39 +28	+44 +33
14	18													
18	24	−110 −240	−65 −117	−20 −41	−7 −20	0 −13	0 −21	0 −52	0 −130	+15 +2	+28 +15	+35 +22	+48 +35	+54 +41
24	30													+61 +48
30	40	−120 −280	−80 −142	−25 −50	−9 −25	0 −16	0 −25	0 −62	0 −160	+18 +2	+33 +17	+42 +26	+59 +43	+76 +60

续附表 5.2

基本尺寸 mm		公差带												
		c	d	f	g	h				k	n	p	s	u
大于	至	11	9	7	6	6	7	9	11	6	6	6	6	6
40	50	−130 −290												+86 +70
50	65	−140 −330	−100 −174	−30 −60	−10 −29	0 −19	0 −30	0 −74	0 −190	+21 +2	+39 +20	+51 +32	+72 +53	+106 +87
65	80	−150 −340											+78 +59	+121 +102
80	100	−170 −390	−120 −207	−36 −71	−12 −34	0 −22	0 −35	0 −87	0 −220	+25 +3	+45 +23	+59 +37	+93 +71	+146 +124
100	120	−180 −400											+101 +79	+166 +144
120	140	−200 −450	−145 −245	−43 −83	−14 −39	0 −25	0 −40	0 −100	0 −250	+28 +3	+52 +27	+68 +43	+117 +92	+195 +170
140	160	−210 −460											+125 +100	+215 +210
160	180	−230 −480											+133 +108	+235 +210
180	200	−240 −530	−170 −285	−50 −96	−15 −44	0 −29	0 −46	0 −115	0 −290	+33 +4	+60 +31	+79 +50	+151 +122	+265 +236
200	225	−260 −550											+159 +130	+287 +257
225	250	−280 −570											+169 +140	+313 +284
250	280	−300 −620	−190 −320	−56 −108	−17 −49	0 −32	0 −52	0 −130	0 −320	+36 +4	+66 +34	+88 +56	+190 +158	+347 +315
280	315	−330 −650											+202 +170	+382 +350
315	355	−360 −720	−210 −350	−62 −119	−18 −54	0 −36	0 −57	0 −140	0 −360	+40 +4	+73 +37	+98 +62	+226 +190	+426 +390
355	400	−400 −760											+244 +208	+471 +435
400	450	−440 −840	−230 −385	−68 −131	−20 −60	0 −40	0 −63	0 −155	0 −400	+45 +5	+80 +40	+10 +68	+272 +232	+530 +490
450	500	−480 −880											+292 +252	+580 +540

附表 5.3 优先配合孔的极限偏差　μm

基本尺寸 mm		公差带											
		C	D	F	G	H				K	N	P	S	U
大于	至	11	9	8	7	7	8	9	11	7	7	7	7	7
-	3	+120 +60	+45 +20	+20 +6	+12 +2	+10 0	+14 0	+25 0	+60 0	0 -10	-4 -14	-6 -16	-14 -24	-18 -28
3	6	+145 +70	+60 +30	+28 +10	+16 +4	+12 0	+18 0	+30 0	+75 0	+3 -9	-4 -16	-8 -20	-15 -27	-19 -31
6	10	+170 +80	+76 +40	+35 +13	+20 +5	+15 0	+22 0	+36 0	+90 0	+5 -10	-4 -19	-9 -24	-17 -32	-22 -37
10	14	+205 +95	+93 +50	+43 +16	+27 +6	+18 0	+27 0	+43 0	+110 0	+6 -12	-5 -23	-11 -29	-21 -39	-26 -44
14	18													
18	24	+240 +110	+117 +65	+53 +20	+28 +7	+21 0	+33 0	+52 0	+130 0	+6 -15	-7 -28	-14 -35	-27 -48	-33 -54
24	30													-40 -61
30	40	+280 +120	+142 +80	+64 +25	+34 +9	+25 0	+39 0	+62 0	+160 0	+7 -18	-8 -33	-17 -42	-34 -59	-51 -76
40	50	+290 +130												-61 -86
50	65	+330 +140	+174 +100	+76 +30	+40 +10	+30 0	+46 0	+74 0	+190 0	+9 -21	-9 -39	-21 -51	-42 -72	-76 -106
65	80	+340 +150											-48 -78	-91 -121
80	100	+390 +170	+207 +120	+90 +36	+47 +12	+35 0	+54 0	+87 0	+220 0	+10 -25	-10 -45	-24 -59	-58 -93	-111 -146
100	120	+400 +180											-66 -101	-131 -166
120	140	+450 +200	+245 +145	+106 +43	+54 +14	+40 0	+63 0	+100 0	+250 0	+12 -28	-12 -52	-28 -68	-77 -117	-155 -195
140	160	+460 +210											-85 -125	-175 -215
160	180	+480 +230											-93 -133	-195 -235
180	200	+530 +240	+285 +170	+122 +50	+61 +15	+46 0	+72 0	+115 0	+290 0	+13 -33	-14 -60	-33 -79	-105 -151	-219 -265
200	225	+550 +260											-113 -159	-241 -287
225	250	+570 +280											-123 -169	-267 -313
250	280	+620 +300	+320 +190	+137 +56	+69 +17	+52 0	+81 0	+130 0	+320 0	+16 -36	-14 -66	-36 -88	-138 -190	-295 -347
280	315	+650 +330											-150 -202	-330 -382
315	355	+720 +360	+350 +210	+151 +62	+75 +18	+57 0	+89 0	+140 0	+360 0	+17 -40	-16 -73	-41 -98	-169 -226	-369 -426
355	400	+760 +360											-187 -244	-414 -471
400	450	+840 +40	+385 +230	+165 +68	+83 +20	+63 0	+97 0	+155 0	+400 0	+18 -45	-17 -80	-45 -108	-209 -272	-467 -530
450	500	+80 +80											-229 -292	-517 -580

附录6 常用材料及热处理

附表 6.1 金属材料

标准	名称	牌号		应用举例	说明
GB 700—88	普通碳素结构钢	Q215	A级 B级	金属结构件、拉杆、套圈、铆钉、螺栓、短轴、心轴、凸轮（载荷不大的）、垫圈；渗碳零件及焊接件	"Q"为普通碳素结构钢屈服点"屈"字的汉字拼音首位字母，后面数字表示屈服点数值。如Q235表示普通碳素结构钢屈服点为235 N/mm²
		Q235	A级 B级 C级 D级	金属结构件，心部强度要求不高的渗碳或氰化零件，吊钩、拉杆、套圈、汽缸、齿轮、螺栓、螺母、连杆、轮轴、楔、盖及焊接件	
		Q275		轴、轴销、刹车杆、螺母、螺栓、垫圈、连杆、齿轮以及其他强度较高的零件	
GB 699—88	优质碳素结构钢	08F		可塑性要求高的零件，如管子、垫圈、渗碳件、氰化件等	牌号的两位数字表示平均含碳量，称碳的质量分数。45号钢即表示碳的质量分数为0.45%，表示平均含碳量为0.45%。 碳的质量分数≤0.25%的碳钢，属低碳钢（渗碳钢）； 碳的质量分数在0.25%～0.6%之间的碳钢，属中碳钢（调质钢）； 碳的质量分数≥0.6%的碳钢，属高碳钢； 在牌号后加符号"F"表示沸腾钢
		10		拉杆、卡头、垫圈、焊件	
		15		渗碳件、紧固件、冲模锻件、化工储器	
		20		杠杆、轴套、钩、螺钉、渗碳件与氰化件	
		25		轴、辊子、连接器、紧固件中的螺栓、螺母	
		30		曲轴、转轴、轴销、连杆、横梁、星轮	
		35		曲轴、摇杆、拉杆、键、销、螺栓	
		40		齿轮、齿条、链轮、凸轮、轧辊、曲柄轴	
		45		齿轮、轴、联轴器、衬套、活塞销、链条	
		50		活塞杆、轮轴、齿轮、不重要的弹簧	
		55		齿轮、连杆、扁弹簧、轧辊、偏心轮、轮圈、轮缘	
		60		偏心轮、弹簧圈、垫圈、调整片、偏心轴等	
		65		叶片弹簧、螺旋弹簧	
		15Mn		活塞销、凸轮轴、拉杆、铰链、焊管、钢板	锰的质量分数较高的钢，须加注化学元素符号"Mn"
GB 3077—88	合金结构钢	30Mn2		起重机行车轴、变速箱齿轮、冷镦螺栓及较大截面的调质零件	钢种加入了一定量的合金元素，提高了钢的力学性能和耐磨性，也提高了钢的淬透性，保证金属在较大截面上获得高的力学性能
		20Cr		用于要求心部强度较高、承载磨损、尺寸较大的渗碳零件，如齿轮、齿轮轴、蜗杆、凸轮、活塞销等，也用于速度较大、中等冲击的调质零件	
		40Cr		用于变载、中速、中载、强烈磨损而无很大冲击的重要零件，如重要的齿轮、轴、曲杆、连杆、螺栓、螺母	
		35SiMn		可代替40Cr用于中小型轴类、齿轮等零件及430℃以下的重要紧固件等	
		20CrMnTi		强度韧性均好，可代替镍铬刚用于承受高速、中等或重负荷以及冲击、磨损等重要零件，如渗碳齿轮、凸轮等	
GB 5676—85	铸钢	ZG230—450		轧机机架、铁道车辆摇枕、侧梁、铁锌台、机座、箱体、锤轮、450℃以下的管路附件等	"ZG"为铸钢汉语拼音的首位字母，后面数字表示屈服点和抗拉强度。如ZG230—450表示屈服点230 N/mm²、抗拉强度450 N/mm²
		ZG310—570		联轴器、齿轮、汽缸、轴、机架、齿圈	

附表 6.2 非金属材料

标准	材料名称		代号	应用	材料	标准	名称	应用
GB/T 5574—1985	工业用橡胶板	耐酸碱	2707	冲制各种形状的垫圈、垫板石棉制品	石棉	GB/T539-1983	耐油石棉橡胶板	用于管道法兰联接处的密封衬垫材料
		耐油	3707			GB/T3985-1983	石棉橡胶板	
		耐热	4708			JC/T67-1982	橡胶石棉盘根	用于活塞和阀门杆的密封材料
FJ/T 314—1981	工业用毛毡	细毛	T112-32~44	用于密封材料	尼龙	JC/T68-1982	油浸石棉盘根	
		半粗毛	T122-30~38				尼龙66	用于一般机械零件传动件及耐磨件

附表 6.3 常用热处理工艺

名词	代号	说明	应用
退火	5111	将钢件加热到临界温度以上（一般是710 ℃~715 ℃，个别合金钢 800 ℃~900 ℃）30 ℃~50 ℃，保温一段时间，然后缓慢冷却（一般在炉中冷却）	用来消除铸、锻、焊零件的内应力，降低硬度，便于切削加工，细化金属晶粒，改善组织，增加韧性
正火	5121	将钢件加热到临界温度以上，保温一段时间，然后用空气冷却，冷却速度比退火为快	用来处理低碳和中碳结构钢及渗碳零件，使其组织细化，增加强度与韧性，减少内应力，改善切削性能
淬火	5131	将钢件加热到临界温度以上，保温一段时间，然后在水、盐水或油中（个别材料在空气中）急速冷却，使其得到高硬度	用来提高钢的硬度和强度极限。但淬火会引起内应力使钢变脆，所以淬火后必须回火
淬火和回火	5141	回火是将淬硬的钢件加热到临界点以上的温度，保温一段时间，然后在空气中或油中冷却下来	用来消除淬火后的脆性和内应力，提高钢的塑性和冲击韧性
调质	5151	淬火后在 450 ℃~650 ℃ 进行高温回火，称为调质	用来使钢获得高的韧性和足够的强度。重要的齿轮、轴及丝杆等零件是调质处理的
表面淬火和回火	5210	用火焰或高频电流将零件表面迅速加热至临界温度以上，急速冷却	使零件表面获得高强度，而心部保持一定的韧性，使零件既耐磨又能承受冲击。表面淬火常用来处理齿轮等
渗碳	5310	在渗碳剂中将钢件加热到 900 ℃~950 ℃，停留一定时间，将碳渗入钢表面，深度约为 0.5~2 mm，再淬火后回火	增加钢件的耐磨性能，表面硬度、抗拉强度和疲劳极限。适用于低碳、中碳（碳含量<0.40%）结构钢的中小型零件
渗氮	5330	渗氮是在 500 ℃~600 ℃ 通入氨的炉子内加热，向钢的表面渗入氮原子的过程。氮化层为 0.025~0.8 mm，氮化时间需 40~50 小时	增加钢件的耐磨性能，表面硬度、疲劳极限和抗蚀能力。适用于合金钢、碳钢、铸铁件，如机床主轴、丝杆以及在潮湿碱水和燃烧气体介质的环境中工作的零件
氰化	Q59（氰化淬火后,回火至56-62HRC）	在 820 ℃~860 ℃ 炉内通入碳和氮，保温 1~2 小时，使钢件的表面同时渗入碳、氮原子，可得到 0.2~0.5 mm 的氰化层	增加表面硬度、耐磨性、疲劳强度和耐蚀性。用于要求硬度高、耐磨的中、小型及薄片零件和道具等
时效	时效处理	低温回火后，精加工之前，加热到 100 ℃~160 ℃，保持 10~40 小时。对铸件也可用于天然时效（放在露天中一年以上）	使工件消除内应力和稳定形状，用于量具、精密丝杆、床身导轨、床身等
发蓝发黑	发蓝或发黑	将金属零件放在很浓的碱和氧化剂溶液中加热氧化，使金属表面形成一层氧化铁所组成的保护性薄膜	防腐蚀、美观。用于一般连续的标准件和其他电子类零件

参 考 文 献

[1] 《机械工程标准手册》编委会. 机械工程标准手册·技术制图卷[M]. 北京：中国标准出版社，2003.
[2] 中华人民共和国国家质量监督检验检疫总局. 中华人民共和国国家标准·机械制图[M]. 北京：中国标准出版社，2004.
[3] 邢邦圣. 机械制图与计算机绘图[M]. 北京：化学工业出版社，2002.
[4] 钱可强. 机械制图[M]. 北京：高等教育出版社，2003.